普通高等教育"十一五"国家级规划教材
高等职业教育机电类规划教材

数控加工技术

吴明友　编
彭　文　审

机械工业出版社

本书选用目前比较流行、市场占有率比较高、具有代表性的三种数控系统(数控车床为华中数控系统、数控铣床为 FANUC 0i 数控系统、加工中心为 SIEMENS 810D 数控系统)来介绍数控机床的编程与操作方法。全书包括八章,主要内容为:数控机床概述、数控加工技术基础、数控车削工艺设计、数控车床(华中数控)编程与操作、数控铣削工艺设计、数控铣床(FANUC 0i)编程与操作、加工中心工艺设计、加工中心(SIEMENS 810D)编程与操作。本书提供了大量的编程例题,便于自学。在第四、六、八章还介绍了数控机床(数控车床、数控铣床、加工中心)中高级考工应会样题及答案,供读者参考。

本书可作为高职高专数控技术专业、机械制造与自动化专业、模具设计与制造专业、计算机辅助设计与制造专业以及机电技术应用专业的教材,也可作为大学、中专、技校、职高等相关专业师生的参考书,还可供使用配有其他数控系统的数控机床操作人员参考。

图书在版编目(CIP)数据

数控加工技术/吴明友编. —北京:机械工业出版社,
2008.9(2013.1 重印)

普通高等教育"十一五"国家级规划教材. 高等职业.

教育机电类规划教材

ISBN 978-7-111-24665-7

Ⅰ. 数… Ⅱ. 吴… Ⅲ. 数控机床—加工—高等

学校:技术学校—教材 Ⅳ. TG659

中国版本图书馆 CIP 数据核字(2008)第 105550 号

机械工业出版社(北京市百万庄大街22号 邮政编码100037)

责任编辑:郑 丹 版式设计:霍永明 责任校对:张晓蓉

封面设计:鞠 杨 责任印制:乔 宇

北京铭成印刷有限公司印刷

2013 年 1 月第 1 版第 3 次印刷

184mm×260mm · 16.75 印张 · 412 千字

7001—10000 册

标准书号:ISBN 978-7-111-24665-7

定价:32.00 元

凡购本书,如有缺页、倒页、脱页,由本社发行部调换

电话服务　　　　　　　　　网络服务

社服务中心:(010)88361066　　教材网:http://www.cmpedu.com

销售一部:(010)68326294　　机工官网:http://www.cmpbook.com

销售二部:(010)88379649　　机工官博:http://weibo.com/cmp1952

读者购书热线:(010)88379203　　**封面无防伪标均为盗版**

前　　言

随着科学技术的进步与发展，数控机床的应用日趋普及，现代数控加工技术使得机械制造过程发生了巨大的变化，急需培养一大批既懂数控机床加工工艺又能熟练掌握数控机床编程与操作的应用型高级技术人才。为了满足当前社会对数控机床编程与操作高级技术人才的需求，以及高职高专院校教学的需要，编者编写了本书。

本书是普通高等教育"十一五"国家级规划教材，是参照劳动部门颁发的数控机床高级技术工人等级标准及职业技能鉴定规范，结合高职高专院校的教学特点编写的。

本书编者在使用其主编的《数控机床加工技术——编程与操作》(参考文献[10])30余次进行理论教学、实训和业余培训的基础上，结合近年来高职高专教学改革需要，将数控加工工艺的设计和数控机床的编程与操作融为一体，避免了将数控加工工艺与数控机床编程与操作割裂开来。本书强调实用性，是编者总结多年数控机床教学和业余培训的经验而不断进行教学改革的结果。

本书选用目前比较流行、市场占有率比较高、具有代表性的三种数控系统(数控车床为华中数控系统、数控铣床为FANUC 0i数控系统、加工中心为SIEMENS 810D数控系统)来介绍数控机床的编程与操作方法。在第四、六、八章还介绍了数控机床(数控车床、数控铣床、加工中心)中高级考工应会样题及答案，供读者参考。

全书包括八章，主要内容为：数控机床概述、数控加工技术基础、数控车削工艺设计、数控车床(华中数控)编程与操作、数控铣削工艺设计、数控铣床(FANUC 0i)编程与操作、加工中心工艺设计、加工中心(SIEMENS 810D)编程与操作。

本书可作为高职高专数控技术专业、机械制造与自动化专业、模具设计与制造专业、计算机辅助设计与制造，以及机电技术应用专业的教材，也可作为大学、中专、技校、职高等相关专业师生的参考书，还可供使用配有其他数控系统的数控机床操作人员参考。本书编排了大量的编程例题，便于读者自学。

本书由江苏多棱数控机床股份有限公司副总经理、总工程师彭文高级工程师审阅，他对书稿提出了许多宝贵意见，在此谨致衷心的感谢。

本书在编写过程中，参考引用了参考文献中的资料以及华中数控公司的HNC—21T系统、发那科公司的FANUC 0i系统、西门子公司的SIEMENS 810D系统编程与操作说明书，在此对这些作者和公司表示诚挚的感谢。

本书虽经反复推敲和校对，但因时间仓促，加上编者水平所限，书中不足和漏误之处在所难免，敬请广大读者和同行批评指正。编者联系方式：wumy20050101@163.com。

编　者

目　　录

第一章　数控机床概述

第一节　数控机床及其分类

1. 数控机床的基本概念

数控机床(Numerical Control Machine Tool)是通过数字信号对机床的运动及加工过程进行控制的机床。数控机床是装备了数控系统的机床。该系统能逻辑地处理具有使用号码或其他符号编码指令规定的程序。数控机床是典型的机电一体化的产品。

2. 数控机床的构成及基本工作原理

数控机床主要由控制介质、数控装置、伺服系统、辅助装置和机床本体组成(图1-1)。

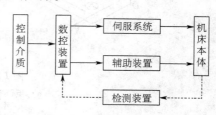

图 1-1　数控机床的基本构成

（1）控制介质。控制介质是用于记载各种加工信息（如工件加工的工艺过程、工艺参数和位移数据等），控制机床的运动，实现零件的机械加工的中间媒介物质。控制介质又称信息载体。

（2）数控装置。数控装置是数控机床的运算和控制系统，也是数控机床的核心。它的功能是接受输入装置输入的加工信息，经过数控装置的系统软件或逻辑电路进行译码、运算和逻辑处理后，将发出的相应脉冲送给伺服系统，通过伺服系统控制机床的各个运动部件按规定要求动作。数控装置集成了微电子技术、信息技术、自动控制技术、驱动技术、监控检测技术、软件工程技术和机械加工工艺知识。数控机床正是在它的控制下，按照给定的程序自动地对机械零件进行加工。

（3）伺服系统及位置检测装置。伺服系统由伺服驱动电动机和伺服驱动装置组成，它是数控系统的执行部分。其基本作用是接收数控装置发来的指令脉冲信号，控制机床执行部件的进给速度、方向和位移量，以完成工件的自动加工。每个进给运动的执行部件都配有一套伺服系统。伺服系统有开环、闭环和半闭环之分，在闭环和半闭环伺服系统中，还需配有位置检测装置，直接或间接测量执行部件的实际位移量。

（4）辅助装置。辅助装置包括自动换刀装置、转位和夹紧装置、电气及液压气动控制系统、冷却、润滑、排屑、防护等装置。

（5）机床本体。数控机床的本体包括主运动部件、进给运动执行部件及其传动部件，以及床身立柱等支承部件。

数控机床加工工件时，首先应根据零件图样制定加工方案，然后把图样要求变成数控装置能接受的信息代码，即编制零件的加工程序，这是数控机床的工作指令。将加工程序输入到数控装置，再由数控装置控制机床主运动的变速、起停，进给的方向、速度和位移量，以及其他，如刀具选择更换、工件的夹紧松开、冷却润滑的开关等动作，使刀具与工件及其他辅助装置严格地按照加工程序规定的顺序、轨迹和参数进行工作，从而加工出符合要求的零件。

3. 数控机床的分类

（1）按工艺用途分。数控机床可分为数控车床、数控铣床、数控钻床、数控磨床、数控镗铣床、数控齿轮加工机床、数控电火花加工机床、数控线切割机床、数控冲床、数控剪床、数控激光加工机、数控液压机等各种工艺用途的数控机床。

（2）按机床运动控制方式分。数控机床可分为点位控制、直线控制和轮廓控制三种，如图 1-2 所示。其中，轮廓控制数控机床（又称连续控制数控机床）的特点是不管数控机床有几个控制轴，其中任意两个或两个以上的控制轴能实现联动控制，从而实现轨迹控制。根据联动轴的数量，可分成两轴联动、三轴联动和多轴联动数控机床。

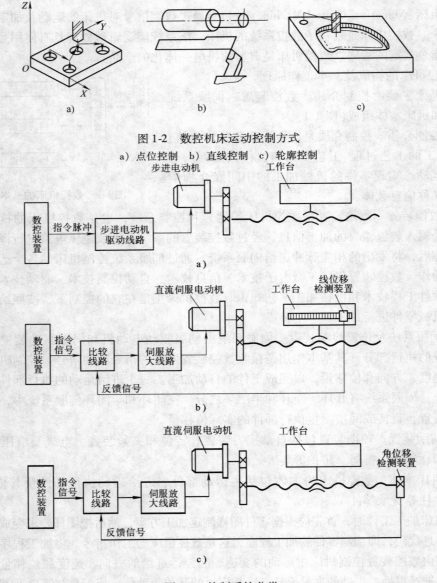

图 1-2　数控机床运动控制方式

a）点位控制　b）直线控制　c）轮廓控制

图 1-3　控制系统分类

a）开环控制系统　b）闭环控制系统　c）半闭环控制系统

（3）按有无位置检测和反馈装置分。数控机床可分为开环控制系统、闭环控制系统和半闭环控制系统三种，如图1-3所示。

（4）按数控装置的构成方式分。数控机床可分为硬件数控（简称NC：Numerical Control）系统和计算机数控（简称CNC：Computer Numerical Control）系统两种。硬件数控系统的信息输入处理、运算和控制功能，都由专用的固定组合逻辑电路来实现，不同功能的机床，其组合逻辑电路不同。改变或增减控制、运算功能时，需要改变数控装置的硬件电路。软件数控系统也称计算机数控系统，使用软件数控装置。这种数控装置的硬件电路是由小型或微型计算机加上通用或专用的大规模集成电路制成的，数控机床的主要功能几乎全部由系统软件来实现，修改或增减系统功能时，不需要变动硬件电路，只需要改变系统软件，因此，具有较高的灵活性。

第二节 数 控 车 床

一、数控车床的分类

数控车床种类繁多、规格不一，可按如下方法进行分类：

1. 按数控车床的档次分

（1）简易数控车床。简易数控车床一般是用单板机或单片机进行控制，属于低档次数控车床。简易数控车床机械部分由卧式车床略作改进而成，主轴电动机一般不作改动，进给多采用步进电动机、开环控制、四刀位回转刀架。简易数控车床没有刀尖圆弧半径自动补偿功能，所以编程尺寸计算比较繁琐，加工精度较低，现在很少使用。

（2）经济型数控车床。经济型数控车床一般有单显CRT、程序储存和编辑功能，属于中档次数控车床。经济型数控车床多采用开环或半闭环控制，主轴电动机仍采用普通三相异步电动机，所以，它的显著缺点是没有恒线速切削功能。

（3）全功能数控车床。全功能（多功能）数控车床主轴一般采用能调速的直流或交流主轴控制单元来驱动，进给采用伺服电动机，半闭环或闭环控制，属于较高档次的数控车床。多功能数控车床功能很多，特别是具备恒线速度切削和刀尖圆弧半径自动补偿功能。

（4）高精度数控车床。高精度数控车床主要用于加工类似磁鼓、磁盘的合金铝基板等需要镜面加工，并且形状、尺寸精度要求都很高的零部件，可以代替后续的磨削加工。这种车床的主轴采用超精密空气轴承，进给采用超精密空气静压导向面，主轴与驱动电动机之间采用磁性联轴器联接等。床身采用高刚性厚壁铸铁，中间填砂处理，支撑采用空气弹簧两点支撑。总之，为了进行高精度加工，机床在各方面采取了多项措施。

（5）高效率数控车床。高效率数控车床主要有一个主轴两个回转刀架及两个主轴两个回转刀架等形式，两个主轴和两个回转刀架能同时工作，提高了机床加工效率。

（6）车削中心。数控车床在增加刀库和C轴控制后，除了能车削、镗削外，还能对端面和圆周面任意进行钻、铣、攻螺纹等加工，而且在具有插补功能的情况下，还能铣削曲面，这样就构成了车削中心。车削中心在转盘式刀架的刀座上安装上驱动电动机，可进行回转驱动，主轴可以进行回转位置的控制（C轴控制）。车削加工中心可进行四轴（X、Y、Z、C）控制，而一般的数控车床只能两轴（X、Z）控制。

车削中心的主体是在数控车床上配备刀库和换刀机械手，与数控车床单机相比，自动选择和使用刀具数量大大增加。但是，卧式车削中心与数控车床的本质区别并不在刀库上，它还应具备如下两种先进功能：一种是动力刀具功能，如铣刀和钻头，通过刀架内部结构，可使铣刀、钻头回转。另一种是 C 轴位置控制功能，C 轴是指以 Z 轴（对于车床来说，Z 轴是卡盘与工件的回转中心轴）为中心的旋转坐标轴。位置控制原有 X、Z 坐标，再加上 C 坐标，就使车床变成三坐标两联动轮廓控制。

（7）FMC车床。FMC车床实际上是一个由数控车床、机器人等构成的柔性加工单元，它除了具备车削中心的功能外，还能实现工件搬运、装卸自动化及加工调整准备自动化。

2. 按加工工件的基本类型分类

（1）卡盘式数控车床。这类数控车床未设置尾座，主要适用于车削盘类（含短轴类）零件，其夹紧方式多采用电动液压控制。

（2）顶尖式数控车床。这类数控车床设置有普通尾座或数控尾座，主要适用于车削较长的轴类零件及直径不太大的盘、套类零件。

3. 按数控车床主轴位置分类

（1）立式数控车床。立式数控车床的主轴垂直于水平面，并有一个直径很大的圆形工作台，供装夹工件用。这类数控车床主要用于加工径向尺寸较大、轴向尺寸较小的大型复杂零件。

（2）卧式数控车床。卧式数控车床的主轴轴线处于水平位置，它的床身和导轨有多种布局形式，是应用最广泛的数控车床。

4. 按刀架数量分类

（1）单刀架数控车床。普通数控车床一般都配置有各种形式的单刀架。

（2）双刀架数控车床。这类数控车床中，双刀架的配置可以采用平行交错结构，也可以采用同轨垂直交错结构。在数控车床上，各种刀架转换刀具的过程都是：接受转位指令→松开夹紧机构→分度转位→粗定位→精定位→锁紧→发出动作完成回答信号。驱动刀架工作的动力有电动和液压两类。

二、数控车床的功能及结构特点

1. 功能

数控车床（CNC车床）能自动完成对轴类与盘类零件内外圆柱面、圆锥面、圆弧面、螺纹等的切削加工，并能进行切槽、钻孔、扩孔和铰孔等工作。数控车床具有加工精度稳定性好、加工灵活、通用性强等特点，能适应多品种、小批生产自动化的要求，特别适合加工形状复杂的轴类或盘类零件。

2. 结构特点

数控车床由主轴箱、刀架、进给系统、床身，以及液压、冷却、润滑系统等部分组成。数控车床的进给系统与普通卧式车床的进给系统在结构上有本质的区别：普通卧式车床的进给运动经过交换齿轮架、进给箱、溜板箱传递到刀架，实现纵向和横向进给；数控卧式车床采用伺服电动机将动力经滚珠丝杠传到滑板和刀架，实现 Z 向（纵向）和 X 向（横向）进给运动，其结构较普通卧式车床大为简化。

图1-4所示为数控车床的结构示意图。由于数控车床刀架两个方向的运动分别由两台伺服电动机驱动，所以它的传动链短，不必使用交换齿轮、光杠等传动部件。伺服电动机可以直接与丝杠联接带动刀架运动，也可以用同步齿形带联接。多功能数控车床一般采用直流或

交流主轴控制单元来驱动主轴，按控制指令作无级变速。所以，数控车床主轴箱内的结构比卧式车床简单得多。

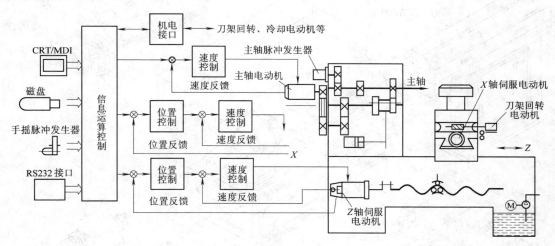

图 1-4　数控车床结构示意图

车削中心结构示意图如图 1-5 所示。

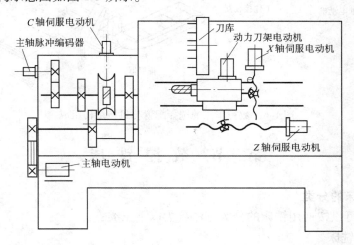

图 1-5　车削中心结构示意图

综上所述，数控车床机械结构的特点为：

1）采用高性能的主轴部件，具有传递功率大、刚度高、抗振性好及热变形小等优点。

2）进给伺服传动一般采用滚珠丝杠副、直线滚动导轨副等高性能传动件，具有传动链短、结构简单、传动精度高等特点。

3）高档数控车床具有较完善的刀具自动交换和管理系统，工件在车床上一次安装后，能自动完成多道加工工序。

三、数控车床的选择配置与机械结构组成

图 1-6 所示为典型数控车床的选择配置与机械结构组成，包括主轴传动机构、进给传动机构、刀架、床身、辅助装置（刀具自动交换机构、润滑与切削液装置、排屑、过载限位）等部分。

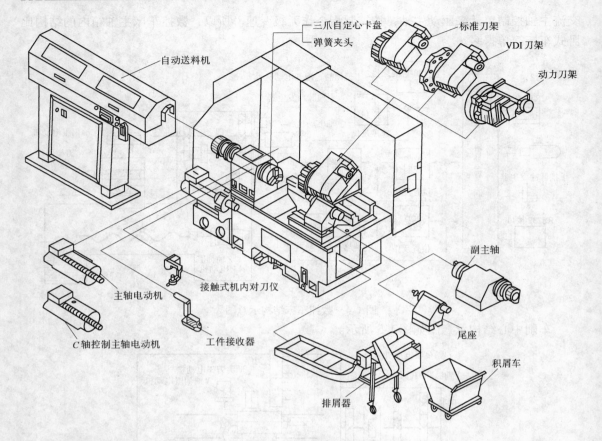

图 1-6　数控车床的选择配置与机械结构组成

第三节　数控铣床

一、数控铣床的分类

数控铣床也可以按通用铣床的分类方法分为以下三类：

1. 立式数控铣床

立式数控铣床在数量上一直占据数控铣床的大多数，应用范围也最广。小型数控立铣一般都采用工作台移动、升降，主轴不动的方式，与普通立式升降台铣床类似，如图 1-7 所示。中型数控立铣一般采用纵向和横向工作台移动方式，主轴可以沿垂向溜板上下运动。大型数控立铣，因要考虑扩大行程、缩小占地面积及刚性等技术问题，往往采用龙门架移动式，其主轴可以在龙门架的横向与垂向溜板上运动，而龙门架则沿床身作纵向运动。从机床数控系统控制的坐标数量来看，目前，三坐标数控立铣仍占大多数，一般可进行三坐标联动加工，但也有部分机床只能进行三个坐标中的任意两个坐标联动加工 $\left(\text{常称为 } 2\frac{1}{2} \text{坐标加工}\right)$。此外，还有机床主轴可以绕 X、Y、Z 坐标轴中的一个或两个轴作数控摆角运动的四坐标和五坐标数控立铣。一般来说，机床控制的坐标轴越多，特别是要求联动的坐标轴越多，机床的功能、加工范围及可选择的加工对象也越多。但随之而来的是机床的结构更复杂，对数控系统的要求更高，编程难度更大，设备价格也更高。

为了扩大数控立铣的功能、加工范围及加工对象，也可以附加数控转盘，当转盘水平放置时，可增加一个 C 轴；垂直放置时可增加一个 A 轴或 B 轴。如果是万能数控转盘，则可以一次增加两个转动轴。但附加转盘后，能实现几个坐标联动加工，则是由不同的机床自身配置的数控系统的控制功能决定的。

为了提高数控立铣的生产效率，一般采用自动交换工作台，来减少零件装卸的生产准备时间或增加主轴数量（在大型龙门式数控立铣上为多见），以同一程序同时加工几个相同零件或型面（可成倍提高生产效率）等。

除上述方法外，还可以增加靠模装置，使数控立铣同时具备两种控制功能来扩大加工范围和加工对象；采用气动或液压多工位夹具来提高生产效率等，这里不再一一列举。

2. 卧式数控铣床

与通用卧式铣床相同，卧式数控铣床的主轴轴线平行于水平面。为了扩大加工范围和扩充功能，卧式数控铣床通常采用增加数控转盘或万能数控转盘来实现 4、5 坐标加工。这样，不但可以加工工件侧面的连续回转轮廓，而且可以实现在一次安装中，通过转盘改变工位，进行"四面加工"。尤其是万能数控转盘（或工作台），可以把工件上各种不同角度的加工面摆成水平来加工，这样，可以省去很多专用夹具或专用角度成形铣刀。对箱体类零件或需要在一次安装中改变工位的工件来说，选择带数控转盘的卧式数控铣床进行加工是非常合适的。

3. 立卧两用数控铣床

目前，这类数控铣床已不少见，由于这类铣床的主轴方向可以更换，从而在一台机床上既可以进行立式加工，又可以进行卧式加工，同时具备上述两类机床的功能，其使用范围更广，功能更全，选择加工对象的余地更大，给用户带来很多方便。特别是当生产批量小，品种较多，又需要立、卧两种方式加工时，用户只需买一台这样的机床就可以了。

图 1-8 所示为一台立卧两用数控铣床的两种使用状态，图 1-8a 所示为机床处于卧式加工状态，图 1-8b 为机床处于立式加工状态。

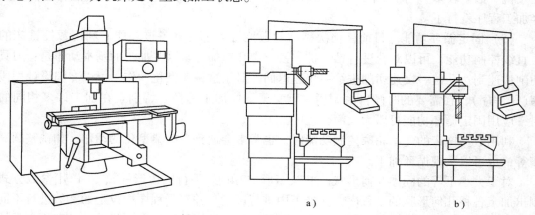

a)　　　　　　　　　b)

图 1-7　立式数控铣床　　　　　图 1-8　立卧两用数控铣床

立卧两用数控铣床有手动与自动两种更换主轴方向的方法。特别是采用数控万能主轴头的立卧两用数控铣床，其主轴头可以任意转换方向，加工与水平面呈各种不同角度的工件表面。当立卧两用数控铣床增加了数控转盘以后，就可以实现对工件的"五面加工"，即除了工件与转盘贴合的定位面外，其他表面都可以在一次安装中进行加工，可见其加工性能是非常优越的。可以预见，带有数控万能主轴头的立卧两用数控铣床（或加工中心）将是今后国外数控机床生产的重点类型，也是国产数控机床的发展方向。

二、数控铣床的主要功能

1. 数控铣床的一般功能

不同的数控铣床（或配置的数控系统不同）其功能也不尽相同，除各有特点之外，常具有下列一般功能：

（1）点位控制功能。利用该功能，数控铣床可以进行只需要作点位控制的钻孔、扩孔、锪孔、铰孔和镗孔加工。

（2）连续轮廓控制功能。数控铣床通过直线与圆弧插补，可实现对刀具运动轨迹的连续轮廓控制，加工出由直线和圆弧两种几何元素构成的平面轮廓工件。对非圆曲线（如椭圆、抛物线、双曲线等二次圆锥曲线及对数螺旋线、阿基米德螺旋线和以型值点表述的列表曲线等）构成的平面轮廓，在经过直线或圆弧拟合后也可以加工。除此之外，还可以加工一些简单的立体型面，如简单的空间曲面等。

（3）刀具半径自动补偿功能。利用该功能，可以使刀具中心自动偏离工件轮廓一个刀具半径，因而在编程时可以很方便地按工件实际轮廓形状和尺寸进行计算，编制出加工程序，而不必按铣刀中心轨迹计算和编程。我们也可以利用该功能，通过改变刀具半径补偿量的方法弥补铣刀制造精度的不足，扩大刀具直径选用范围及刀具返修刃磨的允许误差。还可以通过改变刀具半径补偿值的方法，以同一加工程序实现分层铣切和粗、精加工，或用于提高加工精度。此外，改变刀具半径补偿值的正负号，还可以用同一加工程序加工某些需要相互配合的工件（如阴阳模等）。

（4）镜像加工功能。镜像加工也称为轴对称加工。对于两个轴对称的工件，只需编制其中一个工件的加工程序，利用镜像加工功能就可以把它们都加工出来（这样的轴对称零件在飞机中数量较多）。而对于一个具有轴对称形状的工件来说，利用这一功能，只需编出一半加工程序就行了。

（5）固定循环功能。目前，档次稍高的数控铣床都已具备该功能。利用数控铣床的点位直线控制功能，可以对孔进行钻、扩、铰、锪和镗加工。这些加工的基本动作是：刀具无切削快速到达孔位→慢速切削进给→快速退回。对于这种典型化动作，可以专门设计一段程序（子程序），在需要的时候自由调用，以实现上述加工循环。特别是在加工许多相同的孔时，应用固定循环功能可以大大简化程序。

利用数控铣床的连续轮廓控制功能时，也常常会遇到一些典型化的动作，如铣整圆、方槽等，也可以实现循环加工。

对于大小不等的同类几何形状（如圆、矩形、三角形、平行四边形等），可以用参数方式编制出加工各种几何形状的子程序，在加工中进行调用，并对子程序中设定的参数进行不同的赋值，以加工出大小或形状不同的工件轮廓及孔径、孔深不同的孔。目前，已有不少数控系统带有各种已编好的子程序库，并可以进行多重嵌套，用户可以直接调用，编程更加方便。

2. 数控铣床的特殊功能

有不少数控铣床，在增加了某些特殊装置或附件后还分别具备或兼备下列一些特殊

功能：

（1）刀具长度补偿功能。利用该功能可以自动改变切削面高度，同时可以降低制造与返修时对刀具长度尺寸的精度要求，还可以弥补轴向对刀误差。尤其是当具有 A、B 两个主轴摆动坐标的四、五坐标数控铣床联动加工时，因铣刀摆角（沿刀具转动中心旋转）而造成刀尖离开加工面或形成过切。为了保持刀具始终与加工面相切，当刀具摆角运动时，必须随之进行 X、Z 轴或 Y、Z 轴的附加运动来实现四坐标联动加工，或进行 X、Y、Z 轴的同时附加运动来实现五坐标联动加工。这时，若没有刀具长度自动补偿功能将是十分困难的。

（2）靠模加工功能。有些数控铣床增加了靠模（电脑仿型）加工装置后，可以在数控和靠模两种控制方式中任选一种进行加工，从而扩大了机床使用范围。

（3）自动变换工作台功能。有的数控铣床带有两个或两个以上的自动交换工作台，当工件在其中的一个工作台上加工时，可以对另一个工作台上的工件进行检测与装卸。工件加工完后，工作台自动交换，机床马上又进入加工状态，如此往复进行，可大大缩短准备时间，提高生产率。

（4）自适应功能。具备该功能的数控铣床可以在加工过程中把感受到的切削状况（如切削力、温度等）的变化，通过适应性控制系统及时控制机床改变切削用量，使铣床及刀具始终保持最佳状态，从而获得较高的切削效率和加工质量，延长刀具使用寿命。

（5）数据采集功能。数控铣床在配置了数据采集系统后，可以通过传感器（通常为电磁感应式、红外线或激光扫描式）对工件或实物制造依据（样板、样件、模型等）进行测量，采集所需要的数据。目前，已出现既能对实物进行扫描、采集数据，又能对采集到的数据进行自动处理并生成数控加工程序的系统（简称录返系统）。这种功能为那些必须按实物依据生产的工件实现数控加工带来了很大方便，大大减少了对实样的依赖，为仿制与逆向进行设计制造一体化工作提供了有效手段。

第四节　加工中心

一、加工中心的功能及特点

1. 加工中心的功能

加工中心（Machining Center——MC）是一种功能较全的数控加工机床。它把铣削、镗销、钻削和切削螺纹等功能集中在一台设备上，具有多种工艺功能。加工中心设置有刀库，刀库中存放着不同数量的各种刀具或量具，在加工过程中由程序自动选用和更换，这是它与数控铣床、数控镗床的主要区别。加工中心与同类数控机床相比结构较复杂，控制系统功能较多。加工中心最少有三个运动坐标系，多的达十几个。其控制功能最少可实现两轴联动控制，实现刀具运动直线插补和圆弧插补。多的可实现五轴联动、六轴联动，从而保证刀具进行复杂型面加工。加工中心还具有不同的辅助功能，如各种加工固定循环、刀具半径自动补偿、刀具长度自动补偿、刀具破损报警、刀具寿命管理、过载超程自动保护、丝杠螺距误差补偿、丝杠间隙补偿、故障自动诊断、工件与加工过程图形显示、人机对话、工件在线检测和加工自动补偿、离线编程等。这些功能提高了数控机床的加工效率，保证了产品的加工精度和质量，是普通加工设备无法比拟的。

2. 加工中心的特点

　　加工中心是典型的集高新技术于一体的机械加工设备，它的发展代表了一个国家设计、制造的水平，因此，在国内外企业界都倍受重视。加工中心综合加工能力较强，工件一次装夹后能完成较多的加工步骤，加工精度较高，对于中等加工难度的批量工件，其效率是普通设备的 5~10 倍。加工中心对形状较复杂、精度要求高的单件加工或中小批量多品种生产更为适合。特别是对于必须采用工装和专机设备来保证产品质量和效率的工件，采用加工中心加工，可以省去工装和专机。这为新产品的研制和改型换代节省了大量的时间和费用，从而使企业具有较强的竞争能力。因此，它也是企业技术能力和工艺水平的重要标志之一。如今，加工中心已成为现代机床发展的主流方向，广泛用于机械制造业。

　　与普通数控机床相比，加工中心有以下几个突出特点：

　　（1）工序集中。加工中心备有刀库，能自动换刀，并能对工件进行多工序加工。现代加工中心可使工件在一次装夹后实现多表面、多工位的连续、高效、高精度加工，即工序集中。这是加工中心最突出的特点。

　　（2）加工精度高。加工中心同其他数控机床一样具有加工精度高的特点，一次装夹工件，可实现多工序集中加工，减少了多次装夹带来的误差，故加工精度更高、加工质量更稳定。

　　（3）适应性强。加工中心对加工对象的适应性强。改变加工工件时，只需重新编制（更换）程序，输入新的程序就能实现对新的工件的加工，这为结构复杂零件的单件、小批量生产及新产品试制带来极大的方便。同时，加工中心还能自动加工普通机床很难加工或无法加工的精密复杂零件。

　　（4）生产效率高。加工中心带有刀库，在一台机床上能集中完成多种工序，因而可减少工件装夹、测量和机床调整的时间，减少工件半成品周转、搬运和存放的时间，机床的切削利用率（切削时间和开机时间之比）高。

　　（5）经济效益好。加工中心加工工件时，虽然分摊在每个零件上的设备费用较昂贵，但在单件、小批生产的情况下，可以节省许多其他费用。由于是数控加工，加工中心不必准备专用工艺装备，加工之前节省了划线工时，工件安装到机床上之后可以减少调整、加工和检验时间。另外，由于加工中心加工质量稳定，减少了废品率，使生产成本进一步下降。

　　（6）自动化程度高，劳动强度低。加工中心加工零件是按事先编好的程序自动完成的，操作者除了操作键盘、装卸工件、进行关键工序的中间测量以及观察机床运行情况之外，不需要进行繁重的重复性手工操作，劳动强度大为减轻。

　　（7）有利于生产的现代化管理。用加工中心加工工件，能够准确地计算工件的加工工时，并有效地简化检验和工夹具、半成品的管理工作，这些有利于生产管理现代化。当前有许多大型 CAD/CAM 集成软件已经开发了生产管理模块，实现了计算机辅助生产管理。加工中心使用数字信息与标准代码输入，最适宜计算机联网及管理。

　　加工中心工序集中的加工方式有其独特的优点，但也带来一些问题。

　　1）工件由毛坯直接加工为成品，一次装夹中金属切除量大、几何形状变化大，没有释放应力的过程，加工完一段时间后内应力释放，使工件变形。

　　2）粗加工后直接进入精加工阶段，工件的温升来不及回复，冷却后尺寸变动，影响零件精度。

　　3）装夹工件的夹具必须满足既能承受粗加工中大的切削力，又能在精加工中准确定位的要求,并且零件夹紧变形要小。

4)切削不断屑,切屑的堆积、缠绕等会影响加工的顺利进行及工件表面质量,甚至会损坏刀具、产生废品。

二、加工中心的组成

加工中心是计算机控制下的自动化机床,其控制方式大致如图1-9所示。各种类型的加工中心,外形结构各异,但总体结构主要由以下几部分组成。

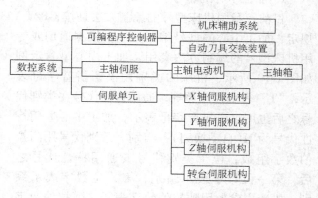

图1-9 加工中心控制结构

(1)基础部件。基础部件由床身、立柱和工作台等大件组成。它们是加工中心的基础结构,可以是铸铁件也可以是焊接的钢结构件,主要承受加工中心的静载荷以及加工时的切削负载,因此刚度必须很高。基础部件也是加工中心中质量和体积最大的部件。

(2)主轴部件。主轴部件由主轴伺服电源、主轴电动机、主轴箱、主轴、主轴轴承和传动轴等零件组成。主轴的起动、停止和变速等均由数控系统控制,并通过安装在主轴上的刀具参与切削运动,是切削加工的功率输出部件。主轴是加工中心的关键部件,其结构的好坏对加工中心的性能有很大的影响,它决定着加工中心的切削性能、动态刚度、加工精度等。主轴内部刀具自动夹紧机构是自动刀具交换装置的组成部分。

(3)数控系统。单台加工中心的数控部分由CNC装置、可编程序控制器、伺服驱动装置及电动机等部分组成。CNC装置根据它包含的功能、可控轴数、主运算器的性能等分成各种加工中心用的系统,采用微处理器、存储器、接口芯片等,通过软件实现数控机床的各种功能。可编程序控制器替代一般机床中机床电气柜执行数控系统指令,控制机床执行动作。数控系统主要功能有:控制功能、进给功能、主轴功能、辅助功能、刀具功能和第二辅助功能、补偿功能、字符图形显示功能、自诊断功能、通信功能、人机对话程序编制功能等。数控系统是加工中心执行顺序控制动作、完成加工过程的控制中心。

(4)自动换刀系统。自动换刀系统是加工中心区别于其他数控机床的典型装置,它解决工件一次装夹后多工序连续加工中,工序与工序间的刀具自动储存、选择、搬运和交换任务。自动换刀系统由刀库、机械手等部件组成。刀库是存放加工过程所要使用的全部刀具的装置。当需要换刀时,根据数控系统的指令,机械手(或通过别的方式)将刀具从刀库取出装入主轴孔中。刀库有盘式、鼓式和链式等多种形式,容量从几把到几百把。机械手的结构根据刀库结构的不同及其与主轴的相对位置也有多种形式,如单臂式、双臂式、回转式和轨道式等。有的加工中心不用机械手而利用主轴箱或刀库的移动来实现换刀。

(5)自动托盘交换系统。有的加工中心为了实现进一步的无人化运行或进一步缩短非切削时间,采用多个自动交换工作台方式储备工件。一个工件安装在工作台上加工的同时,另外一个或几个可交换的工作台面上可以装卸别的工件。当完成一个托盘上工件的加工后,便自动交换托盘,进行新工件的加工,这样可以减少辅助时间,提高加工效率。

(6)辅助系统。辅助系统包括润滑、冷却、排屑、防护、液压和随机检测系统等部分。

辅助系统虽不直接参与切削运动，但对加工中心的加工效率、加工精度和可靠性等起保障作用，因此，也是加工中心不可缺少的部分。

三、加工中心的分类

1. 加工中心的型号

目前，我国机床型号的编制方法是按 GB/T 15375—1994《金属切削机床型号编制方法》规定，加工中心的型号编制方法，根据通用或专用机床型号的编制方法套用。加工中心型号示例如图 1-10 所示，机床的类别用汉语拼音字母表示，"T"表示镗床类等；通用特性代号在类别代号之后也用汉语拼音字母表示，加工中心通用特性代号为 H(自动换刀)；组别、系别代号用阿拉伯数字组成，位于类别代号或通用特性代号之后，第一位数字表示组别，第二位数字表示系别；机床主参数用阿拉伯数字表示，阿拉伯数字

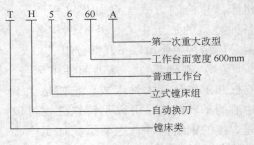

图 1-10　加工中心型号示例

表示的是机床主参数的折算值，上述加工中心用两位数字表示工作台宽度的 1/10；机床重大改进顺序号，在原机床型号后用 A、B、C、D 等英文字母表示。

2. 加工中心的分类

（1）按工艺用途分

1）镗铣加工中心。镗铣加工中心是机械加工行业应用最多的一类加工设备。其加工范围主要是铣削、钻削和镗削，适用于多品种、小批量生产的箱体、壳体，以及复杂零件特殊曲线和曲面轮廓的多工序加工。

2）钻削加工中心。钻削加工中心以钻削为主，刀库形式多为转塔头，适用于中小零件的钻孔、扩孔、铰孔、攻螺纹等多工序加工。

3）车削加工中心。车削加工中心以车削为主，主体是数控车床，机床上配备有转塔式刀库或由换刀机械手和链式刀库组成的刀库。

4）复合加工中心。在一台设备上可以完成车、铣、镗、钻等多工序加工的加工中心称为复合加工中心，可代替多台机床实现多工序加工。工件一次装夹后，能完成多个面的加工。复合加工中心多指五面加工中心，其主轴或工作台可作水平和垂直转换。这种加工中心兼有立式和卧式加工中心的功能，在加工过程中可保证工件的位置精度。

（2）按机床形态分

1）立式加工中心。立式加工中心是指主轴为垂直状态的加工中心，能完成铣削、镗削、钻削、攻螺纹等多工序加工。立式加工中心适宜加工高度尺寸较小的工件。图 1-11 所示为 JCS—018A 型立式加工中心。

2）卧式加工中心。卧式加工中心是指主轴呈水平状态的加工中心。卧式加工中心通常都带有自动分度的回转工作台，具有 3~5 个运动坐标。卧式加工中心适宜加工箱体类零件，一次装夹可对工件的多个面进行加工，特别适合加工孔与定位基面或孔与孔之间有相对位置要求的箱体类零件。图 1-12 所示为卧式加工中心。

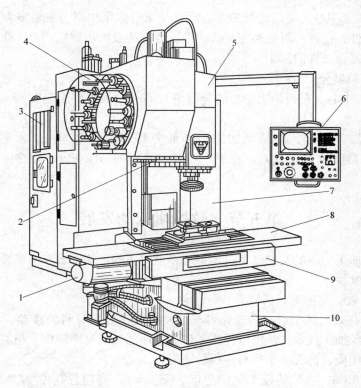

图 1-11 JCS—018A 型立式加工中心

1—直流伺服电动机 2—换刀机械手 3—数控柜 4—盘式刀库
5—主轴箱 6—机床操作面板 7—驱动电源柜 8—工作台
9—滑座 10—床身

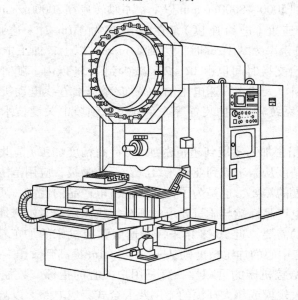

图 1-12 卧式加工中心

3）龙门式加工中心。龙门式加工中心形状与龙门铣床相似，主轴多为垂直设置，除带有自动换刀装置外，还带有可更换主轴头附件，数控装置的功能较齐全，能一机多用，适合大型工件和形状复杂工件的加工。

（3）按加工精度分

1）普通加工中心。普通加工中心的分辨率为 $1\mu m$，最大进给速度 $15\sim25m/min$，定位精度 $10\mu m$ 左右。

2）高精度加工中心。高精度加工中心的分辨率为 $0.1\mu m$，最大进给速度为 $15\sim100m/min$，定位精度为 $2\mu m$ 左右。介于 $2\sim10\mu m$ 之间的，以 $\pm5\mu m$ 较多，称为精密级加工中心。

第五节　数控机床的发展

数控技术与加工中心的发展已走过了半个多世纪历程。从发展方向来看，数控机床将朝着以下几个方面发展：

1. 高速、高效、高精度、高可靠性

（1）高速、高效。加工中心高速化可充分发挥现代刀具材料的性能，不但可大幅度提高加工效率、降低加工成本，还可以提高零件的表面加工质量和精度。超高速加工技术对制造业实现高效、优质、低成本生产有广泛的适用性。

高速主轴单元（电主轴，转速 $15000\sim100000r/min$）、高速且高加/减速度的进给运动部件（快移速度 $60\sim120m/min$，切削进给速度高达 $60m/min$）、高性能数控和伺服系统以及数控工具系统都出现了新的突破，达到了新的技术水平。依靠快速、准确的数字量传递技术对高性能的机床执行部件进行高精密度、高响应速度的实时处理，由于采用了新型刀具，车削和铣削的切削速度已达到 $5000\sim8000m/min$ 以上；主轴转速在 $30000r/min$（有的高达 $10^5 r/min$）以上；工作台的移动速度（进给速度），在分辨率为 $1\mu m$ 时，达到 $100m/min$（有的到 $200m/min$）以上，在分辨率为 $0.1\mu m$ 时，达到 $24m/min$ 以上；加工中心换刀时间从 $5\sim10s$ 减少到小于 $1s$，工作台交换时间也由 $12\sim20s$ 减少到 $2.5s$ 以内。随着超高速切削机理、超硬耐磨长寿命刀具材料、大功率高速电主轴、高加/减速度直线电动机驱动进给部件以及高性能控制系统（含监控系统）和防护装置等一系列技术领域中关键技术的解决，还将出现新一代高速加工中心。

（2）高精度。从精密加工发展到超精密加工（特高精度加工）是世界各工业强国致力发展的方向。机床加工精度从微米级到亚微米级，乃至纳米级，应用范围日趋广泛。精密化是为了适应高新技术发展的需要，也是为了提高普通机电产品的性能、质量和可靠性。随着高新技术的发展和对机电产品性能与质量要求的提高，机床用户对机床加工精度的要求也越来越高。为了满足用户的需要，近 10 多年来，普通级数控机床的加工精度已由 $\pm10\mu m$ 提高到 $\pm5\mu m$，精密级加工中心的加工精度则从 $\pm(3\sim5)\mu m$ 提高到 $\pm(1\sim1.5)\mu m$。

（3）高可靠性。数控机床的可靠性一直是用户关心的指标。数控系统将采用更高集成度的电路芯片，利用大规模或超大规模的专用及混合式集成电路，以减少元器件的数量，提高可靠性。通过硬件功能软件化，以适应各种控制功能的要求，同时采用硬件结构机床本体的模块化、标准化、通用化及系列化，使得既提高硬件生产批量，又便于组织生产和质量把关。还通过自动运行启动诊断、在线诊断、离线诊断等多种诊断程序，实现对系统内硬件、软件和各种外部设备进行故障诊断和报警。利用报警提示，及时排除故障；利用容错技术，对重要部件采用"冗余"设计，以实现故障自恢复；利用各种测试、监控技术，在发生超程、刀损、干扰、断电等各种意外时，自动进行相应的保护。

2. 模块化、智能化、柔性化

（1）模块化、专门化。为了适应加工中心多品种、小批量的特点，机床结构模块化，数控功能专门化，机床性能价格比显著提高并加快优化。

（2）智能化。为适应制造业生产柔性化、自动化发展需要，智能化正成为数控设备研究及发展的热点，它不仅贯穿于生产加工的全过程（如智能编程、智能数据库、智能监控），还贯穿于产品的售后服务和维修中。目前，采取的主要技术措施包括以下几个方面：

1）为提高加工效率和加工质量而采取的智能化措施，如自适应控制、工艺参数自动生成。自适应控制可根据切削条件的变化，自动调节工作参数，使加工中心在加工过程中能保持最佳工作状态，从而得到较高的加工精度和较小的表面粗糙度，同时也能提高刀具寿命和设备的生产效率，达到改进系统运行状态的目的。如通过监控切削过程中的刀具磨损、破损、切屑形态、切削力及工件的加工质量等，向制造系统反馈信息，通过将过程控制、过程监控、过程优化结合在一起，实现自适应调节。

2）为提高驱动性能及使用连接方便而采取的智能化措施，如前馈控制、电动机参数的自适应运算、自动识别负载自动选定模型等。

3）为简化编程、简化操作而采取的智能化措施，如智能化的自动编程、智能化的人机界面等。

4）智能诊断、智能监控等措施可以方便系统的诊断及维修等。在整个工作状态中，系统随时对 CNC 系统本身及与其相连的各种设备进行自诊断、检查。一旦出现故障时，立即采取停机等措施，进行故障报警，提示发生故障的部位、原因等，并利用"冗余"技术，自动使故障模块脱机，而接通备用模块，以确保无人化工作环境的要求。

（3）柔性化。柔性自动化技术是以提高系统的可靠性、实用性为前提，以易于联网和集成为目标；注重加强单元技术的开拓、完善；CNC 单机向高精度、高速度和高柔性方向发展。数控加工中心在提高单机柔性化的同时，朝着单元柔性化和系统柔性化方向发展。如数控多轴加工中心、换刀换箱式加工中心等。

3. 复合化

复合化包含工序复合化和功能复合化。数控机床的发展模糊了粗、精加工工序的概念。加工中心的出现，又把车、铣、镗等工序集中到一台机床上完成，打破了传统的工序界限和分开加工的工艺规程，可最大限度地提高设备利用率。为了进一步提高工效，现代加工中心又采用了多主轴、多面体切削，即同时对同一个工件的不同部位进行不同方式的切削加工，如各类五面体加工中心。另外，现代数控系统的控制轴数也在不断增加，有的多达 15 轴，其同时联动的轴数已达 6 轴。

4. 开放性体系结构

为适应数控进线、联网、普及型个性化、多品种、小批量、柔性化及数控技术迅速发展的要求，需设置开放性体系结构，设计生产开放式的数控系统。计算机技术的飞速发展推动数控系统不断地更新换代，世界上许多数控系统生产厂家开发了开放式体系结构的新一代数

控系统。开放式体系结构可以大量采用通用微机的先进技术，如多媒体技术，实现声控自动编程、图形扫描自动编程等。新一代数控系统的硬件、软件和总线规范都是对外开放的，由于有充足的软、硬件资源可供利用，不仅使数控系统制造商和用户进行系统集成得到有力的支持，而且也为用户的二次开发带来了极大方便，促进了数控系统多档次、多品种的开发和广泛应用。开放性体系结构使数控系统既可通过升档或剪裁构成各种档次的数控系统，又可通过扩展构成不同类型数控加工中心的数控系统，开发生产周期大大缩短。这种数控系统可随 CPU 升级而升级，结构上不必变动。开放性体系结构使数控系统有更好的通用性、柔性、适应性和扩展性，并向智能化、网络化方向发展。

5. 网络化

加工中心的网络化将极大地满足生产线、制造系统、制造企业对信息集成的需求，也是实现新的制造模式，如敏捷制造、虚拟企业、全球制造的基础单元。先进的 CNC 系统为用户提供了强大的联网能力，除有 RS-232 串行接口、RS-422 等接口外，还带有远程缓冲功能的 DNC 接口，可以实现几台数控机床、加工中心之间的数据通信和直接对机床进行控制。现代数控机床为了适应自动化技术的进一步发展和工厂自动化规模越来越大的要求，满足不同厂家、不同类型数控机床联网的需要，已配备与工业局域网（LAN）通信的功能以及 MAP（Manufacturing Automation Protocol——制造自动化协议）接口，为现代数控机床进入 FMS 及 CIMS 创造了条件，促进了系统集成化和信息综合化，使远程操作和监控、遥控及远程故障诊断成为可能。不仅有利于数控系统生产厂对其产品的监控和维修，也适于大规模现代化生产的无人化车间实现网络管理，还适于在操作人员不宜到现场的环境（如对环境要求很高的超精密加工和对人体有害的环境）中工作。

思　考　题

1-1　数控机床由哪几个部分组成？各部分的基本功能是什么？

1-2　何谓点位控制、直线控制、轮廓控制？三者有何区别？

1-3　试述数控车床的分类与功能特点。

1-4　试述数控铣床的分类与功能特点。

1-5　试述加工中心的分类与功能特点。

1-6　数控机床的发展趋势主要有哪些？

第二章　数控加工技术基础

第一节　刀具几何角度及切削要素

一、切削运动和切削用量

1. 切削运动

金属切削加工是用金属切削刀具把工件毛坯上预留的金属材料(统称余量)切除，获得图样所要求的零件。在切削过程中，刀具和工件之间必须有相对运动(见图2-1)，这些运动由金属切削机床完成。

（1）主运动。主运动是由机床或人力提供的主要运动，它使刀具和工件之间产生相对运动，从而使刀具前面接近工件并切除切削层。一般说来，主运动的切削速度(v_c)最高，消耗的机床功率也最大。

（2）进给运动。进给运动是由机床或人力提供的使刀具相对于工件产生的附加运动。进给运动加上主运动，即可不断地或连续地切除切削层，并得到具有所需几何形状的加工表面。机床的进给运动可以是连续运动，如车削外圆时车刀平行于工件轴线的纵向运动(v_f)；也可以是间断运动，如铣削时刀具的横向移动。

（3）合成切削运动。当主运动和进给运动同时进行时，由主运动和进给运动合成的

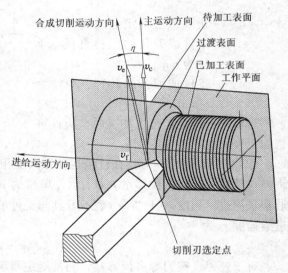

图 2-1　切削运动和工件表面

运动称为合成切削运动。刀具切削刃上选定点相对工件的瞬时合成运动方向称为合成切削运动方向，其速度称为合成切削速度。该速度方向与过渡表面相切，如图2-1所示。合成切削速度v_e等于主运动速度v_c和进给运动速度v_f的矢量和。

$$v_e = v_c + v_f \tag{2-1}$$

（4）辅助运动。除主运动、进给运动以外，机床在加工过程中还需完成一系列其他运动，即辅助运动。辅助运动的种类很多，主要包括刀具接近工件，切入、退离工件，快速返回原点的运动；为使刀具与工件保持相对正确位置的对刀运动；多工位工作台和多工位刀架的周期换位，以及逐一加工多个相同局部表面时，工件周期换位所需的分度运动等。另外，机床的起动、停车、变速、换向以及部件和工件的夹紧、松开等操纵控制运动，也属于辅助运动。辅助运动在整个加工过程中是必不可少的。

2. 工件表面

切削加工过程中，工件上形成了三个不断变化着的表面，分别如下：

（1）已加工表面。工件上经刀具切削后产生的表面称为已加工表面。

（2）待加工表面。工件上有待切除切削层的表面称为待加工表面。

（3）过渡表面。工件上由切削刃形成的那部分表面，它将在下一切削行程（如刨削）、刀具或工件的下一转中（如单刃镗削或车削）被切除，或者由下一切削刃（如铣削）切除。

3. 切削用量

切削用量是用来表示切削运动、调整机床加工参数的参量，可用它对主运动和进给运动进行定量表述。切削用量包括切削速度、进给量和背吃刀量三个要素（见图2-2）。

（1）切削速度（v_c）。切削刃上选定点相对于工件主运动的瞬时线速度，称为切削速度（v_c）。回转主运动的线速度（v_c，m/min）的计算公式为

$$v_c = \frac{\pi d n}{1000} \qquad (2-2)$$

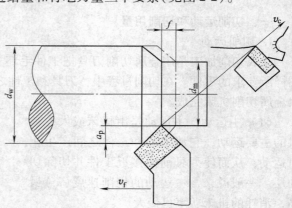

图2-2　切削用量三要素

式中　d——切削刃上选定点处所对应的工件或刀具的回转直径，单位为mm；

　　　n——工件或刀具的转速，单位为r/min。

需要注意的是：车削加工时，应计算待加工表面的切削速度。

（2）进给量（f）。刀具在进给运动方向上相对于工件的位移量，称为进给量。用刀具或工件每转或每行程的位移量f来表示，单位为mm/r或mm/行程（如刨削等）。数控编程时，通常采用进给速度v_f（F指令）表示刀具与工件的相对运动速度，单位为mm/min。车削时的进给速度v_f为

$$v_f = nf \qquad (2-3)$$

对于铰刀、铣刀等多齿刀具，通常规定每齿进给量f_z（mm/z），其含义是刀具每转过一个齿，刀具相对于工件在进给运动方向上的位移量。进给速度v_f与每齿进给量的关系为

$$v_f = n Z f_z \qquad (2-4)$$

式中　Z——刀齿数。

（3）背吃刀量（a_p）。已加工表面与待加工表面之间的垂直距离，称为背吃刀量（mm）。车削外圆时，

$$a_p = \frac{d_w - d_m}{2} \qquad (2-5)$$

式中　d_w——待加工表面直径，单位为mm；

　　　d_m——已加工表面直径，单位为mm。

镗孔时式（2-5）中的d_w与d_m的位置互换一下。钻孔加工的背吃刀量为钻头的半径。

二、刀具切削部分的几何形状和角度

刀具由刀体、刀柄或刀孔和切削部分组成。刀体是刀具上夹持刀条或刀片的部分。刀柄是刀具上的夹持部分。刀孔是刀具上用以将刀具安装或紧固在主轴、刀杆或心轴上的内孔。

切削部分是刀具上起切削作用的部分。

1. 刀具切削部分的组成

金属切削刀具的种类虽然很多，但仔细观察它的切削部分，其剖面的基本形状都是刀楔形。以外圆车刀为例（见图2-3），由三个刀面组成的主、副两组刀楔，其楔角分别为 β_o 和 β'_o，切削部分的组成要素如下：

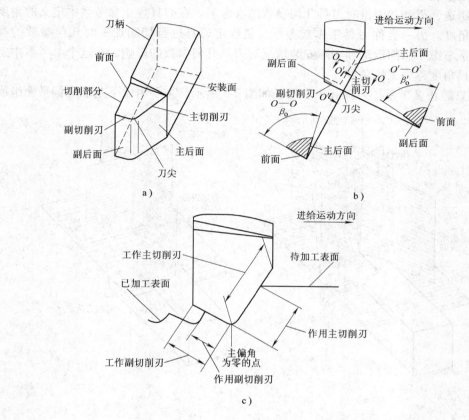

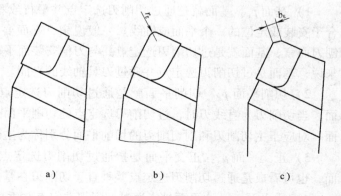

图 2-3　刀具切削部分的组成

（1）前面（A_γ）：切屑流过的表面。

（2）主后面（A_α）：与过渡表面相对的表面。

（3）副后面（A'_a）：与已加工表面相对的表面。

（4）主切削刃（S）：前面与主后面的交线，担负主要切削工作。

（5）副切削刃（S'）：前面与副后面相交得到的刃边。

（6）刀尖：主、副切削刃连接处的一小部分切削刃。刀尖类型如图2-4所示。

图 2-4　刀尖类型

a）尖形刀尖　b）修圆刀尖　c）倒角刀尖

2. 刀具切削部分的几何角度

（1）度量刀具角度的参考系。为了确定刀具前面、后面及切削刃在空间的位置，首先应建立参考系，它是一组用于定义和规定刀具角度的各基准坐标平面。用刀具前面、后面和切削刃相对各基准坐标平面的夹角来表示它们在空间的位置，这些夹角就是刀具切削部分的几何角度。用于确定刀具几何角度的参考系有两类，一类称刀具静止参考系，是用于定义刀具在设计、制造、刃磨和测量时刀具几何参数的参考系。在刀具静止参考系中定义的角度称为刀具标注角度。另一类称刀具工作参考系，是规定刀具进行切削加工时几何参数的参考系。该参考系考虑了切削运动和实际安装情况对刀具几何参数的影响，在这个参考系中定义和测量的刀具角度称为工作角度。

（2）刀具静止参考系。刀具静止参考系如图 2-5 所示，主要由以下基准坐标平面组成：

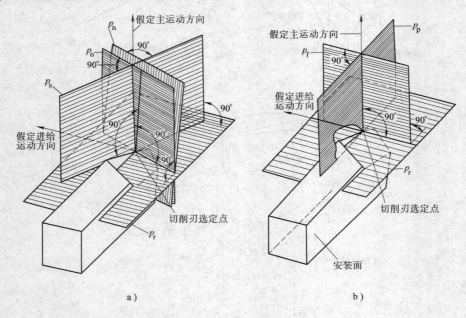

图 2-5　刀具的静止参考系

a）正交平面与法平面参考系　b）假定进给平面与背平面参考系

1）基面 p_r。基面就是通过切削刃选定点并平行或垂直于刀具在制造、刃磨及测量时适合于安装或定位的一个平面或轴线。一般说来，基面要垂直于假定的主运动方向。对车刀、刨刀而言，基面就是过切削刃选定点并与刀柄安装面平行的平面。对钻头、铣刀等旋转刀具来说，基面是过切削刃选定点并通过刀具轴线的平面。

2）切削平面 p_s。切削平面就是通过切削刃选定点、与切削刃相切并垂直于基面的平面。当切削刃为直线刃时，过切削刃选定点的切削平面，即是包含切削刃并垂直于基面的平面。对应于主切削刃和副切削刃的切削平面分别称为主切削平面 p_s 和副切削平面 p'_s。

3）正交平面 p_o。正交平面是指通过切削刃选定点并同时垂直于基面和切削平面的平面，也可看成是通过切削刃选定点并垂直于切削刃在基面上投影的平面。

4）法平面 p_n。法平面是指通过切削刃选定点并垂直于主切削刃的平面。

5）假定工作平面 p_f。假定工作平面是通过切削刃选定点并垂直于基面的平面，一般来说，其方位要平行于假定的进给运动方向。

6）背平面 p_p。背平面是指通过切削刃选定点并垂直于基面和假定工作平面的平面。图2-5所示为刀具静止参考系中各基准坐标平面与刀具前面、后面及切削刃相互位置关系的立体图。

在设计刀具和绘制刀具图样（工作图）时，采用平面视图表示。图2-6以车刀为例表示各基准平面及几何角度的相互位置关系。

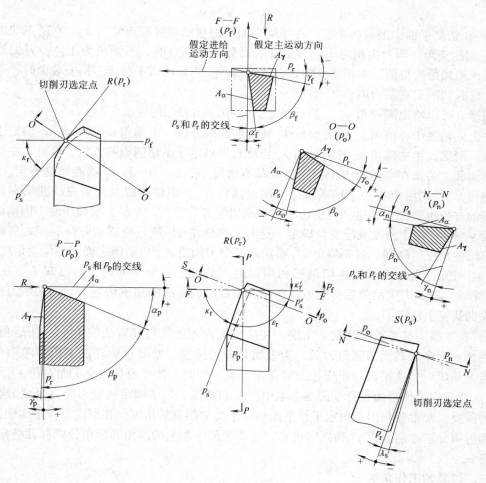

图2-6　刀具静止参考系及其角度

（3）刀具的标注角度

1）在正交平面中测量的角度

① 前角（γ_o）。前角是前面（A_γ）与基面（p_r）之间的夹角，其大小影响刀具的切削性能。当前面与切削平面夹角小于90°时，前角为正值；大于90°时，前角为负值。

② 后角（α_o）。后角是后面（A_α）与切削平面（p_s）间的夹角，其作用是减小后面与过渡表面之间的摩擦。当后面与基面夹角小于90°时，后角为正值；大于90°时，后角为负值。

③ 楔角（β_o）。楔角是前面（A_γ）与后面（A_α）间的夹角，反映刀体强度和散热能力大小。它是由前角（γ_o）和后角（α_o）得到的派生角度，即

$$\beta_o = 90° - (\gamma_o + \alpha_o) \tag{2-6}$$

2）在基面中测量的角度

① 主偏角（κ_r）。主偏角是主切削平面 p_s 与假定工作平面 p_f 间的夹角。

② 副偏角（κ'_r）。副偏角是副切削平面 p'_s 与假定工作平面 p_f 间的夹角。

③ 刀尖角（ε_r）。刀尖角是主切削平面 p_s 与副切削平面 p'_s 间的夹角，它是由主偏角 κ_r 和副偏角 κ'_r 计算得到的派生角度，即

$$\varepsilon_r = 180° - (\kappa_r + \kappa'_r) \tag{2-7}$$

3）在切削平面中测量的角度。在切削平面中测量的角度有刃倾角 λ_s，它是主切削刃与基面 p_r 间的夹角。当刀尖相对车刀刀柄安装面处于最高点时，刃倾角为正值；刀尖处于最低点时，刃倾角为负值，如图 2-6 的 S 向视图所示。当切削刃平行于刀柄安装面时，刃倾角为零，这时切削刃在基面内。

同理，可以给出副前角 γ'_o、副后角 α'_o、副刃倾角 λ'_s 的定义。

在上述角度中，前角 γ_o 和刃倾角 λ_s 确定前面的方位。主偏角 κ_r 和后角 α_o 确定主后面的方位。随之，由主偏角 κ_r 和刃倾角 λ_s 也就自然确定了主切削刃的方位。可见，主切削刃及其前面和主后面在空间的方位只用四个基本角度 γ_o、α_o、κ_r 和 λ_s 就能完全确定。同理，由副前角 γ'_o、副后角 α'_o、副偏角 κ'_r 和副刃倾角 λ'_s，副切削刃及其对应的前面和副后面在空间的方位也就完全确定。当主切削刃和副切削刃共处在一个平面前面中时，因前面的方位只要 γ_o 和 λ_s 两个角度就能完全确定，这时，副前角 γ'_o 便是由前面方位确定之后而随之确定的派生角度。同理，若副偏角 κ'_r 确定后，副刃倾角 λ'_s 也是随之确定的派生角度。

由上可知，当外圆车刀主切削刃和副切削刃共处于一个平面时，若已知 λ_s、α_o、γ_o、κ_r、κ'_r 和 α'_o 以及刀尖的位置，则刀具前面、主后面、副后面和主切削刃、副切削刃在空间的位置也就完全确定了。

4）在法平面参考系中测量的角度。在法平面内测量的角度有法前角 γ_n、法后角 α_n 和法楔角 β_n。对于某些大刃倾角刀具，为表明其刀齿强度，常要求标注法平面参考系中的角度。当 $\lambda_s = 0°$ 时，法平面与正交平面重合。当 $\lambda_s \neq 0°$ 时，法平面与正交平面夹角 λ_s。

5）在假定工作平面和背平面参考系中测量的角度。为了满足机械刃磨刀具或分析讨论问题的需要，常常要利用在假定工作平面和背平面中测量的角度。在假定工作平面中测量的前角和后角分别称侧前角 γ_f 和侧后角 α_f，在背平面中测量的前角和后角分别称背前角 γ_p 和背后角 α_p。

三、刀具的工作角度

刀具的使用性能不仅与标注角度有关，还与刀具在机床上的安装位置和合成切削速度有关。刀具相对于工件或机床的安装位置变化，或进给运动的影响，常常使刀具实际切削的角度发生变化。刀具实际切削角度称为工作角度。工作角度是在刀具工作参考系中定义的刀具角度。

（1）刀具工作参考系

1）工作基面 p_{re}。过切削刃上选定点并与合成切削速度 v_e 垂直的平面称为工作基面 p_{re}。

2）工作切削平面 p_{se}。过切削刃上选定点、与切削刃相切并垂直于工作基面 p_{re} 的平面称为工作切削平面 p_{se}。它包含合成切削速度 v_e 的方向。

3）工作正交平面 p_{oe}。过切削刃上选定点并同时与工作基面 p_{re} 和工作切削平面 p_{se} 相垂

直的平面叫做工作正交平面 p_{oe}。

4）工作平面 p_{fe}。过切削刃上选定点且同时包含主运动速度 v_c 和进给运动速度 v_f 方向的平面叫做工作平面 p_{fe}。显然，它垂直于工作基面 p_{re}。

5）工作法平面 p_{ne}。和法平面 p_n 的定义相同，均是过切削刃上选定点并垂直于切削刃的平面。

（2）刀具工作角度

1）工作前角 γ_{oe}。在工作正交平面 p_{oe} 内度量的工作基面 p_{re} 与前面 A_γ 间的夹角称为工作前角 γ_{oe}。

2）工作后角 α_{oe}。在工作正交平面 p_{oe} 内度量的工作切削平面 p_{se} 与后面 A_α 间的夹角称为工作后角 α_{oe}。

3）工作侧前角 γ_{fe}。在工作平面 p_{fe} 内度量的工作基面 p_{re} 与前面 A_γ 间的夹角称为工作侧前角 γ_{fe}。

4）工作侧后角 α_{fe}。在工作平面 p_{fe} 内度量的工作切削平面 p_{se} 与后面 A_α 间的夹角称为工作侧后角 α_{fe}。

需特别指出的是：由于在不同参考系中切削刃和刀面是一样的，法向平面相对于切削刃的位置固定不变，因此，工作参考系法向楔角 β_{ne} 与静止参考系法向楔角 β_n 相等，它是机夹可转位刀具、齿轮刀具等设计计算中不同参考系间角度关系的"桥梁"。

实际切削加工过程中，一般情况下，由于进给运动速度远小于主运动线速度，刀具的工作角度近似等于标注角度，所以不必计算工作角度。但是，在车螺纹、车丝杠、车凸轮或刀具位置装高、装低、左右倾斜等情况下，必须计算工作角度。

四、切削层

1. 切削层参数

在切削过程中，刀具或工件沿进给运动方向每移动一个进给量 f（车削）或每齿进给量 f_z（多齿刀具切削）所切除的金属层，称为切削层。图 2-7 所示为车削时的切削层，当工件转 1 转时，车刀主切削刃由过渡表面 I 的位置移到过渡表面 II 的位置，其间所切除的工件材料层即为车削时的切削层。切削层的尺寸称为切削层参数，切削层参数通常在基面内测量。

（1）切削厚度（h_D）。切削厚度是指在垂直于切削刃方向度量的切削层截面的尺寸。主切削刃为直线时，各点的切削厚度相等（见图 2-7），并可近似按式（2-8）计算。

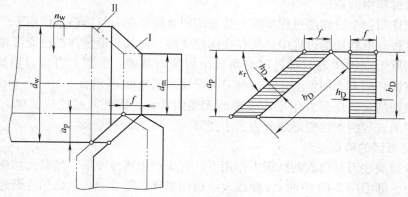

图 2-7　纵车外圆切削层参数

曲线切削刃上各点的切削厚度是变化的（见图2-8）。

$$h_D = f\sin\kappa_r \tag{2-8}$$

（2）切削宽度（b_D）。切削宽度是指沿切削刃方向度量的切削层截面的尺寸，反映了主切削刃参与切削工作的长度（见图2-8）。直线刃的切削宽度有以下近似关系：

$$b_D = \frac{a_p}{\sin\kappa_r} \tag{2-9}$$

（3）切削面积（A_D）。切削面积是指切削层的横截面积。车削时切削面积可按式

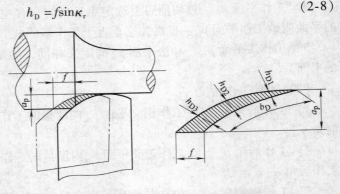

图2-8　曲线切削刃工作时的切削厚度与切削宽度

$$A_D = a_p f = b_D h_D \tag{2-10}$$

计算。

2. 正切屑和倒切屑

上述切削层横截面中 b_D、h_D 与 a_p 和 f 的关系是属于 $f\sin\kappa_r < a_p/\sin\kappa_r$ 的情况，在这种情况下切下来的切屑称为正切屑。生产中多为此种情况，即主切削刃担负主要切削工作。当采用大进给切削时，常出现 $f\sin\kappa_r > a_p/\sin\kappa_r$ 的情况，这种情况下切下来的切屑称为倒切屑。这时，主要切削负荷已由主切削刃转移到副切削刃上，副前角 γ'_o 成为刀具的主要角度，前角 γ_o 则下降为次要地位。

3. 材料切除率 Q

材料切除率是指单位时间里被刀具切除的工件材料体积。相当于切削层横截面积以 v_c 值沿切削速度方向运动一个单位时间所包含的空间体积（单位为 mm^3）。材料切除率是反映切削效率高低的一个指标，计算公式为

$$Q = 1000v_c a_p f \tag{2-11}$$

第二节　金属切削过程的基本规律及应用

一、切削过程中的变形

实验研究证明：金属切削过程实质上是被切削金属层在刀具偏挤压作用下产生剪切滑移的塑性变形过程。虽然切削过程中必然存在弹性变形，但其变形量与塑性变形相比则可忽略不计。研究切屑形成的机理时都是以直角自由切削为基础。所谓"直角自由切削"，就是①只有一条直线切削刃参加切削；②切削刃与合成切削速度 v_e 垂直。

这样，被切削金属层只发生平面变形而无侧向移动，因此问题比较简单。为了研究方便，通常把切削过程的塑性变形划分为三个变形区，如图2-9所示。

1. 第一变形区的剪切变形

被切削金属层在刀具前面的挤压力作用下，首先产生弹性变形，当最大切应力达到材料的屈服极限时，即沿图2-10中的 OA 曲线发生剪切滑移。随着刀具前面的逐渐趋近，塑性变形逐渐增大，并伴随有变形强化，直至 OM 曲线滑移终止，被切削金属层与母体脱离成为切

屑沿前面流出。曲线 *OAMO* 所包围的区域是剪切滑移区，又称第一变形区，它是金属切削过程中的主要变形区，消耗大部分功率并产生大量的切削热。实际上，曲线 *OA* 与曲线 *OM* 间的宽度很窄，约为 $0.02\sim0.2\mathrm{mm}$，且切削速度越高，宽度越窄。为使问题简化，设想用一个平面 *OM* 代替剪切滑移区，平面 *OM* 称为剪切平面。剪切平面与切削速度之间的夹角称为剪切角，以 φ 表示。

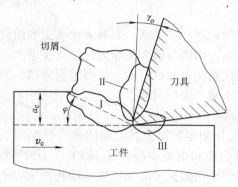

图 2-9　三个变形区的划分
Ⅰ—第一变形区　Ⅱ—第二变形区
Ⅲ—第三变形区

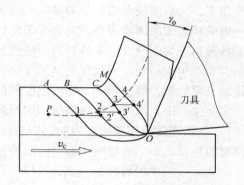

图 2-10　第一变形区金属的剪切滑移

2. 第二变形区的挤压摩擦和变形

经第一变形区剪切滑移而形成的切屑，在沿前面流出过程中，靠近前面处的金属因受到前面的挤压而产生剧烈摩擦，再次产生剪切变形，使切屑底层薄薄的一层金属流动滞缓。这一层流动滞缓的金属层称为滞流层。滞流层的变形程度比切屑上层大几倍到几十倍。

3. 第三变形区的变形

第三变形区的变形是指工件过渡表面和已加工表面金属层受到切削刃钝圆部分和后面的挤压、摩擦而产生塑性变形，造成表层金属的纤维化和加工硬化，并产生一定的残余应力。第三变形区的金属变形，将影响工件的表面质量和使用性能。

以上分别讨论了三个变形区各自的特征。但必须指出，三个变形区是互相联系而又互相影响的。金属切削过程中的许多物理现象都和三个变形区的变形密切相关。研究切削过程中的变形，是掌握金属切削加工技术的基础。

二、积屑瘤与鳞刺

1. 积屑瘤

（1）积屑瘤及其特征。切削塑性金属材料时，常在切削刃口附近黏结一硬度很高（通常为工件材料硬度的 2～3.5 倍）的楔状金属块，它包围着切削刃且覆盖部分前面，这种楔状金属块称为积屑瘤，如图 2-11 所示。积屑瘤能代替刀尖担负实际切削工作，故而可减轻刀具磨损。同时，积屑瘤使实际前角增大（可达 35°），刀和屑的接触面积减小，从而使切屑变形和切削力减小。另一方面，积屑瘤顶部和被切削金属界限不清，不断发生着长大和破裂脱离的过程。脱落的碎片会损伤刀具表面，或嵌入已加工表面造

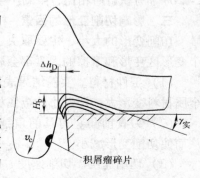

图 2-11　积屑瘤

成刀具磨损和使已加工表面的表面粗糙度值增大。由于积屑瘤的不稳定常会引起切削过程的不稳定(切削力变动),同时积屑瘤还会造成"切削刃"不规则和不光滑,使已加工表面非常粗糙、尺寸精度降低,因此精加工时必须设法抑制积屑瘤的形成。

(2)积屑瘤的成因及其抑制措施。积屑瘤的形成与刀具前面上的摩擦有着密切关系。一般认为,由于高压和一定的切削温度,刀和屑界面在与新鲜金属接触时,在原子间亲和力的作用下,切屑底层发生黏结和堆积,形成积屑瘤。

影响积屑瘤的因素很多,主要有工件材料、切削速度、切削液、刀具表面质量和前角以及刀具材料等切削条件。工件材料塑性高、强度低时,切屑与前面摩擦大,切屑变形大,容易粘刀而产生积屑瘤,而且积屑瘤尺寸也较大。切削脆性金属材料时,切屑呈崩碎状,刀和屑接触长度较短,摩擦较小,切削温度较低,一般不易产生积屑瘤。

实际生产中,可采取下列措施抑制积屑瘤的生成:

1)切削速度。实验研究表明,切削速度是通过切削温度对刀具前面的最大摩擦因数和工件材料性质的影响而影响积屑瘤的。控制切削速度使切削温度控制在 300℃ 以下或 500℃ 以上,就可以减少积屑瘤的生成,所以,具体加工中采用低速或高速切削是抑制积屑瘤的基本措施。

2)进给量。进给量增大,则切削厚度增大,刀、屑的接触长度变长,从而为形成积屑瘤打下基础。若适当降低进给量,则可削弱积屑瘤的生成基础。

3)前角。若增大刀具前角,则切屑变形减小,切削力减小,从而使刀具前面上的摩擦减小,削弱了积屑瘤的生成基础。实践证明,前角增大到 35° 时,一般不产生积屑瘤。

4)切削液。采用润滑性能良好的切削液可以减少或消除积屑瘤的产生。

2. 鳞刺

鳞刺是在已加工表面上出现的鳞片状反刺,如图 2-12a 所示。它是以较低的速度切削塑性金属时(如拉削、插齿、滚齿、螺纹切削等)常出现的一种现象,能够使已加工表面质量恶化,表面粗糙度值增大 2~4 级。

鳞刺生成的原因是由于部分金属材料的黏结层积,导致即将切离的切屑根部发生断裂,在已加工表面层留下金属被撕裂的痕迹(见图 2-12b)。与积屑瘤相比,鳞刺产生的频率较高。避免产生鳞刺的措施与积屑瘤类似。

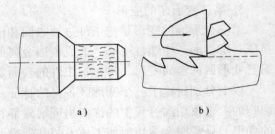

a)　　　　　　　b)

图 2-12　鳞刺现象

三、影响切削变形的因素

切削变形的大小,主要取决于第一变形区及第二变形区挤压及摩擦情况。凡是影响这两个变形区变形和摩擦的因素都会影响切削变形。其主要影响因素及规律如下:

(1)工件材料。实验结果表明,工件材料强度和硬度越高,变形系数越小;塑性大的金属材料变形大,塑性小的金属材料变形小。

(2)刀具前角。刀具前角越大,变形系数越小。这是因为增大前角可使剪切角增大,从而使切削变形减小。

(3)切削速度。切削速度 v_c 与切削变形系数 ξ 的实验曲线如图 2-13 所示,中低速切削 30 钢时,首先,切削变形系数 ξ 随切削速度的增加而减小,它对应于积屑瘤的成长阶段,由于实际前角的增大而使 ξ 减小。而后，随着切削速度的提高，ξ 又逐渐增大，它对应于积屑瘤减小和消失的阶段。最后，在高速范围内，ξ 又随着切削速度的继续增高而减小。这是因为切削温度随 v_c 的增大而升高，切削底层金属被软化，剪切强度下降，降低了刀和屑之间的摩擦，从而使变形系数减小。此外，当切削速度 v_c 很高时，切削层有可能未经过充分滑移变形就成为切屑流出，这也是变形系数减小的原因之一。

（4）切削厚度。由图 2-13 可知，当进给量增加（切削厚度增加）时，切削变形系数减小。

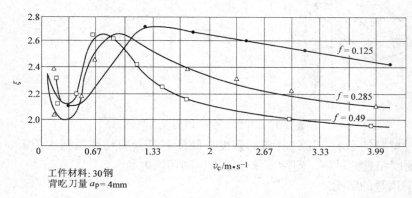

图 2-13　切削速度及进给量对变形系数的影响

四、切削力

在切削过程中，为切除工件毛坯的多余金属使之成为切屑，刀具必须克服金属的各种变形抗力和摩擦阻力。这些分别作用于刀具和工件上的大小相等、方向相反的力的总和称为切削力。

1. 切削力的来源及分解

切削力来源于三个变形区内产生的弹性变形抗力和塑性变形抗力，以及切屑、工件与刀具间的摩擦。如图 2-14 所示，作用在前面上的弹、塑性变形抗力 $F_{n\gamma}$ 和摩擦力 $F_{f\gamma}$；作用在后面上的弹、塑性变形抗力 $F_{n\alpha}$ 和摩擦力 $F_{f\alpha}$。它们的合力 F_r，作用在前面上近切削刃处，其反作用力 F_r'，作用在工件上。

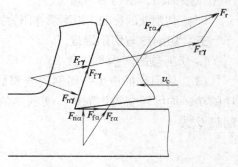

图 2-14　作用在刀具上的力

为便于分析切削力的作用和对切削力进行测量，通常将切削力分解成图 2-15 所示的三个互相垂直的分力。

（1）主切削力 F_c。主切削力 F_c 垂直于基面，与切削速度方向一致（Y 方向）。功率消耗最大，是计算刀具强度、机床切削功率的主要依据。

（2）背向力 F_p。背向力 F_p 为 X 方向分力，是验算工艺系统刚度的主要依据。

（3）进给抗力 F_f。进给抗力 F_f 为 Z 方向分力，是机床进给机构强度和刚度设计、校验的主要依据。

2. 影响切削力的主要因素

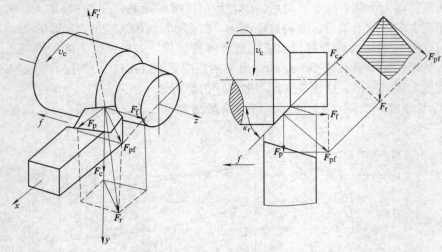

图 2-15 外圆车削时切削合力与分力

（1）工件材料的影响。工件材料的强度、硬度越高，剪切屈服强度越高，切削力就越大。强度、硬度相近的材料，塑性、韧性越大，则切削力越大。

（2）切削用量的影响

1）背吃刀量和进给量。a_p 加大一倍，切削力增大一倍；f 加大一倍，切削力增大 68%~86%。

2）切削速度。切削速度对切削力的影响如图 2-16 所示。

（3）刀具几何角度的影响。前角 γ_o 增大，变形减小，切削力减小；主偏角 κ_r 增大，F_p 减小、F_f 增大；刃倾角 λ_s 减小，F_p 增大、F_f 减小，对主切削力 F_c 的影响不显著。

（4）刀具磨损的影响。后面磨损形成零后角，且刀刃变钝，后面与已加工表面间的挤压和摩擦加剧，使切削力增大。

（5）切削液的影响。以润滑作用为主的切削液可减小刀具与工件之间的摩擦，降低切削力。

五、切削热与切削温度

1. 切削热的产生与传散

（1）切削热的产生。切削层金属的弹、塑性变形及刀具与切屑、工件之间的摩擦所消耗的功，均可转变为切削热。切削热的来源与传散如图 2-17 所示。切削过程中产生的总切削热 Q 为

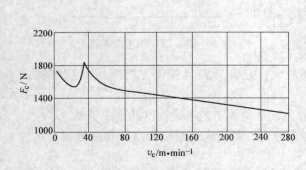

图 2-16 切削速度对切削力的影响

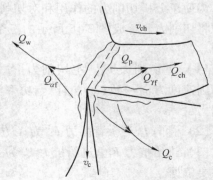

图 2-17 切削热的来源与传散

$$Q = Q_{p} + Q_{\gamma f} + Q_{\alpha f} \tag{2-12}$$

式中　Q_{p}——剪切区金属变形功转变的热；

　　　$Q_{\gamma f}$——切屑与刀具前面的摩擦功转变的热；

　　　$Q_{\alpha f}$——已加工表面与刀具后面的摩擦功转变的热。

（2）切削热的传散。通过切屑、工件、刀具和周围介质传出的热量分别用 Q_{ch}、Q_{w}、Q_{c} 和 Q_{f} 表示。产生与传出的切削热的关系为

$$Q_{p} + Q_{\gamma f} + Q_{\alpha f} = Q_{ch} + Q_{w} + Q_{c} + Q_{f} \tag{2-13}$$

切削热传出的大致比例如下：

1）车削加工时，Q_{ch}（50%～86%）、Q_{c}（40%～10%）、Q_{w}（9%～3%）、Q_{f}（1%）。

2）钻削加工时，Q_{ch}（28%）、Q_{c}（14.5%）、Q_{w}（52.5%）、Q_{f}（5%）。

影响传热的主要因素是工件和刀具材料的热导率及周围介质的状况。

2. 切削温度的分布

由实验研究可知切削温度的分布情况如下：

（1）刀、屑界面温度比切屑的平均温度高得多，一般约高 2～2.5 倍，且最高温度在刀具前面上距刀刃一定距离的地方，不在切削刃上。

（2）沿剪切平面各点温度几乎相同，由此可以推想剪切平面上各点的应力应变规律相差不大。

（3）切屑沿刀具前面流出时，在垂直前面方向上温度变化较大，说明切屑在沿前面流出时被摩擦加热。

（4）刀具后面上温度分布与前面类似，即最高温度在刚离开切削刃的地方，但较前面上最高温度低。

（5）工件材料的热导率越低（如钛合金比碳钢热导率低），刀具前、后面的温度越高。

（6）工件材料的塑性越低、脆性越大，刀具前面上最高温度处越靠近切削刃，同时沿切屑流出方向的温度变化越大。切削脆性材料时最高温度在靠近刀刃的后面上。

切削温度通常是指切屑和刀具前面接触区的平均温度。它测量简单，与刀具磨损、积屑瘤的生长与消失及已加工表面质量有密切关系。因此，了解和运用切削温度的变化规律是很有实用意义的。

3. 影响切削温度的因素和变化规律

（1）切削用量对切削温度的影响。切削速度对切削温度的影响最明显，切削速度提高，切削温度明显上升；进给量对切削温度的影响次之，进给量增大，切削温度上升；背吃刀量对切削温度的影响很小，背吃刀量增大，温度上升不明显。

（2）刀具几何参数对切削温度的影响。前角增大，切削变形减小，产生的切削热少，切削温度降低；但前角太大，刀具散热体积变小，温度反而上升。主偏角增大，切削刃工作长度缩短、刀尖角减小，散热条件变差，切削温度上升。

（3）工件材料对切削温度的影响。工件材料强度和硬度越高，切削时消耗的功率越大，切削温度越高。热导率大，散热好，切削温度低。

（4）刀具磨损对切削温度的影响。刀具磨损变钝，挤压、摩擦加剧，切削温度升高。

（5）切削液对切削温度的影响。切削液能降低切削区的温度，改善切削过程中的摩擦状况，提高刀具寿命。

六、刀具磨损和刀具寿命

1. 刀具磨损形式

刀具磨损的形式有正常磨损和非正常磨损两大类。正常磨损的形式如图2-18所示。

（1）前面磨损。在切削速度较高、背吃刀量较大的情况下，切削高熔点塑性金属材料时，易产生前面磨损。磨损量用月牙洼的深度KT表示，如图2-18a所示。

（2）后面磨损。在切削速度较低、切削厚度较小的情况下，会产生后面磨损，如图2-18b所示，刀尖和靠近工件外皮两处磨损严重，中间部分磨损比较均匀。

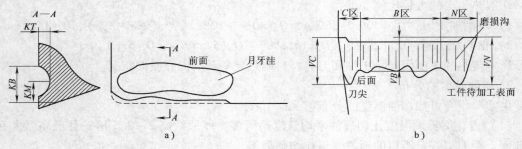

图2-18　刀具的正常磨损形式

（3）前面和主后面同时磨损。在中等切削速度和进给量的情况下，切削塑性金属材料时，经常发生前、后面同时磨损。

2. 刀具磨损过程与磨钝标准

（1）刀具磨损过程。刀具磨损过程可分为三个阶段，如图2-19所示。

1）初期磨损阶段（OA）。因表面粗糙不平、主后面与过渡表面接触面积小，压应力集中于刃口，导致磨损速率大。

2）正常磨损阶段（AB）。粗糙表面磨平，压应力减小。

3）急剧磨损阶段（BC）。磨损量VB达到一定限度后，摩擦力增大、切削力和切削温度急剧上升，导致刀具迅速磨损而失去切削能力。

（2）刀具的磨钝标准。根据加工要求规定，将主后面中间部分的平均磨损量VB作为磨钝标准。一般情况下，车刀磨钝标准的推荐值见表2-1。

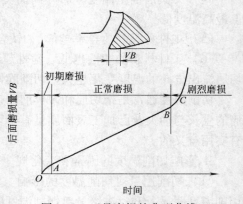

图2-19　刀具磨损的典型曲线

表2-1　车刀磨钝标准的推荐值

车刀类型	工件材料	加工性质	磨钝标准 VB/mm	
			高速钢	硬质合金
外圆车刀、端面车刀、镗刀	碳钢、合金钢	粗车	1.5~2.0	1.0~1.4
		精车	1.0	0.4~0.6
	灰铸铁、可锻铸铁	粗车	2.0~3.0	0.8~1.0
		半精车	1.5~2.0	0.6~0.8

（续）

车刀类型	工件材料	加工性质	磨钝标准 VB/mm	
			高速钢	硬质合金
外圆车刀、端面车刀、镗刀	耐热钢、不锈钢	粗、精车	1.0	1.0
	钛合金	粗、半精车		0.4 ~ 0.5
	淬硬钢	粗车		0.8 ~ 1.0
陶瓷车刀			0.5	

3. 刀具寿命

（1）刀具寿命的概念。刀具从刃磨后开始切削，一直到磨损量达到磨钝标准为止所经过的总切削时间 T，称为刀具寿命，单位为 min。注意：刀具寿命 T 不包括对刀、测量、快进、回程等非切削时间。

（2）影响刀具寿命的因素

1）切削用量。切削用量三要素对刀具寿命的影响程度为：v_c 最大，f 次之，a_p 最小。

2）刀具几何参数。前角 γ_o 增大，切削力和切削温度降低，刀具寿命提高；但前角太大，刀具强度降低，散热条件变差，刀具寿命反而降低了。主偏角减小，刀尖强度提高，散热条件改善，刀具寿命提高；但是主偏角 κ_r 太小，F_p 增大，当工艺系统刚性较差时，容易引起振动。

3）刀具材料。刀具材料的红硬性越高，则刀具寿命就越高。但是，在进行冲击切削、重型切削和难加工材料切削时，影响刀具寿命的主要因素为冲击韧度和抗弯强度。

4）工件材料。工件材料的强度、硬度越高，产生的切削温度越高，刀具寿命越低。

（3）刀具寿命的确定。合理刀具寿命的确定原则是有利于提高生产效率和降低加工成本。生产中常用刀具寿命参考值见表2-2。

选择刀具寿命时，还应该考虑以下几点：

1）复杂、高精度、多刃刀具的寿命应比简单、低精度、单刃刀具高。

2）可转位刀具换刃、换刀片快捷方便，为保持刀刃锋利，刀具寿命可选得低一些。

3）精加工刀具切削负荷小，刀具寿命应选得比粗加工刀具高一些。

4）精加工大件时，为避免中途换刀，刀具寿命应选得高一些。

5）数控加工中的刀具寿命应大于一个工作班，至少应大于一个工件的切削时间。

表2-2 常用刀具寿命参考值

刀具类型	刀具寿命 T/min	刀具类型	刀具寿命 T/min
高速钢车刀	60 ~ 90	硬质合金面铣刀	120 ~ 180
高速钢钻头	80 ~ 120	齿轮刀具	200 ~ 300
硬质合金焊接车刀	60	自动机用高速钢车刀	180 ~ 200
硬质合金可转位车刀	15 ~ 30		

七、金属切削过程基本规律的应用

1. 切屑的种类及控制

（1）切屑的种类。不同工件材料、不同切削条件，切削过程中的变形程度不同，从而形成不同的切屑。根据切削过程中变形程度的不同，可把切屑分为四种不同的形态，如图2-20所示。

1）带状切屑（见图2-20a）。带状切屑的底层光滑，上表面呈毛茸状，无明显裂纹。加工塑性金属材料（如软钢、铜、铝等）时，在背吃刀量较小、切削速度较高、刀具前角较大的情况下，容易得到这种切屑。形成带状切屑时，切削过程较平稳，切削力波动较小，已加工表面的表面粗糙度值较小。

2）节状切屑（见图2-20b）。节状切屑又称挤裂切屑。这种切屑的底面有时出现裂纹，上表面呈明显的锯齿状。当以较低的切削速度、较大的背吃刀量、较小的刀具前角加工塑性较低的金属材料（如黄铜）时大多产生节状切屑。当工艺系统刚性不足、加工碳素钢材料时，也容易得到节状切屑。产生节状切屑时，切削过程不太稳定，切削力波动也较大，已加工表面的表面粗糙度值较大。

3）粒状切屑（见图2-20c）。粒状切屑又称单元切屑。当采用小前角或负前角，以极低的切削速度和大的背吃刀量切削塑性金属（延伸率较低的结构钢）时，会产生这种切屑。产生粒状切屑时，切削过程不平稳，切削力波动较大，已加工表面的表面粗糙度值较大。

4）崩碎切屑（见图2-20d）。切削脆性金属（铸铁、青铜等）时，由于材料的塑性很小，抗拉强度很低，在切削时切削层内靠近切削刃和前刀面的局部金属未经明显的塑性变形就被挤裂，形成不规则状的碎块切屑。工件材料越硬、刀具前角越小、背吃刀量越大时，越容易产生崩碎切屑。产生崩碎切屑时，切削力波动大，加工表面凹凸不平，刀刃容易损坏。由于刀、屑接触长度较短，切削力和切削热量集中作用在刀刃处。

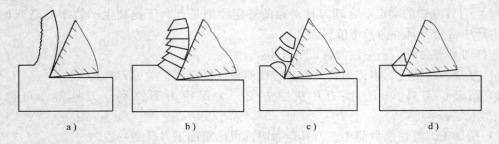

图2-20　切屑类型

a）带状切屑　b）节状切屑　c）粒状切屑　d）崩碎切屑

需要说明的是，切屑的形态是可以随切削条件的改变而转化的。从加工过程的平稳性、保证加工精度和加工表面质量等因素考虑，带状切屑是较好的切屑类型。在实际生产中，带状切屑也有不同的形式。

（2）影响断屑的因素

1）卷屑槽的尺寸参数。卷屑槽的槽型有折线型、直线圆弧型和全圆弧型三种，如图2-21所示。槽的宽度 l_{Bn} 和反屑角 δ_{Bn} 是影响断屑的主要因素。槽的宽度减小和反屑角增大，都能使切屑卷曲变形增大，切屑易折断。但 l_{Bn} 太小或 δ_{Bn} 太大，切屑易堵塞，排屑不畅，会使切削力、切削温度升高。

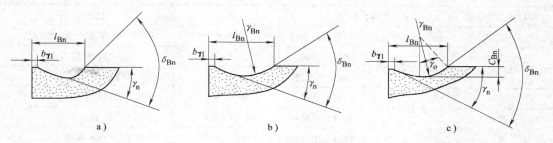

图 2-21　卷屑槽的形式

a）折线型　b）直线圆弧型　c）全圆弧型

卷屑槽斜角 γ_n 也影响切屑的流向和屑形。在可转位车刀或焊接车刀上，卷屑槽可做成外斜、平行和内斜三种槽型。外斜式槽型使切屑与工件表面相碰而形成 C 形屑；内斜式槽型使切屑背离工件流出；平行式槽型可在背吃刀量 a_p 变动范围较宽的情况下仍能获得断屑效果。

2）刀具角度。主偏角和刃倾角对断屑影响最明显，κ_r 越大，切屑厚度越大，切屑在卷曲时弯曲应力越大，易于折断。一般来说，κ_r 在 75°～90°范围内较好。刃倾角是控制切屑流向的参数。刃倾角为负值时，切屑流向已加工表面或加工表面；刃倾角为正值时，切屑流向待加工表面或背离工件。

3）切削用量。切削速度高，易形成长带状屑，不易断屑；进给量增大，切屑厚度也按比例增大，切屑卷曲应力增大，容易折断；背吃刀量减小，主切削刃工作长度变小，副切削刃参加工作比例变大，使出屑角 η 增大，切屑易流向待加工表面并被碰断。当切屑薄而宽时，断屑较困难；反之，较易断屑。

生产中，应综合考虑各方面因素，根据加工材料和已选定的刀具角度和切削用量，选定合理的卷屑槽结构和参数。

2. 金属材料的切削加工性

（1）金属材料切削加工性的概念。金属材料切削加工的难易程度称为材料的切削加工性。良好的切削加工性是指：刀具寿命较高或在一定刀具寿命下的切削速度 v_c 较高、切削力较小、切削温度较低、容易获得较好的表面质量，以及切屑形状容易控制或容易断屑的金属材料的切削加工性。研究材料切削加工性的目的是为了寻找改善材料切削加工性的途径。

（2）衡量金属材料切削加工性的指标

1）切削速度指标 v_{cT}。切削速度指标 v_{cT} 是指当刀具寿命为 T 时，切削某种材料允许达到的切削速度。在相同刀具寿命下，v_{cT} 值高的材料切削加工性好。一般用 $T = 60\text{min}$ 时所允许的 v_{c60} 来评定材料切削加工性的好坏。难加工材料用 v_{c20} 来评定。

2）相对加工性指标 K_r。以正火状态 45 钢的 v_{c60} 为基准，记作 $(v_{c60})_j$，其他材料的 v_{c60} 与 $(v_{c60})_j$ 的比值 K_r 称为该材料的相对加工性。

$$K_r = \frac{v_{c60}}{(v_{c60})_j} \tag{2-14}$$

常用材料的相对加工性分为 8 级，如表 2-3 所示。

表 2-3　常用材料的相对加工性等级

相对加工性等级	名称及种类		相对加工性 K_r	代表性材料
1	很容易切削材料	一般有色金属	>3	铜铅合金、铝铜合金、铝镁合金
2	容易切削材料	易切削钢	2.5~3	退火15，自动机钢
3		较易切削钢	1.6~2.5	正火30钢
4	普通材料	一般钢及铸铁	1.0~1.6	45钢，灰铸铁
5		稍难切削材料	0.65~1.0	35调质，85钢
6	难切削材料	较难切削材料	0.5~0.65	45调质，65Mn调质
7		难切削材料	0.15~0.5	50Cr调质，1Cr18Ni9Ti，某些钛合金
8		很难切削材料	<0.15	某些钛合金，铸造镍基高温合金

（3）改善金属材料切削加工性的途径。材料的切削加工性对生产效率和工件表面质量有很大的影响，因此在满足零件使用要求前提下，应尽量选用切削加工性较好的材料。改善材料的切削加工性有以下几种措施：

1）热处理方法。例如，对低碳钢进行正火处理，适当降低塑性、提高硬度，可提高精加工表面质量。又如，对高碳钢和工具钢进行球化退火处理，降低硬度，可改善切削加工性。

2）调整材料的化学成分。例如，在钢中加入适量的硫、铝等元素使之成为易切钢，可减小切削力、提高刀具寿命、容易断屑，并可获得较好的表面加工质量。

3. 切削用量与切削液的合理选择

（1）切削用量的选择

1）切削用量的选择原则。切削用量的大小对切削力、切削功率、刀具磨损、加工质量和加工成本均有显著影响。数控加工中合理选择切削用量，就是在保证加工质量和刀具寿命的前提下，充分发挥机床性能和刀具切削性能，使切削效率最高、加工成本最低。

自动换刀数控机床往主轴或刀库上装刀所费时间较多，所以选择切削用量时要保证刀具能够加工完一个工件，或保证刀具寿命不低于一个工作班，最少不低于半个工作班。对易损刀具可采用姐妹刀形式，以保证加工的连续性。粗、精加工时切削用量的选择原则如下：

① 粗加工时切削用量的选择原则。首先，选取尽可能大的背吃刀量；其次，要根据机床动力和刚性的限制条件等，选取尽可能大的进给量；最后，根据刀具寿命确定最佳的切削速度。

② 精加工时切削用量的选择原则。首先，根据粗加工后的余量确定背吃刀量；其次，根据已加工表面的表面粗糙度要求，选取较小的进给量；最后，在保证刀具寿命的前提下，尽可能选取较高的切削速度。

2）切削用量的选择方法

① 背吃刀量 a_p（mm）的选择。根据加工余量确定背吃刀量。粗加工（$R_a = 10~80\mu m$）时，一次进给应尽可能切除全部余量。在中等功率机床上，背吃刀量可达 8~10mm。半精加工（$R_a = 1.25~10\mu m$）时，背吃刀量取为 0.5~2mm。精加工（$R_a = 0.32~1.25\mu m$）时，背

吃刀量取为 $0.2 \sim 0.4mm$。在工艺系统刚性不足或毛坯余量很大，或余量不均匀时，粗加工要分几次进给，并且应当把第一、二次进给的背吃刀量尽量取得大一些。

② 进给量 $f(mm/r)$、每齿进给量 $f_z(mm/z)$ 和进给速度（mm/min）的选择。进给量和每齿进给量是数控机床切削用量中的重要参数，根据零件的表面粗糙度、加工精度要求，综合考虑刀具及工件材料等因素，参考切削用量手册选取。实际编程与操作加工时，需要根据式（2-3）、式（2-4）计算进给速度。由于粗加工时，对工件表面质量没有太高的要求，这时主要考虑机床进给机构的强度和刚性及刀杆的强度和刚性等限制因素，可根据加工材料、刀杆尺寸、工件直径及已确定的背吃刀量来选择进给量。在半精加工和精加工时，则按表面粗糙度要求，根据工件材料、刀尖圆弧半径、切削速度来选择进给量。如精铣时可取 $20 \sim 25mm/min$，精车时可取 $0.10 \sim 0.20mm/r$。

最大进给量受机床刚度和进给系统性能的限制。选择进给量时，还应注意零件加工中的某些特殊因素。例如，在轮廓加工中，选择进给量时，应考虑轮廓拐角处的超程问题。特别是在拐角较大、进给速度较高时，应在接近拐角处适当降低进给速度，在拐角后逐渐升速，以保证加工精度。

加工过程中，由于切削力的作用，机床、工件、刀具系统产生变形，可能使刀具运动滞后，从而可能在拐角处产生"欠程"。因此，拐角处的欠程问题，在编程时应给予足够重视。此外，还应充分考虑切削的自然断屑问题，通过合理选择刀具几何形状和对切削用量进行调整，使排屑处于最顺畅状态，严格避免长屑缠绕刀具而引起故障。

③ 切削速度 $v_c(m/min)$ 的选择。根据已经选定的背吃刀量、进给量及刀具寿命选择切削速度。可用经验公式计算，也可根据生产实践经验在机床说明书允许的切削速度范围内查表选取，或参考有关切削用量手册选用。在选择切削速度时，还应考虑以下几点。

a）应尽量避开积屑瘤产生的区域。

b）断续切削时，为减小冲击和热应力，要适当降低切削速度。

c）在易发生振动的情况下，切削速度应避开自激振动的临界速度。

d）加工大件、细长件和薄壁工件时，应选用较低的切削速度。

e）加工带外皮的工件时，应适当降低切削速度。

（2）切削液及其选择。在金属切削过程中，合理选择切削液，可改善工件与刀具之间的摩擦状况，降低切削力和切削温度，减轻刀具磨损，减小工件的热变形，从而可以提高刀具寿命，提高加工效率和加工质量。

1）切削液的作用

① 冷却作用。切削液可降低切削区温度。切削液的流动性越好，比热容、热导率和汽化热等参数越高，其冷却性能越好。

② 润滑作用。切削液能在刀具的前、后面与工件之间形成一层润滑薄膜，可减少或避免刀具与工件或切屑间的直接接触，减轻摩擦和黏结程度，因而可以减轻刀具的磨损，提高工件表面的加工质量。

③ 清洗作用。使用切削液可以将切削过程中产生的大量切屑、金属碎片和粉末，从刀具（或砂轮）、工件上冲洗掉，从而避免切屑黏附刀具、堵塞排屑槽、划伤已加工表面。这一作用对于磨削、螺纹加工和深孔加工等工序尤为重要。为此，要求切削液有良好的流动性，并且在使用时有足够大的压力和流量。

④ 防锈作用。为了减轻周围介质(如空气、水分等)对工件、刀具和机床的腐蚀,要求切削液具有一定的防锈作用。防锈作用的好坏,取决于切削液本身的性能和加入的防锈添加剂的品种和比例。

2) 切削液的种类。常用的切削液分为三大类:水溶液、乳化液和切削油。

① 水溶液。水溶液是以水为主要成分的切削液。水的导热性能好,冷却效果好。但单纯的水容易使金属生锈,润滑性能差。因此,常在水溶液中加入一定量的添加剂,如防锈添加剂、表面活性物质和油性添加剂等,使其既具有良好的防锈性能,又具有一定的润滑性能。在配制水溶液时,要特别注意水质情况,如果是硬水,必须进行软化处理。

② 乳化液。乳化液是将乳化油用95%~98%的水稀释而成,呈乳白色或半透明状的液体。乳化液具有良好的冷却作用,但润滑、防锈性能较差。常再加入一定量的油性、极压添加剂和防锈添加剂,配制成极压乳化液或防锈乳化液。

③ 切削油。切削油的主要成分是矿物油,少数采用动植物油或复合油。纯矿物油不能在摩擦界面形成坚固的润滑膜,润滑效果较差。实际使用中,常加入油性添加剂、极压添加剂和防锈添加剂,以提高其润滑和防锈作用。

3) 切削液的选用

① 粗加工时切削液的选用。粗加工时,加工余量大,所用切削用量大,产生大量的切削热。采用高速钢刀具切削时,使用切削液的主要目的是降低切削温度,减少刀具磨损。硬质合金刀具耐热性好,一般不用切削液,必要时可采用低浓度乳化液或水溶液。但必须连续、充分地浇注,以免处于高温状态的硬质合金刀片产生巨大的内应力而出现裂纹。

② 精加工时切削液的选用。精加工时,要求表面粗糙度值较小,一般选用润滑性能较好的切削液,如高浓度的乳化液或含极压添加剂的切削油。

③ 根据工件材料的性质选用切削液。切削塑性材料时需用切削液。切削铸铁、黄铜等脆性材料时,一般不用切削液,以免崩碎切屑黏附在机床的运动部件上。加工高强度钢、高温合金等难加工材料时,由于切削加工处于极压润滑摩擦状态,故应选用含极压添加剂的切削液。切削有色金属和铜、铝合金时,为了得到较高的表面质量和精度,可采用10%~20%的乳化液、煤油或煤油与矿物油的混合物。但不能用含硫的切削液,因硫对有色金属有腐蚀作用。切削镁合金时,不能用水溶液,以免燃烧。

第三节　刀具几何参数与刀具材料的合理选择

一、刀具几何参数的合理选择

当刀具材料确定后,刀具的切削性能便由其几何参数来决定。合理选择刀具几何参数的目的在于充分发挥刀具材料的效能,保证加工质量,提高生产效率,降低生产成本。

1. 前角及前面形状的选择

(1) 前角的功用。前角有正前角和负前角之分,其大小影响切削变形和切削力、刀具寿命及加工表面质量。取正前角的目的是为了减小切屑被切下时的弹塑性变形及切屑流出时与前面的摩擦阻力,从而减小切削力和切削热,使切削轻快,有利于提高刀具寿命和已加工表面质量，所以，应尽可能采用正前角。但前角过大，刀具强度低、散热体积小，反而会使刀具寿命降低。在一定切削条件下，用某种材料刀具加工某种材料工件时，总有一个使刀具获得最高寿命的前角值，这个前角就叫合理前角。合理前角可能是正前角，也可能是负前角。

取负前角的目的在于改善切削刃受力状况和散热条件，提高切削刃强度和耐冲击能力。正前角刀具切削脆性材料，特别是在前角较大时，切屑与刀具前面接触较短，切削力集中作用在切削刃附近，切削刃部位受切削力的弯曲和冲击作用，容易产生崩刃。而负前角刀具的前面由于受压力作用，刃部相对比较结实，特别是在切削硬脆材料时，刃口强度较好。但切削时刀具锋利程度降低，切屑变形和摩擦阻力增大，切削力和切削功率也增加。所以，负前角刀具通常是在用脆性材料刀具加工高强度、高硬度材料工件而当切削刃强度不够、易产生崩刃时才采用。

（2）合理前角的选择原则。选择前角时首先应保证切削刃锋利，同时又要兼顾足够的切削刃强度。在保证加工质量的前提下，一般以达到最高的刀具寿命为目的。切削刃强度是否足够，是个相对的概念，它与被加工材料和刀具材料的力学性能以及加工条件有着密切关系。因此，合理的前角数值主要根据以下原则选取：

1）加工塑性材料时取较大前角；加工脆性材料时取较小前角。

2）当工件材料的强度和硬度较低时，可取较大前角；当工件材料的强度和硬度较高时，可取较小前角。

3）当刀具材料的抗弯强度和冲击韧度较低时，取较小前角；高速钢刀具的前角比硬质合金刀具的合理前角大，陶瓷刀具的合理前角比硬质合金刀具小。

4）粗加工时取较小前角甚至负前角，精加工时应取较大前角。

5）工艺系统刚性差、机床功率小时，宜选较大前角，以减小切削力和振动。

6）数控机床、自动线刀具，为保证刀具工作稳定（不发生崩刃及破损），一般选用较小的前角。

（3）前面形状及刃区参数的选择。正确选择前面形状及刃区参数，对防止刀具崩刃、提高刀具寿命和切削效率、降低生产成本具有重要意义。前面形状分平面型和断屑前面型两大类。刃区剖面形式有锋刃型、倒棱型和钝圆切削刃型三种。

1）锋刃。所谓锋刃是指刃磨前面和后面直接形成的切削刃。但它也并非绝对锐利，而是在刃磨后自然形成一个切削刃钝圆半径 r_n，其数值取决于刀具材料、刃磨工艺和楔角的大小。例如，新磨好的高速钢车刀 r_n 可达 $12 \sim 15 \mu m$，用立方氮化硼磨料仔细研磨后 r_n 可达 $5 \sim 6 \mu m$。新磨好的硬质合金车刀，其切削刃钝圆半径 r_n 一般为 $18 \sim 26 \mu m$。与倒棱切削刃和钝圆切削刃相比，锋刃的钝圆半径很小，切削刃比较锋利，适合作精加工和超精加工的切削刃，但锋刃的强度和抗冲击性能较差，产生微小裂纹导致崩刃的可能性也较大。因此，对于精细切削和微量切削的刀具锋刃，都要求仔细刃磨和研磨，以获得小的切削刃钝圆半径，消除微小裂纹，提高刃口质量。采用锋刃切削时，一般应采用较小的进给量 f（$0.05 \sim 0.1 mm/r$），以避免崩刃并减缓刃区裂纹的出现。

2）倒棱是增强刀刃强度、改善刀刃散热条件，避免崩刃并提高刀具寿命的有效措施。尤其是对于硬质合金和陶瓷等脆性刀具材料，在选用大前角或粗加工时，效果尤为显著。负倒棱参数包括倒棱宽度 $b_{\gamma 1}$ 和倒棱角 γ_{o1}。当工件材料强度、硬度高，而刀具材料的抗弯强度

低且进给量大时，$b_{\gamma 1}$ 和 $|\gamma_{o1}|$ 应取较大值。加工钢料时，若 $a_p < 0.2$ mm，$f < 0.3$ mm/r，可取 $b_{\gamma 1} = (0.3 \sim 0.8)f$，$\gamma_{o1} = -10° \sim -5°$；若 $a_p \geqslant 2$ mm，$f \leqslant 0.7$ mm/r，可取 $b_{\gamma 1} = (0.3 \sim 0.8)f$，$\gamma_{o1} = -25°$。

3）钝圆切削刃的钝圆半径 r_n 可制成轻型（$r_n = 0.025 \sim 0.05$ mm）、中型（$r_n = 0.05 \sim 0.1$ mm）和重型（$r_n = 0.1 \sim 0.15$ mm）三种，根据刀具材料、工件材料和切削条件三个方面选择。刀具和工件材料硬度高时，宜选中型乃至重型钝圆半径。为防止 r_n 过大，使切削刃严重挤压切削层而降低刀具寿命，一般取 $r_n = (0.3 \sim 0.6)f$。

2. 后角及后面形状的选择

（1）后角的功用。后角的主要作用是减小刀具后面与过渡表面和已加工表面之间的摩擦，影响楔角 β_o 的大小，从而配合前角调整切削刃的锋利程度和强度。后角减小，刀具后面与工件表面间摩擦加大，刀具磨损加大，工件冷硬程度增加，加工表面质量差；后角增大，摩擦减小，但刀刃强度和散热情况变差。所以，在一定切削条件下，后角也有一个对应于最高刀具寿命的合理数值。

（2）合理后角的选择原则

1）粗加工时，为保证刀具强度，应选较小后角；精加工时，为保证工件表面质量，应取较大的后角。

2）工件材料的强度、硬度较高时，宜取较小的后角；工件材料硬度低、塑性较大时，主后面的摩擦对已加工表面质量和刀具磨损影响较大，此时应取较大的后角；加工脆性材料时，切削力集中在切削刃附近，为强化切削刃，宜选取较小的后角。

3）对于尺寸精度要求较高的精加工刀具（如铰刀、拉刀），为减少重磨后刀具尺寸的变化，应取较小的后角。

4）工艺系统刚性差、容易产生振动时，应取较小的后角以增强刀具对振动的阻尼作用。

副后角可减少副后面与已加工表面间的摩擦。一般车刀、刨刀的副后角与主后角相等；而切断刀、切槽刀及锯片铣刀等的副后角因受刀头强度限制，只能取得较小，通常 $\alpha'_o = 1° \sim 2°$。

（3）后面形状及选择。为减少刃磨后面的工作量，提高刃磨质量，常把后面作成双重后面，如图 2-22a 所示，$b_{\alpha 1}$ 取 $1 \sim 3$ mm。

沿主切削刃或副切削刃磨出后角为零的窄棱面称为刃带，如图 2-22b 所示。对定尺寸刀具，沿后面（如拉刀）或副后面（如铰刀、浮动镗刀、立铣刀等）磨出刃带是为了在制造、刃磨刀具时便于控制和保持其尺寸精度，同时在切削时也可起到支承、导向、稳定切削过程和减振（产生摩擦阻尼）的作用。此外，刃带对已加工表面还会产生所谓"熨压"作用，从而能有效降低已加工表面的表面粗糙度值。刃带宽度一般在 $0.05 \sim 0.3$ mm 范围内，超过一定值后会增大摩擦，擦伤已加工表面，甚至引起振动。

有时，沿着后面磨出负后角倒棱面，倒棱角 $\alpha_{o1} = -10° \sim -5°$，倒棱面宽 $b_{\alpha 1} = 0.1 \sim 0.3$ mm，如图 2-22c 所示。切削时能起到支承和阻尼作用，防止扎刀，使用恰当时，有助于消除低频振动。这是车削细长轴和镗孔时常采取的消振措施之一。

3. 主偏角及副偏角的选择

（1）主偏角的功用及选择原则

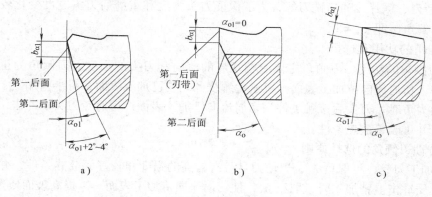

a)   b)   c)

图 2-22 后面形状

1）主偏角的功用。主偏角主要影响刀具寿命、已加工表面表面粗糙度及切削力的大小。主偏角 κ_r 较小，则刀头强度高，散热条件好，已加工表面残留面积高度小，主切削刃的工作长度长，单位长度上的切削负荷小；其负面效应为背向力大，容易引起工艺系统振动，切屑厚度小，断屑效果差。主偏角较大时，所产生的影响与上述完全相反。

2）合理主偏角的选择原则。在一定切削条件下，主偏角有一个合理数值，其主要选择原则如下：

① 粗加工和半精加工时，硬质合金车刀应选择较大的主偏角，以利于减少振动，提高刀具寿命和断屑。例如在生产中，效果显著的强力切削车刀的 κ_r 就取为 75°。

② 加工高硬度材料，如淬硬钢和冷硬铸铁时，为减少单位长度切削刃上的负荷，改善刀刃散热条件，提高刀具寿命，应取 $\kappa_r = 10° \sim 30°$，工艺系统刚性好的取小值，反之取大值。

③ 工艺系统刚性差（如车细长轴、薄壁筒）时，应取较大的主偏角，甚至可取 $\kappa_r \geqslant 90°$，以减小背向力 F_p，从而减少工艺系统的弹性变形和振动。

④ 单件小批生产时，希望用一两把车刀加工出工件上所有表面，则应选用通用性较好的 $\kappa_r = 45°$ 或 90°的车刀。

⑤ 需要从工件中间切入的车刀，以及仿形加工的车刀，应适当增大主偏角和副偏角。有时主偏角的大小取决于工件形状，例如车阶梯轴时，需用 $\kappa_r = 90°$的刀具。

（2）副偏角的功用及选择原则

1）副偏角的功用。副偏角主要用于减小副切削刃及副后面与已加工表面之间的摩擦。较小的副偏角，可减小残留面积高度，提高刀具强度和改善散热条件，但将增加刀具副后面与已加工表面之间的摩擦，且易引起振动。

2）合理副偏角的选择原则

① 对于一般刀具，在不引起振动的情况下，可选取较小的副偏角，如车刀、刨刀均可取 $\kappa_r' = 5° \sim 10°$。

② 精加工刀具的副偏角应取得更小一些，甚至可制出副偏角为 0°的修光刃，以减小残留面积，从而减小表面粗糙度。

③ 加工高强度、高硬度材料或断续切削时，应取较小的副偏角（$\kappa_r' = 4° \sim 6°$），以提高刀尖强度，改善散热条件。

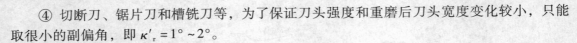
④ 切断刀、锯片刀和槽铣刀等，为了保证刀头强度和重磨后刀头宽度变化较小，只能取很小的副偏角，即 $\kappa'_r = 1° \sim 2°$。

4. 刃倾角的功用及选择

（1）刃倾角的功用。刃倾角主要影响切屑的流向和刀尖的强度。刃倾角为正时，刀尖先接触工件，切屑流向待加工表面，可避免缠绕和划伤已加工表面，对半精加工、精加工有利。刃倾角为负时，刀尖后接触工件，切屑流向已加工表面，可避免刀尖受冲击，起保护刀尖的作用，并可改善散热条件。

（2）合理刃倾角的选择原则

1）粗加工刀具，可取负 λ_s，以使刀具具有较高的强度和较好的散热条件，并使切入工件时刀尖免受冲击。精加工时，取正 λ_s，使切屑流向待加工表面，以提高表面质量。

2）断续切削、工件表面不规则、冲击力大时，应取负 λ_s，以提高刀尖强度。

3）切削硬度很高的工件材料，应取绝对值较大的负 λ_s，以使刀具具有足够的强度。

4）工艺系统刚性差时，应取正 λ_s，以减小背向力。

二、刀具材料及选用

在金属切削加工中，刀具材料的切削加工性能直接影响生产效率、工件的加工精度和已加工表面质量、刀具消耗和加工成本。正确选择刀具材料是设计和选用刀具的重要内容之一，特别是对某些难加工的材料，刀具材料的选用显得尤为重要。刀具材料的发展在一定程度上推动着金属切削加工技术的进步。

1. 刀具材料应具备的基本性能

刀具材料是指刀具切削部分的材料。金属切削时，刀具切削部分直接与工件及切屑相接触，承受着很大的切削压力和冲击，并受到工件及切屑的剧烈摩擦，产生很高的切削温度。也就是说，刀具切削部分是在高温、高压及剧烈摩擦的恶劣条件下工作的。因此，刀具材料应具备以下基本性能：

（1）高硬度。刀具材料的硬度必须更高于工件材料的硬度，否则在高温、高压下，就不能保持刀具的几何形状，这是刀具材料应具备的最基本特征。目前，切削加工性能最差的刀具材料——碳素工具钢，其硬度在室温条件下也应在 62HRC 以上；高速钢的硬度为 63 ~ 70HRC；硬质合金的硬度为 89 ~ 93HRA。HRC 和 HRA 都属于洛氏硬度，HRA 硬度一般用于高值范围（大于 70），HRC 硬度值的有效范围是 20 ~ 70。60 ~ 65HRC 的硬度相当于 81 ~ 83.6HRA 或维氏硬度 687 ~ 830HV。

（2）足够的强度和韧性。刀具切削部分在切削时要承受很大的切削力和冲击力，因此，刀具材料必须要有足够的强度和韧性。一般用抗弯强度 σ_b（单位为 Pa）表示刀具材料强度大小；用冲击韧度 a_k（单位为 J/m²）表示刀具材料韧性的大小，它反映刀具材料抗脆性断裂和崩刃的能力。

（3）高耐磨性和耐热性。刀具材料的耐磨性是指抵抗磨损的能力。一般说来，刀具材料硬度越高，耐磨性也越好。此外，刀具材料的耐磨性还与金相组织中的化学成分、硬质点的性质、数量、颗粒大小及分布状况有关。金相组织中碳化物越多、颗粒越细、分布越均匀，材料的耐磨性就越高。刀具材料的耐磨性和耐热性有着密切的关系。耐热性通常用刀具材料在高温下保持较高硬度的性能即高温硬度来衡量，也叫红硬性。高温硬度越高，表示耐热性越好，刀具材料在高温时抵抗塑性变形的能力、抗磨损的能力也越强。耐热性差的刀具材料，由于高温下硬度显著下降而会很快磨损乃至发生塑性变形，丧失切削能力。

（4）良好的导热性。刀具材料的导热性用热导率（单位为 $W/(m \cdot K)$）来表示。热导率大，表示材料导热性好，切削时产生的热量容易传导出去，从而降低切削部分的温度，减轻刀具磨损。此外，导热性好的刀具材料的耐热冲击和抗热龟裂的性能强，这种性能对采用脆性刀具材料进行断续切削，特别是在加工导热性能差的工件时尤为重要。

（5）良好的工艺性和经济性。为了便于制造，要求刀具材料有较好的可加工性，包括锻压、焊接、切削加工、热处理、可磨性等。经济性是评价新型刀具材料的重要指标之一，刀具材料的选用应结合我国资源，降低成本。

（6）抗粘接性。工件与刀具材料分子抵抗高温、高压作用下相互吸附、粘接的能力。

（7）化学稳定性。指刀具材料在高温下，不易与周围介质发生化学反应。

2. 刀具材料的种类及选用

由制造所采用的材料可将数控机床刀具分为高速钢刀具、硬质合金刀具、陶瓷刀具、立方氮化硼刀具和聚晶金刚石刀具。目前，数控机床上用得最普遍的刀具是硬质合金刀具。在金属切削领域，金属切削机床的发展与刀具材料的开发是相辅相成的。刀具材料从碳素工具钢发展到今天的硬质合金和超硬材料（陶瓷、立方氮化硼、聚晶金刚石等），是与机床主轴转速提高、功率增大，主轴精度提高，机床刚性增加紧密相关的。同时，新的工程材料（耐磨、耐热、超轻、高强度、纤维等）的不断出现，也对切削刀具材料的发展起到了促进作用。目前，金属切削加工常用的刀具材料中，碳素工具钢已被淘汰，合金工具钢也很少使用，所使用的刀具材料主要分为下列几类：

（1）高速钢（High Speed Steel，HSS）。高速钢是一种含钨（W）、钼（Mo）、铬（Cr）、钒（V）等合金元素较多的工具钢，它具有较好的力学性能和良好的工艺性，可以承受较大的切削力和冲击。高速钢刀具材料有着比较悠久的历史，随着材料科学的发展，高速钢刀具材料的品种已从单纯的 W 系列发展到 WMo 系、WMoAl 系、WMoCo 系，其中 WMoAl 系是我国特有的品种。同时，高速钢刀具材料热处理技术（真空、保护气热处理）的进步以及成形金属切削工艺（全磨制钻头、丝锥等）的更新，使得高速钢刀具的红硬性、耐磨性和表面层质量都得到了很大的提高和改善。因此，高速钢仍是数控机床用刀具材料的选择对象之一。

高速钢品种繁多，按切削加工性能可分为普通高速钢和高性能高速钢；按化学成分可分为钨系、钨钼系和钼系高速钢；按制造工艺不同，可分为熔炼高速钢和粉末冶金高速钢。

1）普通高速钢。国内外使用最多的普通高速钢是 W6Mo5Cr4V2（M2 钼系）及 W18Cr4V（W18 钨系）钢，碳的质量分数为 0.7% ~ 0.9%，硬度为 63 ~ 66HRC，不适于高速和硬材料切削。

普通高速钢 W9Mo3Cr4V（W9）是根据我国资源情况研制的含钨元素较多、含钼元素较少的钨钼钢。其硬度为 65 ~ 66.5HRC，有较好硬度和韧性的配合，热塑性、热稳定性都较好，焊接性能、磨削加工性能都较高，磨削效率比 M2 高 20%，表面粗糙度值也小。

2）高性能高速钢。高性能高速钢是在普通高速钢中加入一些合金，如 Co、Al 等，使其耐热性、耐磨性又有进一步提高，热稳定性高。高性能高速钢综合性能不如普通高速钢，不同牌号只有在各自规定的切削条件下，才能达到良好的加工效果。我国正努力提高高性能高速钢的应用水平，如发展低钴高碳钢 W12Mo3Cr4V3Co5Si、含铝的超硬高速钢 W6Mo5Cr4V2Al、W10Mo4Cr4V3Al，提高韧性、热塑性、导热性，其硬度达 67～69HRC，可用于制造出口钻头、铰刀、铣刀等。

3）粉末冶金高速钢。粉末冶金高速钢可以避免熔炼钢产生的碳化物偏析，其强度、韧性比熔炼钢有很大提高，可用于加工超高强度钢、不锈钢、钛合金等难加工材料。常用于制造大型拉刀和齿轮刀具，特别是切削时受冲击载荷的刀具效果更好。

（2）硬质合金（Cemented Carbide）。硬质合金是用高硬度、难熔的金属化合物（WC、TiC 等）微米数量级的粉末与 Co、Mo、Ni 等金属粘接剂烧结而成的粉末冶金制品。其高温碳化物含量超过高速钢，具有硬度高（大于 89HRC）、熔点高、化学稳定性好、热稳定性好等特点，但其韧性差、脆性大，承受冲击和振动能力低。其切削效率是高速钢刀具的 5～10 倍，因此，硬质合金是目前比较主要的刀具材料。

1）普通硬质合金。常用的有 WC + Co 类和 TiC + WC + Co 类两类。

① WC + Co 类（YG）：常用牌号有 YG3、YG3X、YG6、YG6X、YG8 等，数字表示 Co 的质量分数。此类硬质合金强度好，硬度和耐磨性较差，主要用于加工铸铁及有色金属。Co 含量越高，韧性越好，适合粗加工；含 Co 量少的硬质合金多用于精加工。

② TiC + WC + Co 类（YT）：常用牌号有 YT5、YT14、YT15、YT30 等。此类硬质合金硬度、耐磨性、耐热性都明显提高，但韧性、抗冲击振动性差，主要用于加工钢料。材料中含 TiC 多，含 Co 量少，耐磨性好，适于精加工；含 TiC 量少，含 Co 量多，材料承受冲击性能好，适于粗加工。

2）新型硬质合金。在上述两类硬质合金的基础上，添加某些碳化物可以使硬质合金性能提高。如在 YG 类中添加 TaC（或 NbC），可细化晶粒、提高硬度和耐磨性，而韧性不变，还可提高合金的高温硬度、高温强度和抗氧化能力，如 YG6A、YG8N、YG8P3 等。在 YT 类中添加合金，可提高合金的抗弯强度、冲击韧度、耐热性、耐磨性及高温强度、抗氧化能力等。新型硬质合金既可加工钢料，又可加工铸铁和有色金属，被称为通用合金（代号 YW）。此外，还有 TiC（或 TiN）基硬质合金（又称金属陶瓷）、超细晶粒硬质合金（如 YS2、YM051、YG610、YG643）等。

（3）新型刀具材料

1）涂层刀具。采用化学气相沉积（CVD）法或物理气相沉积（PVD）法，在硬质合金或其他材料刀具基体上涂覆一薄层耐磨性高的难熔金属（或非金属）化合物而得到的刀具材料。涂层刀具较好地解决了材料硬度及耐磨性与强度及韧性的矛盾。涂层刀具的镀膜可以防止切屑和刀具直接接触，减小摩擦，降低各种机械热应力。使用涂层刀具，可缩短切削时间，降低成本，减少换刀次数，提高加工精度，且刀具寿命长。涂层刀具可减少或取消切削液的使用。

常用的涂层材料有 TiN、TiC、Al_2O_3 和超硬材料涂层。在切削加工中，常见的涂层均以 TiN 为主，但其在切削高硬度材料时，存在耐磨性高、强度差的问题，涂层易剥落。采用特殊性能基体，涂以 TiN、TiC 和 Al_2O_3 复合涂层，可使基体和涂层得到理想匹配，具有高抗热振性和韧性，且表层高耐磨。涂层与基体间有一富钴层，可有效提高抗崩损破坏能力。涂层刀具可加工各种结构钢、合金钢、不锈钢和铸铁，干切或湿切均可正常使用。超硬材料涂层刀片，可加工硅铝合金、铜合金、石墨、非铁金属及非金属材料，其应用范围从粗加工到精加工，寿命比硬质合金提高 10 ~ 100 倍。

2）陶瓷刀具材料（Ceramics）。常用的陶瓷刀具材料是以 Al_2O_3 或 Si_3N_4 为基体成分，在高温下烧结而成的。陶瓷刀具材料的硬度可达 91 ~ 95HRA，耐磨性比硬质合金高十几倍，适于加工冷硬铸铁和淬硬钢；在 1200℃ 高温下仍能切削，高温硬度可达 80HRA，在 540℃ 时为 90HRA，切削速度比硬质合金高 2 ~ 10 倍；具有良好的抗粘性能，与多种金属的亲和力小；化学稳定性好，即使在熔化时，与钢也不起相互作用；抗氧化能力强。

陶瓷刀具最大的缺点是脆性大、强度低、导热性差。采用提高原材料纯度、喷雾制粒、真空加热、亚微细颗粒、热压（HP）静压（HIP）工艺，加入碳化物、氮化物、硼化物、纯金属以及 Al_2O_3 基体成分（Si_3N_4）等，可提高陶瓷刀具性能。

在 Si_3N_4 中加入 Al_2O_3 等形成的新材料称为塞隆（Sialon）陶瓷，它是迄今为止强度最高的陶瓷材料，断裂韧性也很高，化学稳定性、抗氧化性能都很好。有些陶瓷材料的强度能够随温度升高而升高，称为超强度材料。它在断续切削中不易崩刃，是高速粗加工铸铁及镍基合金的理想刀具材料。此外，还有其他陶瓷刀具，如 ZrO_2 陶瓷刀具可用来加工铝合金、铜合金，TiB_2 刀具可用来加工汽车发动机精密铝合金件。

3）超硬刀具材料。超硬刀具材料是具有特殊功能的材料，是金刚石和立方氮化硼的统称，用于超精加工及硬脆材料加工。可用来加工任何硬度的工件材料，包括淬火硬度达 65 ~ 67HRC 的工具钢。超硬刀具材料有很高的切削加工性能，切削速度比硬质合金刀具提高 10 ~ 20 倍，且切削时温度低，超硬材料加工的表面粗糙度值很小，切削加工可部分代替磨削加工，经济效益显著提高。

① 聚晶金刚石（Poly Crystalline Diamond, PCD）。金刚石有天然和人造两类，除少数超精密及特殊用途外，工业上多用人造聚晶金刚石作为刀具及磨具材料。

金刚石具有极高的硬度，比硬质合金及切削用陶瓷高几倍。金刚石的研磨能力很强，耐磨性比一般砂轮高 100 ~ 200 倍，且随着工件材料硬度增大而提高。金刚石具有很高的导热性，刃磨非常锋利，粗糙度值小，可在纳米级稳定切削。金刚石刀具具有较低的摩擦因数，能够保证较好的工件质量。

金刚石刀具主要用于加工各种有色金属，如铝合金、铜合金、镁合金等，也可用于加工钛合金、金、银、铂、各种陶瓷和水泥制品；对于各种非金属材料，如石墨、橡胶、塑料、玻璃及其聚合材料的加工效果也很好。金刚石刀具超精密加工广泛用于加工激光扫描器和高速摄影机的扫描棱镜、特形光学零件、电视、录像机、照相机零件、计算机磁盘等，而且随着晶粒不断细化，还可用来制作切割用水刀。

② 立方氮化硼（Cubic Boron Nitride, CBN）。立方氮化硼有很高的硬度及很好的耐磨性，仅次于金刚石；热稳定性比金刚石高 1 倍，可以高速切削高温合金，切削速度比硬质合金高 3 ~ 5 倍；有优良的化学稳定性，适于加工钢铁材料；导热性比金刚石差但比其他材料高得多，抗弯强度和断裂韧性介于硬质合金和陶瓷之间。用立方氮化硼刀具，可加工以前只能用磨削方法加工的特种钢。立方氮化硼刀具非常适合于数控机床加工。

第四节　机械加工精度及表面质量

一、加工精度和表面质量的基本概念

（1）加工精度。加工精度是指零件加工后的实际几何参数（尺寸、几何形状和相互位置）与理想几何参数相符合的程度。两者之间的不符合程度（偏差）称为加工误差。加工误差的大小反映了加工精度的高低。生产中，加工精度的高低是用加工误差的大小来表示的。加工精度包括以下三个方面：

1）尺寸精度：限制加工表面与其基准间尺寸误差不超过一定的范围。

2）几何形状精度：限制加工表面的宏观几何形状误差，如圆度、圆柱度、直线度和平面度等。

3）相互位置精度：限制加工表面与其基准间的相互位置误差，如平行度、垂直度和同轴度等。

（2）表面质量。表面质量是指零件加工后的表层状态，它是衡量机械加工质量的一个重要因素。表面质量包括以下几方面内容：

1）表面粗糙度：指零件表面微观几何形状误差。

2）表面波纹度：指零件表面周期性的几何形状误差。

3）冷作硬化：表层金属因加工中塑性变形而引起的硬度提高现象。

4）残余应力：表层金属因加工中塑性变形和金相组织的可能变化而产生的内应力。

5）表层金相组织变化：表层金属因切削热而引起的金相组织变化。

二、表面质量对零件使用性能的影响

1. 对零件耐磨性的影响

（1）由于加工后的零件表面凹凸不平，当两个作相对运动的零件受力的作用时，凸峰接触部分单位面积上的应力就增大，表面越粗糙，实际接触面积越小，凸峰处单位面积上的应力也越大，磨损越快。一般情况下，表面粗糙度值小的表面磨损得慢些。但表面粗糙度值并不是越小越好，R_a 太小，表面贮油能力差，容易造成干摩擦，导致耐磨性下降。表面粗糙度的最佳值为 $R_a = 0.3 \sim 1.2\mu m$。另外，表面硬度高，也可提高耐磨性。

（2）工件表面在加工过程中产生强烈的塑性变形后，其强度、硬度都得到提高并达到一定程度，这种现象称为冷作硬化。表面层的冷作硬化提高了表面的硬度，增加了表层的接触刚度，减少了摩擦表面间发生弹性变形和塑性变性的可能性，使金属之间的咬合现象减小，耐磨性提高。冷作硬化程度越高，其耐磨性越好。但过度的硬化会使零件表面产生细小的裂纹及剥落，加剧磨损。

2. 对零件疲劳强度的影响

（1）表面粗糙度值对零件疲劳强度有较大的影响。表面上微观不平的凹谷处，在交变载荷作用下容易形成应力集中，产生并加剧疲劳裂纹，以致发生疲劳损坏。因此，减小表面粗糙度值，可提高零件的疲劳强度。

（2）表面层在加工或热处理过程中会产生残余的拉应力或压应力。若工作载荷产生的拉应力与残余拉应力叠加后大于材料的强度，工件表面会产生疲劳裂纹。而工件表面残余压应力可以抵消部分工作拉应力，防止产生表面裂纹，从而提高零件的疲劳强度。在交变载荷

下工作的零件，一般需要其表面具有很高的残余压应力。

（3）表面粗糙度值大的表面与腐蚀介质有很大的接触面积，吸附在表面上的腐蚀性气体或液体也越多，而且凹谷中容易积留腐蚀介质并通过凹谷向内部渗透，凹谷越深，尤其是有裂纹时，腐蚀作用愈强烈。而经过精磨、研磨及抛光的表面，由于表面比较光滑，表面积聚腐蚀介质的条件差甚至不易积聚，所以不易被腐蚀。

3. 对零件配合性质的影响

在间隙配合中，如果零件的配合表面粗糙，使表面顶峰部分产生很大的剪切压力，在开始运转时即被剪断，工作初期磨损量大，使配合间隙增大。在过盈配合中，如果零件的配合表面粗糙，装配时表面上的凸峰被挤平，使有效过盈量减少，降低了过盈配合的强度，同样也降低了配合精度。因此，为了提高配合的稳定性，对有配合要求的表面都必须规定较小的表面粗糙度值。

三、影响加工精度的因素及提高精度的措施

1. 产生加工误差的原因

从工艺因素的角度考虑，产生加工误差的原因可分为下述几种：

（1）加工原理误差。加工原理误差是指采用近似的加工方法所产生的误差，包括近似的成形运动、近似的刀刃轮廓或近似的传动关系等不同类型。

（2）工艺系统的几何误差。由于工艺系统中各组成环节的实际几何参数和位置相对于理想几何参数和位置发生偏离而引起的误差，统称为几何误差。几何误差只与工艺系统各环节的几何要素有关。对于固定调整的工序，该项误差一般为常值。

（3）工艺系统受力变形引起的误差。工艺系统在切削力、夹紧力、重力和惯性力等作用下会产生变形，从而破坏工艺系统各组成部分的相互位置关系，产生加工误差并影响加工过程的稳定性。

（4）工艺系统受热变形引起的误差。加工过程中，由于受切削热、摩擦热以及工作场地周围热源的影响，工艺系统的温度会发生复杂的变化。在各种热源的作用下，工艺系统会发生变形，导致系统中各组成部分的相对位置发生改变，使工件与刀具的相对位置和相对运动产生误差。

（5）工件内应力引起的加工误差。内应力是工件自身的误差因素。工件经过冷热加工后会产生一定的内应力。通常情况下，内应力处于平衡状态，但对具有内应力的工件进行加工时，工件原有的内应力平衡状态被破坏，从而使工件产生变形。

（6）测量误差。在工序调整及加工过程中对工件进行测量时，由于测量方法、量具精度，以及工件和环境温度等因素对测量结果准确性的影响而产生的误差，统称为测量误差。

2. 减少加工误差的措施

（1）减少工艺系统受力变形的措施

1）提高接触刚度，改善机床主要零件接触面的配合质量，如对机床导轨及装配面进行刮研。

2）设置辅助支承，提高局部刚度，如加工细长轴时采用跟刀架，以提高切削加工时的刚度。

3）采用合理的装夹方法，在设计夹具或装夹工件时，必须尽量减少弯曲力矩。

4）采用补偿或转移变形的方法。

（2）减少和消除内应力的措施

1）合理设计零件结构。设计零件时尽量简化零件结构、减小壁厚差、提高零件刚度等。

2）合理安排工艺过程。如粗、精加工分开，在粗加工后有充足的时间使内应力重新分布，保证工件充分变形，再进行精加工，就可减少变形误差。

3）对工件进行热处理和时效处理。

（3）减少工艺系统受热变形的措施

1）机床结构设计采用对称式结构。

2）采用主动控制方式均衡关键件的温度。

3）采用切削液进行冷却。

4）加工前先让机床空运行一段时间，使之达到热平衡状态后再进行加工。

5）改变刀具参数及切削用量。

6）大型或长工件，在夹紧状态下应使其末端能自由伸缩。

四、影响表面粗糙度的因素及改进措施

切削加工过程中，由于刀具几何形状和切削运动引起的残留面积、黏结在刀具刃口上的积屑瘤划出的沟纹、工件与刀具之间的振动引起的振动波纹以及刀具后面磨损造成的挤压与摩擦痕迹等原因，零件表面上形成了表面粗糙度。影响表面粗糙度的工艺因素主要有工件材料、切削用量、刀具几何参数及切削液等。

（1）工件材料。一般地，韧性较大的塑性材料，加工后表面粗糙度值较大，而韧性较小的塑性材料加工后易得到较小的表面粗糙度值。对于同种材料，其晶粒组织越大，加工表面的表面粗糙度值越大。因此，为了减小加工表面的表面粗糙度值，常在切削加工前对材料进行调质或正火处理，以获得均匀细密的晶粒组织和较大的硬度。

（2）切削用量。进给量越大，残留面积高度越高，零件表面越粗糙。因此，减小进给量可有效地减小表面粗糙度值。切削速度对表面粗糙度的影响也很大。在中速切削塑性材料时，由于容易产生积屑瘤，且塑性变形较大，因此，加工后零件表面的表面粗糙度值较大。通常采用低速或高速切削塑性材料，可有效地避免积屑瘤的产生，这对减小表面粗糙度值有积极作用。

（3）刀具几何参数。主偏角 κ_r、副偏角 κ_r' 及刀尖圆弧半径 r_ε 对零件表面粗糙度有直接影响。在进给量一定的情况下，减小主偏角 κ_r 和副偏角 κ_r'，或增大刀尖圆弧半径 r_ε，可减小表面粗糙度值。另外，适当增大前角和后角，减小切削变形和刀具前、后间的摩擦，抑制积屑瘤的产生，也可减小表面粗糙度值。

（4）切削液。切削液的冷却作用使切削温度降低，切削液的润滑作用使刀具和被加工表面之间的摩擦状况得到改善，使切削层金属表面的塑性变形程度下降，并抑制积屑瘤和鳞刺的生长，对降低表面粗糙度值有很大的作用。

思 考 题

2-1　在实心材料上钻孔时，哪个表面是待加工表面？

2-2　刀具的工作条件对刀具材料性能提出哪些要求？何者为主？

2-3　试比较硬质合金与高速钢性能的主要区别。为什么高速钢刀具仍占有重要地位？

2-4 目前，高硬度的刀具材料有哪些？其性能特点和使用范围如何？

2-5 何谓积屑瘤？它是怎样形成的？积屑瘤对切削过程有什么影响？若要避免产生积屑瘤，应该采取哪些措施？

2-6 后角有何功用？选择后角时，主要考虑哪些因素？为什么？

2-7 主偏角的作用及选择原则是什么？

2-8 选择切削用量的顺序是怎样的？为什么？

2-9 粗、精加工时选择切削用量有什么不同特点？

2-10 当所选进给量受到切削力或加工表面表面粗糙度的限制时，可分别采取哪些措施解决？

2-11 试举例说明加工精度、加工误差、公差的概念及它们之间的区别。

2-12 表面质量包括哪些主要内容？为什么机械零件的表面质量与加工精度具有同等重要的意义？

第三章　数控车削工艺设计

第一节　数控车削加工工艺分析

一、数控车削加工工艺概述

1. 数控车削加工的主要对象

数控车削是数控加工中用得最多的加工方法之一。针对数控车床的特点，下列几种零件最适合数控车削加工。

（1）轮廓形状特别复杂或难以控制尺寸的回转体零件。由于数控车床具有直线和圆弧插补功能，部分数控车床的数控装置还有某些非圆曲线插补功能，所以可以车削由任意直线和平面曲线组成的形状复杂的回转体零件和难以控制尺寸的零件，如具有封闭内成形面的壳体零件。组成零件轮廓的曲线可以是数学方程式描述的曲线，也可以是列表曲线。对于由直线或圆弧组成的轮廓，可以直接利用机床的直线或圆弧插补功能。对于由非圆曲线组成的轮廓，可以用非圆曲线插补功能；若所选机床没有非圆曲线插补功能，则应先用直线或圆弧去逼近，然后再用直线或圆弧插补功能进行插补切削。

（2）精度要求高的回转体零件。零件的精度要求主要指尺寸、形状、位置和表面等精度要求，其中的表面精度主要指表面粗糙度。例如，尺寸精度高（达 0.001mm 或更小）的零件；圆柱度要求高的圆柱体零件；素线直线度、圆度和倾斜度均要求高的圆锥体零件；线轮廓度要求高的零件（其轮廓形状精度可超过用数控线切割加工的样板精度）。在特种精密数控车床上，还可加工出几何轮廓精度极高（达 0.0001mm）、表面粗糙度值极小（R_a 达 0.02μm）的超精零件（如复印机中的回转鼓及激光打印机上的多面反射体等），以及通过恒线速度切削功能，加工表面精度要求高的各种变径表面类零件等。

（3）带特殊螺纹的回转体零件。普通车床所能车削的螺纹相当有限，它只能车等导程的直、锥面米制或英制螺纹，而且一台车床只能限定加工若干种导程的螺纹。数控车床不但能车削任何等导程的直、锥和端面螺纹，而且能车增导程、减导程及要求等导程与变导程之间平滑过渡的螺纹，还可以车高精度的模数螺旋零件（如圆柱、圆弧蜗杆）和端面（盘形）螺旋零件等。数控车床可以配备精密螺纹切削功能，再加上一般采用硬质合金成形刀具，以及可以使用较高的转速，所以车削出来的螺纹精度高、表面粗糙度值小。

2. 数控车削加工工艺的基本特点

数控车床加工程序是数控车床的指令性文件。数控车床受控于程序指令，加工的全过程都是按程序指令自动进行的。数控车床加工程序不仅要包括零件的工艺过程，还要包括切削用量、进给路线、刀具尺寸以及数控车床的运动过程。因此，要求编程人员对数控车床的性能、特点、运动方式、刀具系统、切削规范以及工件的装夹方法等都要非常熟悉。工艺方案不仅会影响数控车床效率的发挥，而且将直接影响零件的加工质量。

3. 数控车削加工工艺的主要内容

数控车削加工工艺主要包括如下内容：

（1）选择适合在数控车床上加工的零件，确定工序内容。

（2）分析被加工零件的图样，明确加工内容及技术要求。

（3）确定零件的加工方案，制定数控加工工艺路线。如划分工序、安排加工顺序，处理与非数控加工工序的衔接等。

（4）加工工序的设计。如选取零件的定位基准、确定装夹方案、划分工步、选择刀具和确定切削用量等。

（5）数控加工程序的调整。如选取对刀点和换刀点、确定刀具补偿及加工路线等。

二、数控加工工艺文件

编写数控加工工艺文件是数控加工工艺设计的内容之一。这些工艺文件既是数控加工和产品验收的依据，也是操作者必须遵守和执行的规范。不同的数控机床和加工要求，工艺文件的内容和格式有所不同。因目前尚无统一的国家标准，各企业可根据自身特点制定相应的工艺文件。下面介绍企业中常用的几种主要工艺文件。

1. 数控加工工序卡

数控加工的工序一般较为集中，每一加工工序可划分为多个工步，工序卡不仅包含每一工步的加工内容，还应包含其所用刀具号、刀具规格、主轴转速、进给速度及切削用量等内容。它不仅是编程人员编制程序时必须遵循的基本工艺文件，同时也是指导操作人员进行数控机床操作和加工的主要资料。不同的数控机床，数控加工工序卡可采用不同的格式和内容。数控车床加工工序卡格式请参看本章第五节。

2. 数控加工刀具卡

数控加工刀具卡主要反映所用刀具的规格、名称、编号、刀长和半径补偿值，以及所加工表面等内容，它是调刀人员准备和调整刀具、机床操作人员输入刀补参数的主要依据。数控车床加工刀具卡格式请参看本章第五节。

3. 数控加工进给路线图

一般用数控加工进给路线图来反映刀具进给路线，该图应准确描述刀具从起刀点开始，直到加工结束返回终点的轨迹。它不仅是程序编制的基本依据，同时也便于机床操作者了解刀具运动路线（如从哪里进刀，从哪里抬刀等），计划好夹紧位置及控制夹紧元件的高度，以避免发生碰撞事故。进给路线图一般可用统一约定的符号来表示，不同的机床可以采用不同的图例与格式。

4. 数控加工程序单

数控加工程序单是编程员根据工艺分析情况，经过数值计算，按照数控机床的程序格式和指令代码编制的记录数控加工工艺过程、工艺参数、位移数据的清单，同时可帮助操作员正确理解加工程序的内容。表3-1为数控车床加工程序单的格式。

三、零件的工艺分析

工艺分析是数控车削加工的前期工艺准备工作。工艺制定得合理与否，对程序编制、机床的加工效率和零件的加工精度都有重要影响。因此，应遵循一般的工艺原则并结合数控车床的特点，认真而详细地制定好零件的数控车削加工工艺。数控车削加工工艺的主要内容有：分析零件图样，确定工件在车床上的装夹方式、各表面的加工顺序和刀具的进给路线，以及刀具、夹具和切削用量的选择等。

表 3-1　数控加工程序单

零件号			零件名称		编制		审核	
程序号					日期		日期	
序　号		程 序 内 容			程 序 说 明			
1								
2								
3								
4								
5								
6								
7								
8								
编制	×××	审核	×××	批准	×××	××年×月×日	共　页	第　页

1. 零件图分析

零件图分析是制定数控车削工艺的首要工作,主要包括以下内容:

(1) 尺寸标注方法分析。零件图上尺寸标注方法应符合数控车床加工的特点,如图 3-1 所示,应以同一基准标注尺寸或直接给出坐标尺寸。这种标注方法既便于编程,又有利于设计基准、工艺基准、测量基准和编程原点的统一。

(2) 轮廓几何要素分析。手工编程时,要计算每个节点坐标;自动编程时,要对构成零件轮廓的所有几何元素进行定义。因此,在分析零件图时,要分析几何元素的给定条件是否充分。

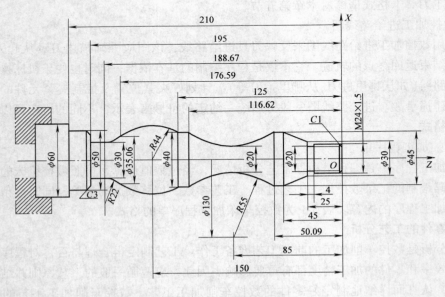

图 3-1　零件尺寸标注分析

(3) 精度及技术要求分析。对被加工零件的精度及技术要求进行分析,是零件工艺性分析的重要内容，只有在分析零件尺寸精度和表面粗糙度的基础上，才能正确合理地选择加工方法、装夹方式、刀具及切削用量等。精度及技术要求分析的主要内容如下：

1）分析精度及各项技术要求是否齐全、合理；

2）分析本工序的数控车削加工精度能否达到图样要求，若达不到，需采取其他措施（如磨削）弥补时，则应给后续工序留有余量；

3）找出图样上有位置精度要求的表面，这些表面应在一次安装下完成；

4）对表面粗糙度要求较高的表面，应确定用恒线速切削。

2. 结构工艺性分析

零件的结构工艺性是指零件对加工方法的适应性，即所设计的零件结构应便于加工成形。在数控车床上加工零件时，应根据数控车削的特点，认真审视零件结构的合理性。例如图 3-2a 所示零件，需用三把不同宽度的切槽刀切槽，如无特殊需要，显然是不合理的。若改成图 3-2b 所示结构，只需一把刀即可切出三个槽，既减少了刀具数量，少占了刀架刀位，又节省了换刀时间。在结构分析时，若发现问题应及时向设计人员或有关部门提出修改意见。

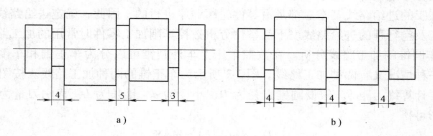

图 3-2 结构工艺性示例

3. 零件安装方式的选择

数控车床上零件的安装方式与普通车床一样，要合理选择定位基准和夹紧方案，主要注意以下两点：

（1）力求设计、工艺与编程计算的基准统一，这样有利于提高编程时数值计算的简便性和精确性。

（2）尽量减少装夹次数，尽可能在一次装夹后，加工出全部待加工面。

四、数控车削加工工艺路线的拟定

由于生产规模的差异，同一零件的车削工艺方案是有所不同的，应根据具体条件，选择经济、合理的车削工艺方案。

1. 加工方法的选择

数控车床能够完成内外回转体表面的车削、钻孔、镗孔、铰孔和攻螺纹等加工操作，具体选择时应根据零件的加工精度、表面粗糙度、材料、结构形状、尺寸及生产类型等因素，选用相应的加工方法和加工方案。

2. 加工工序划分

在数控车床上加工工件，工序可以比较集中，一次装夹应尽可能完成全部工序。与普通车床加工相比，数控车床加工工序划分有自己的特点，常用的工序划分原则有以下两种：

（1）保持精度原则。数控加工要求工序尽可能集中。通常，粗、精加工在一次装夹下完成，为减少热变形和切削力变形对工件的形状、位置精度、尺寸精度和表面粗糙度的影响，应将粗、精加工分开进行。对轴类或盘类零件，将待加工面先进行粗加工，留少量余量精加工，以保证表面质量要求。对轴上有孔、螺纹加工的工件，应先加工表面而后加工孔、螺纹。

（2）提高生产效率的原则。数控加工中，为减少换刀次数，节省换刀时间，应将需用同一把刀加工的加工部位全部完成后，再换另一把刀来加工其他部位。同时，应尽量减少空行程，用同一把刀加工工件的多个部位时，应以最短的路线到达各加工部位。

实际生产中，数控加工工序的划分要根据具体零件的结构特点、技术要求等情况综合考虑。

3. 加工路线的确定

在数控加工中，刀具（严格说是刀位点）相对于工件的运动轨迹和方向称为加工路线，即刀具从对刀点起开始运动，直至加工结束所经过的路径，包括切削加工的路径及刀具引入、返回等非切削空行程。加工路线的确定首先必须保持被加工零件的尺寸精度和表面质量，其次应考虑数值计算简单、进给路线尽量短、效率较高等因素。

因精加工的进给路线基本上都是沿零件轮廓顺序进行的，因此，确定进给路线的重点是确定粗加工及空行程的进给路线。下面举例分析数控车削加工零件时常用的加工路线。

（1）车圆锥的加工路线分析。在数控车床上车外圆锥可以分为车正锥和车倒锥两种情况，而每一种情况又有两种加工路线。图 3-3 所示为车正锥的两种加工路线。按图 3-3a 车正锥时，需要计算终刀距 S。假设圆锥大径为 D，小径为 d，锥长为 L，背吃刀量为 a_p，则由相似三角形可得

$$(D-d)/(2L) = a_p/S \qquad (3-1)$$

则
$$S = 2La_p/(D-d)$$

按此种路线加工，刀具切削运动的距离较短。

当按图 3-3b 所示的进给路线车正锥时，不需要计算终刀距 S，只要确定背吃刀量 a_p，即可车出圆锥轮廓，编程方便。但在每次切削中，背吃刀量是变化的，而且切削运动的路线较长。图 3-4a、b 所示为车倒锥的两种加工路线，分别与图 3-3a、b 相对应，其原理与正锥相同。

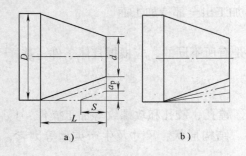

图 3-3　车正锥的两种加工路线

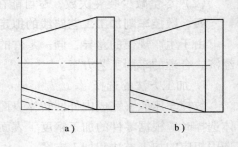

图 3-4　车倒锥的两种加工路线

（2）车圆弧的加工路线分析。应用 G02（或 G03）指令车圆弧时，若一刀就把圆弧加工出来，背吃刀量太大，容易打刀。所以，实际切削时，需要多刀加工，先将大部分余量切除，最后才车得所需圆弧。

图 3-5 所示为车圆弧的车圆法切削路线，即用不同半径圆来车削，最后将所需圆弧加工出来。此方法在确定了每次的背吃刀量后，对 90° 圆弧的起点、终点坐标较易确定。图 3-5a 所示的进给路线较短，但图 3-5b 所示的加工的空行程时间较长。此方法数值计算简单，编程方便，经常被采用，适合于加工较复杂的圆弧。

图 3-6 所示为车圆弧的车锥法切削路线，即先车一个圆锥，再车圆弧。但要注意车锥时的起点和终点的确定。若确定不好，则可能损坏圆弧表面，也可能将余量留得过大。确定方法是连接 OB 交圆弧于 D，过 D 点作圆弧的切线 AC。由几何关系得

$$BD = OB - OD = \sqrt{2}R - R = 0.414R \tag{3-2}$$

此为车锥时的最大切削余量，即车锥时，加工路线不能超过 AC 线。由 BD 与 $\triangle ABC$ 的关系，可得

$$AB = CB = \sqrt{2}BD = 0.586R \tag{3-3}$$

这样可以确定出车锥时的起点和终点。当 R 不太大时，可取 $AB = CB = 0.5R$。此法数值计算较繁琐，但其刀具切削路线较短。

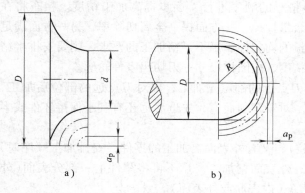

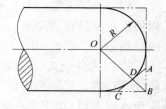

图 3-5 车圆法切削路线   图 3-6 车锥法切削路线

（3）轮廓粗车加工路线分析。切削进给路线最短，可有效提高生产效率，降低刀具损耗。安排最短切削进给路线时，应同时兼顾工件的刚性和加工工艺性等要求，不要顾此失彼。

图 3-7 给出了三种不同的轮廓粗车切削进给路线，其中图 3-7a 所示为利用数控系统具有的封闭式复合循环功能控制车刀沿着工件轮廓线进行进给的路线；图 3-7b 所示为三角形循环进给路线；图 3-7c 所示为矩形循环进给路线，其路线总长最短，因此在同等切削条件下的切削时间最短，刀具损耗最少。

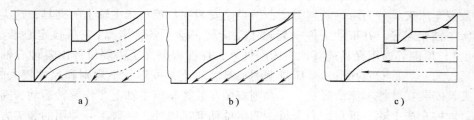

图 3-7 粗车进给路线示例

（4）车螺纹时的轴向进给距离分析。在数控车床上车螺纹时，沿螺距方向的 Z 向进给

应和数控车床主轴的旋转保持严格的速比关系，因此，应避免在进给机构加速或减速的过程中切削。为此，要有引入距离 δ_1 和超越距离 δ_2，如图3-8所示，δ_1 和 δ_2 的数值与数控车床拖动系统的动态特性、螺纹的螺距和精度有关。δ_1 一般为 2～5mm，对大螺距和高精度的螺纹取大值；δ_2 一般为 1～2mm。这样，在切削螺纹时，能保证升速后刀具接触工件，刀具离开工件后再降速。

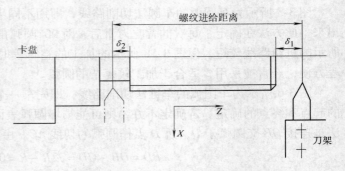

图3-8　车螺纹时的引入距离和超越距离

4. 车削加工顺序的安排

安排零件车削加工顺序一般遵循下列原则：

（1）先粗后精。按照粗车→半精车→精车的顺序进行，逐步提高加工精度。粗车将在较短的时间内将工件表面上的大部分加工余量切掉，一方面提高金属切除率，另一方面满足精车的余量均匀性要求。若粗车后所留余量的均匀性满足不了精加工的要求，则要安排半精车，以此为精车作准备。精车要保证加工精度，按图样尺寸一刀切出零件轮廓。

（2）先近后远。在一般情况下，离对刀点近的部位先加工，离对刀点远的部位后加工，以便缩短刀具移动距离，减少空行程时间。对于车削而言，先近后远还有利于保持坯件或半成品的刚性，改善切削条件。

（3）内外交叉。对既有内表面（内型腔），又有外表面需加工的零件，安排加工顺序时，应先进行内、外表面粗加工，然后进行内、外表面精加工。切不可将零件上一部分表面（外表面或内表面）加工完毕后，再加工其他表面（内表面或外表面）。

（4）基面先行原则。用作精基准的表面应优先加工出来，因为定位基准的表面越精确，装夹误差就越小。例如，加工轴类零件时，总是先加工中心孔，然后再以中心孔为精基准加工外圆表面和端面。

第二节　数控车床常用的工装夹具

数控车床主要用于加工工件的内外圆柱面、圆锥面、回转成形面、螺纹及端面等。上述各表面都是绕车床主轴的旋转轴心形成的，根据这一加工特点及夹具在数控车床上的安装位置，将数控车床夹具分为两种基本类型：一类是安装在数控车床主轴上的夹具，这类夹具和数控车床主轴相连接，并带动工件一起随主轴旋转，除了各种卡盘（三爪自定心卡盘、四爪单动卡盘）、顶尖等通用夹具或其他机床附件外，往往根据加工需要设计出各种心轴或其他专用夹具；另一类是安装在滑板或床身上的夹具，对于某些形状不规则和尺寸较大的工件，常常把夹具安装在数控车床滑板上，刀具则安装在数控车床主轴上，作旋转运动，夹具作进给运动。数控车床上除三爪自定心卡盘、四爪单动卡盘以外，一般工件常用的装夹方法如表3-2所示。

表 3-2 数控车床上除三爪自定心卡盘、四爪单动卡盘以外，一般工件常用的装夹方法

序 号	装夹方法	图 示	特 点	适 用 范 围
1	外梅花顶尖装夹		顶尖顶紧即可车削，装夹方便、迅速	适用于带孔工件，孔径大小应在顶尖允许的范围内
2	内梅花顶尖装夹		顶尖顶紧即可车削，装夹方便、迅速	适用于不留中心孔的轴类工件，需要磨削时，采用无心磨床磨削
3	摩擦力装夹		利用顶尖顶紧工件后产生的摩擦力克服切削力	适用于精车加工余量较小的圆柱面或圆锥面
4	中心架装夹		三爪自定心卡盘或四爪单动卡盘配合中心架紧固工作，切削时中心架受力较大	适用于加工曲轴等较长的异形轴类工件
5	锥形心轴装夹		心轴制造简单，工件的孔径可在心轴锥度允许的范围内适当变动	适用于齿轮拉孔后精车外圆等
6	夹顶式整体心轴装夹		工件与心轴间隙配合，靠螺母旋紧后的端面摩擦力克服切削力	适用于孔与外圆同轴度要求一般的工件外圆车削
7	胀力心轴装夹		心轴通过圆锥的相对位移产生弹性变形而胀开把工件夹紧，装卸工件方便	适用于孔与外圆同轴度要求较高的工件外圆车削
8	带花键心轴装夹		花键心轴外径带有锥度，工件轴向推入即可夹紧	适用于具有矩形花键或渐开线花键孔的齿轮和其他工件
9	外螺纹心轴装夹		利用工件本身的内螺纹旋入心轴后紧固，装卸工件不方便	适用于有内螺纹和对外圆轴度要求不高的工件

（续）

序　号	装夹方法	图　示	特　点	适用范围
10	内螺纹心轴装夹	工件　内螺纹心轴	利用工件本身的外螺纹旋入心套后紧固，装卸工件不方便	适用于有多台阶而轴向尺寸较短的工件

第三节　数控车削用刀具的类型及选用

一、常用车刀种类及其选择

数控车削常用车刀一般分尖形车刀、圆弧形车刀和成形车刀三类。

1. 尖形车刀

尖形车刀是以直线形切削刃为特征的车刀。这类车刀的刀尖（同时也为其刀位点）由直线形的主、副切削刃构成，如 90°内外圆车刀、左右端面车刀、切断（车槽）车刀以及刀尖倒棱很小的各种外圆和内孔车刀。用这类车刀加工工件时，工件的轮廓形状主要由一个独立的刀尖或一条直线形主切削刃的位移得到，它与另两类车刀加工时所得到工件轮廓形状的原理是截然不同的。尖形车刀几何参数（主要是几何角度）的选择方法与普通车削时基本相同，但应结合数控加工的特点（如加工路线、加工干涉等）全面考虑，并应兼顾刀尖本身的强度。

2. 圆弧形车刀

圆弧形车刀是以一圆度误差或线轮廓误差很小的圆弧形切削刃为特征的车刀，如图 3-9 所示。该车刀圆弧刃上每一点都是圆弧形车刀的刀尖，因此，刀位点不在圆弧上，而在该圆弧的圆心上。当某些尖形车刀或成形车刀（如螺纹车刀）的刀尖具有一定的圆弧形状时，也可作为圆弧形车刀使用。圆弧形车刀可用于车削内外表面，特别适合于车削各种光滑连接（凹形）的成形面。选择车刀圆弧半径时应考虑两点：一是车刀切削刃的圆弧半径应小于或等于零件凹形轮廓上的最小曲率半径，以免发生加工干涉；二是该半径不宜选择太小，否则不但制造困难，还会因刀具强度太弱或刀体散热能力差而导致车刀损坏。

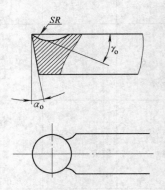

图 3-9　圆弧形车刀

3. 成形车刀

成形车刀又称样板车刀，其加工工件的轮廓形状完全由车刀刀刃的形状和尺寸决定。数控车削加工中，常见的成形车刀有小半径圆弧车刀、非矩形槽车刀和螺纹车刀等。在数控加工中，应尽量少用或不用成形车刀，若确有必要选用时，应在工艺准备文件或加工程序单上进行详细说明。

常用车刀的种类、形状和用途如图 3-10 所示。

二、机夹可转位车刀的选用

数控车床上大多使用系列化、标准化刀具，机夹可转位外圆车刀、端面车刀等的刀柄和

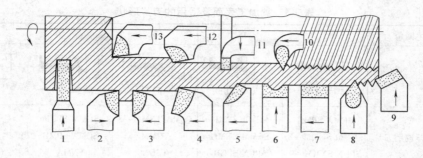

图 3-10　常用车刀的种类、形状和用途

1—切断刀　2—90°左偏刀　3—90°右偏刀　4—弯头车刀　5—直头车刀　6—成形车刀　7—宽刃精车刀
8—外螺纹车刀　9—端面车刀　10—内螺纹车刀　11—内槽车刀　12—通孔车刀　13—不通孔车刀

刀头都有国家标准及系列化型号。对所选择的刀具，在使用前都需对刀具尺寸进行严格的测量以获得精确资料，并由操作者将这些数据输入数控系统，经程序调用而完成加工过程，从而加工出合格的工件。为了减少换刀时间和方便对刀，便于实现机械加工的标准化，数控车削加工时，应尽量采用机夹刀和机夹刀片。数控车床常用的机夹可转位式车刀结构形式如图 3-11 所示。

（1）刀片材料的选择。常见刀片材料有高速钢、硬质合金、涂层硬质合金、陶瓷、立方氮化硼和金刚石等，其中应用最多的是硬质合金和涂层硬质合金刀片。选择刀片材料主要根据工件材料，被加工表面的精度、表面质量要求，切削载荷的大小以及切削过程有无冲击和振动等因素。

（2）刀片尺寸的选择。刀片尺寸的大小取决于必要的有效切削刃长度 L。有效切削刃长度与背吃刀量 a_p 和车刀的主偏角 κ_r 有关，如图 3-12 所示，使用时可查阅有关刀具手册选取。

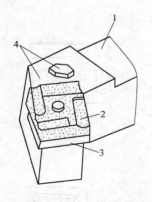

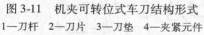

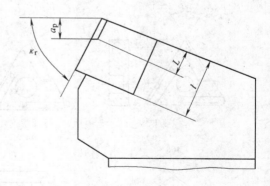

图 3-11　机夹可转位式车刀结构形式
1—刀杆　2—刀片　3—刀垫　4—夹紧元件

图 3-12　切削刃长度、背吃刀量与主偏角的关系

（3）刀片形状的选择。刀片形状主要依据工件表面形状、切削方法、刀具寿命和刀片的转位次数等因素选择。被加工表面形状及适用的刀片可参考表 3-3 选取，表中刀片型号组成见国家标准 GB/T 2076—1987《切削刀具用可转位刀片型号表示规则》。常见可转位车刀刀片形状及角度如图 3-13 所示。特别需要注意的是，加工凹形轮廓表面时，若主、副偏角选得太小，会导致加工时刀具主后面、副后面与工件发生干涉，因此，必要时需作图检验。

表 3-3　被加工表面及适用的刀片形状

	主偏角	45°	45°	60°	75°	95°
车削外圆表面	刀片形状及加工示意图	45°	45°	60°	75°	95°
	推荐选用刀片	SCMA SPMR SCMM SNMM—8 SPUN SNMM—9	SCMA SPMR SCMM SNMG SPUN SPGR	TCMA TNMM—8 TCMM TPUN	SCMM SPUM SCMA SPMR SNMA	CCMA CCMM CNMM—7

	主偏角	75°	90°	90°	95°
车削端面	刀片形状及加工示意图	75°	90°	90°	95°
	推荐选用刀片	SCMA SPMR SCMM SPUR SPUN CNMG	TNUN TNMA TCMA TPUN TCMM TPMR	CCMA	TPUN TPMR

	主偏角	15°	45°	60°	90°	93°
车削成形面	刀片形状及加工示意图	15°	45°	60°	90°	
	推荐选用刀片	RCMM	RNNG	TNMM—8	TNMG	TNMA

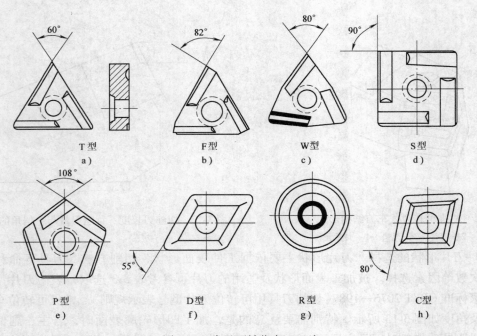

图 3-13　常见可转位车刀刀片

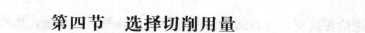

第四节 选择切削用量

数控编程时，编程人员必须确定每道工序的切削用量，并以指令的形式写入程序中。切削用量包括主轴转速、背吃刀量及进给速度等。对于不同的加工方法，需要选用不同的切削用量。切削用量的选择原则是：保证零件加工精度和表面粗糙度，充分发挥刀具的切削性能，保证合理的刀具寿命；并充分发挥机床的性能，最大限度提高生产率，降低成本。

（1）主轴转速 n 的确定。车削加工主轴转速应根据允许的切削速度 v 和工件直径 d 来选择，按式 $v_c = \pi dn/1000$ 计算。切削速度 v 单位为 m/min，由刀具寿命决定，计算时可参考切削用量手册选取。

数控车床加工螺纹时，因其传动链的改变，原则上其转速只要能保证主轴每转一周时，刀具沿主进给轴（多为 Z 轴）方向位移一个螺距即可，不应受到限制。但数控车螺纹时，会受到以下几方面的影响：

1）螺纹加工程序段中指令的螺距值，相当于以进给量 f(mm/r) 表示的进给速度 F，如果机床主轴转速选择过高，其换算后的进给速度（mm/min）必定大大超过正常值。

2）刀具在其位移过程的始/终都将受到伺服驱动系统升/降频率和数控装置插补运算速度的约束，由于升/降频率特性满足不了加工需要等原因，则可能因主进给运动产生出的"超前"和"滞后"而导致部分螺纹的螺距不符合要求。

3）车削螺纹必须通过主轴的同步运行功能实现，即车削螺纹需要有主轴脉冲发生器（编码器）。当主轴转速选择过高时，通过编码器发出的定位脉冲（即主轴每转一周时所发出的一个基准脉冲信号）将可能因"过冲"（特别是当编码器的质量不稳定时）而导致工件螺纹产生乱纹（又称"烂牙"）。

鉴于上述原因，不同的数控系统车螺纹时推荐使用不同的主轴转速范围。大多数经济型数控车床的数控系统推荐车螺纹时主轴转速 n 为

$$n \leqslant \frac{1200}{P} - k \tag{3-4}$$

式中 P——被加工螺纹螺距，单位为 mm；

　　　k——保险系数，一般为 80。

（2）进给速度 v_f 的确定。进给速度 v_f 是数控车床中重要的切削用量参数，其大小直接影响零件的表面粗糙度值和车削效率。进给速度 v_f 主要根据零件的加工精度和表面粗糙度要求以及刀具、零件的材料性质选取。最大进给速度受机床刚度和进给系统性能的限制。确定进给速度的原则如下：

1）当工件的质量要求能够得到保证时，为提高生产效率，可选择较高的进给速度，一般在 100 ~ 200mm/min 范围内选取。

2）在切断、加工深孔或用高速钢刀具加工时，宜选择较低的进给速度，一般在 20 ~ 50mm/min 范围内选取。

3）当加工精度、表面粗糙度要求较高时，进给速度应选小些，一般在 20 ~ 50mm/min 范围内选取。

4）刀具空行程时，特别是远距离"回零"时，可以采用该机床数控系统设定的最高进

给速度。

　　计算进给速度时，可查阅切削用量手册选取每转进给量，然后按式 $v_f = nf$ 计算进给速度。

　　（3）背吃刀量 a_p 的确定。背吃刀量根据机床、工件和刀具的刚度来确定。在刚度允许的条件下，应尽可能使背吃刀量等于工件的加工余量，这样可以减少进给次数，提高生产效率。为了保证加工表面质量，可留少许精加工余量，一般为 0.2～0.5mm。

　　注意： 按照上述方法确定的切削用量进行加工，工件表面的加工质量未必十分理想。因此，切削用量的具体数值还应根据机床性能、相关的手册并结合实际经验用模拟方法确定，使主轴转速、背吃刀量及进给速度三者能相互适应，以形成最佳切削用量。

第五节　典型零件的数控车削加工工艺分析

一、轴类零件

　　以图 3-14 所示零件为例，材料为 45 钢，所用机床为 CK6136i 数控车床，对其进行数控车削加工工艺分析。

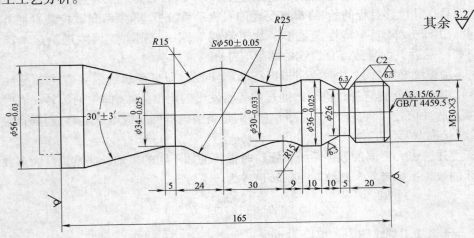

图 3-14　典型轴类零件

1. 零件图工艺分析

　　该零件表面由圆柱、圆锥、顺圆弧、逆圆弧及螺纹等表面组成。其中多个直径尺寸有较严的尺寸精度和表面粗糙度等要求，球面 $S\phi50$mm 的尺寸公差还兼有控制该球面形状（线轮廓）误差的作用。零件图尺寸标注完整，轮廓描述清楚。零件材料为 45 钢，无热处理和硬度要求。通过上述分析，可采取以下几点工艺措施：

　　（1）对图样上给定的几个精度要求较高的尺寸，因其公差数值较小，故编程时不必取平均值，全部取其基本尺寸即可。

　　（2）在轮廓曲线上，有三处为过象限圆弧，其中两处为既过象限又改变进给方向的轮廓曲线，因此，在加工时应进行机械间隙补偿，以保证轮廓曲线的准确性。

　　（3）为便于装夹，坯件左端应预先车出夹持部分（双点画线部分），右端面也应先粗车并钻好中心孔。毛坯选 $\phi60$mm 棒料。

2. 确定装夹方案

确定坯件轴线和左端大端面(设计基准)为定位基准。左端采用三爪自定心卡盘定心夹紧,右端采用活动顶尖支承的装夹方式。

3. 确定加工顺序及进给路线

加工顺序按由粗到精、由近到远(由右到左)的原则确定。即先从右到左进行粗车(留0.25mm 精车余量),然后从右到左进行精车,最后车削螺纹。

CK6136i 数控车床具有粗车循环和车螺纹循环功能,只要正确使用编程指令,机床数控系统就会自行确定进给路线,因此,该零件的粗车循环和车螺纹循环不需要人为确定进给路线(但精车的进给路线需要人为确定)。该零件从右到左沿零件表面轮廓精车进给,如图3-15 所示。

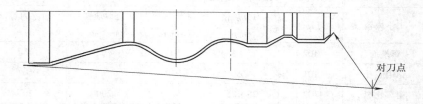

图 3-15 精车轮廓进给路线

4. 刀具选择

(1) 选用 ϕ5mm 中心钻钻削中心孔。

(2) 粗车及车端面选用90°硬质合金右偏刀,为防止副后面与工件轮廓干涉(可用作图法检验),副偏角不宜太小,选 $\kappa_r' = 35°$。

(3) 为减少刀具数量和换刀次数,精车和车螺纹选用60°硬质合金外螺纹车刀,刀尖圆弧半径应小于轮廓最小圆角半径,取 $r_\varepsilon = 0.15 \sim 0.2$mm。

将所选定的刀具参数填入表3-4 所示的数控加工刀具卡片中,以便于编程和操作管理。

表 3-4 典型轴的数控加工刀具卡片

产品名称或代号			×××	零件名称	典型轴	零件图号	×××
序号	刀具号	刀具规格名称	数量	加工表面		刀尖半径/mm	备注
1	T01	ϕ5mm 中心钻	1	钻 ϕ5mm 中心孔			
2	T02	90°硬质合金外圆车刀	1	车端面及粗车轮廓			右偏刀
3	T03	60°硬质合金外螺纹车刀	1	精车轮廓及螺纹		0.15	
编制	×××	审核	×××	批准	×××	共 页	第 页

5. 切削用量选择

(1) 背吃刀量的选择。轮廓粗车循环时选 $a_p = 3$mm,精车循环时选 $a_p = 0.25$mm;螺纹粗车循环时选 $a_p = 0.4$mm,精车循环时选 $a_p = 0.1$mm。

(2) 主轴转速的选择。车直线和圆弧时,查切削用量手册选粗车切削速度 $v_c = 90$m/min、精车切削速度 $v_c = 120$m/min,然后利用式 $v_c = \pi dn/1000$ 计算主轴转速 n(粗车工件直径 $D = 60$mm,精车工件直径取平均值):粗车 500r/min、精车 1200r/min。车螺纹时,利用式(3-4) 计算主轴转速 $n = 320$r/min。

（3）进给速度的选择。先查切削用量手册选择粗车、精车每转进给量分别为 0.4mm/r 和 0.15mm/r，再根据式 $v_f = nf$ 计算粗车、精车进给速度分别为 200mm/min 和 180mm/min。

综合前面的分析，并将有关内容填入表 3-5 所示的数控加工工艺卡片。此表是编制加工程序的主要依据和操作人员配合数控程序进行数控加工的指导性文件，主要内容包括工步顺序、工步内容、各工步所用的刀具及切削用量等。

表 3-5　典型轴的数控加工工艺卡片

单位名称	×××	产品名称或代号		零件名称		零件图号	
		×××		典型轴		×××	
工序号	程序编号	夹具名称		使用设备		车间	
001	×××	三爪自定心卡盘和活动顶尖		CK6136i		数控车间	
工步号	工步内容	刀具号	刀具规格 /mm	主轴转速 /r·min⁻¹	进给速度 /mm·min⁻¹	背吃刀量 /mm	备注
1	车端面	T02	25×25	500			手动
2	钻中心孔	T01	$\phi5$	950			手动
3	粗车轮廓	T02	25×25	500	200	3	自动
4	精车轮廓	T03	25×25	1200	180	0.25	自动
5	粗车螺纹	T03	25×25	320	960	0.4	自动
6	精车螺纹	T03	25×25	320	960	0.1	自动
编制	×××	审核 ×××	批准	×××	年 月 日	共 页	第 页

二、轴套类零件

下面以图 3-16 所示轴承套为例，分析其数控车削加工工艺。机床为 CK6136i。

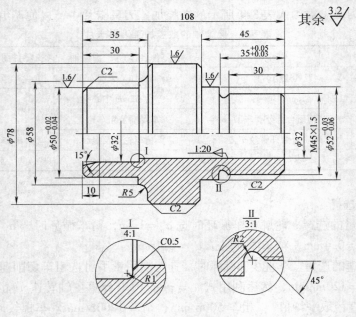

图 3-16　轴承套零件

1. 零件图工艺分析

该零件表面由内外圆柱面、内圆锥面、顺圆弧、逆圆弧及外螺纹等表面组成，其中多个直径尺寸与轴向尺寸有较高的尺寸精度和表面粗糙度要求。零件图尺寸标注完整，符合数控加工尺寸标注要求；轮廓描述清楚完整；零件材料为 45 钢，切削加工性能较好，无热处理和硬度要求。通过上述分析，采取以下几点工艺措施：

（1）零件图样上带公差的尺寸，因公差值较小，故编程时不必取其平均值，取基本尺寸即可。

（2）左右端面均为多个尺寸的设计基准，相应工序加工前，应该先将左右端面车出来。

（3）内孔尺寸较小，镗 1:20 锥孔与镗 ϕ32mm 孔及 15°斜面时需掉头装夹。

2. 确定装夹方案

内孔加工时以外圆定位，用三爪自动定心卡盘夹紧。加工外轮廓时，为保证一次安装加工出全部外轮廓，需要设一圆锥心轴装置，如图 3-17 所示双点画线部分，用三爪自定心卡盘夹持心轴左端，心轴右端留有中心孔并用尾座顶尖顶紧以提高工艺系统的刚性。

3. 确定加工顺序及进给路线

加工顺序的确定按由内到外、由粗到精、由近到远的原则确定，在一次装夹中尽可能加工出较多的工件表面。结合本零件的结构特征，可先加工内孔各表面，然后加工外轮廓表面。由于该零件为单件小批量生产，进给路线设计不必考虑最短进给路线或最短空行程路线，外轮廓表面车削进给路线可沿零件轮廓顺序进行，如图 3-18 所示。

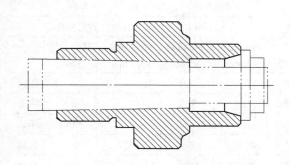

图 3-17　外轮廓车削装夹方案

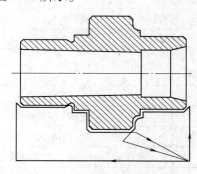

图 3-18　外轮廓加工进给路线

4. 刀具选择

将所选定的刀具参数填入表 3-6 轴承套数控加工刀具卡片中，以便于编程和操作管理。车削外轮廓时，为防止副后面与工件表面发生干涉，应选择较大的副偏角，必要时可作图检验。选 $\kappa'_r = 55°$。

5. 切削用量选择

根据被加工表面质量要求、刀具材料和工件材料，参考切削用量手册或有关资料选切削速度与每转进给量，然后根据式 $v_c = \pi dn/1000$ 和式 $v_f = nf$ 计算主轴转速与进给速度（计算略），计算结果填入表 3-7 工艺卡中。背吃刀量的选择因粗、精加工而有所不同。粗加工时，在工艺系统刚性和机床功率允许的情况下，尽可能取较大的背吃刀量，以减少进给次数；精加工时，为保证零件表面粗糙度要求，背吃刀量一般取 0.1 ~ 0.4mm 较为合适。

表 3-6　轴承套数控加工刀具卡片

产品名称或代号		×××		零件名称	轴承套	零件图号	×××
序号	刀具号	刀具规格名称	数量	加工表面	刀尖半径/mm	备注	
1	T01	45°硬质合金端面车刀	1	车端面	0.5	25mm×25mm	
2	T02	φ5mm 中心钻	1	钻 φ5mm 中心孔			
3	T03	φ26mm 钻头	1	钻底孔			
4	T04	镗刀	1	镗内孔各表面	0.4	20mm×20mm	
5	T05	90°右手偏刀	1	从右至左车外表面	0.2	25mm×25mm	
6	T06	90°左手偏刀	1	从左至右车外表面	0.2	25mm×25mm	
7	T07	60°外螺纹车刀	1	车 M45 螺纹	0.1	25mm×25mm	
编制	×××	审核	×××	批准	×××	共 页	第 页

6. 数控加工工艺卡片拟订

将前面分析的各项内容综合为表 3-7 所示的数控加工工艺卡片。数控加工工艺卡片是编制加工程序的主要依据和操作人员配合数控程序进行数控加工的指导性文件，主要内容包括工步顺序、工步内容、各工步所用的刀具及切削用量等。

表 3-7　轴承套数控加工工艺卡片

单位名称	×××	产品名称或代号		零件名称		零件图号		
		×××		轴承套		×××		
工序号	程序编号	夹具名称		使用设备		车间		
002	×××	三爪自定心卡盘和自制心轴		CK6136i		数控车间		
工步号	工 步 内 容		刀具号	刀具规格/mm	主轴转速/r·min⁻¹	进给速度/mm·min⁻¹	背吃刀量/mm	备注
1	车端面		T01	25×25	320		1	手动
2	钻 φ5mm 中心孔		T02	φ5	950		2.5	手动
3	钻底孔		T03	φ26	200		13	手动
4	粗镗 φ32mm 内孔、15°斜面及 C0.5 倒角		T04	20×20	320	40	0.8	自动
5	精镗 φ32mm 内孔、15°斜面及 C0.5 倒角		T04	20×20	400	25	0.2	自动
6	掉头装夹粗镗 1:20 锥孔		T04	20×20	320	40	0.8	自动
7	精镗 1:20 锥孔		T04	20×20	400	20	0.2	自动
8	心轴装夹从右至左粗车外轮廓		T05	25×25	320	40	1	自动
9	从左至右粗车外轮廓		T06	25×25	320	40	1	自动
10	从右至左精车外轮廓		T05	25×25	400	20	0.1	自动
11	从左至右精车外轮廓		T06	25×25	400	20	0.1	自动
12	卸心轴，改为三爪自定心卡盘装夹，粗车 M45 螺纹		T07	25×25	320	480	0.4	自动
13	精车 M45 螺纹		T07	25×25	320	480	0.1	自动
编制	×××	审核	×××	批准	×××	年 月 日	共 页	第 页

思 考 题

3-1 在编制数控车削加工工艺时，应首先考虑哪些方面的问题？

3-2 数控加工对刀具有何要求？常用数控车床车刀有哪些类型？

3-3 制订数控车削加工工艺方案时应遵循哪些基本原则？

3-4 数控加工对夹具有哪些要求？如何选择数控车床夹具？

3-5 数控车削加工中的切削用量如何确定？

3-6 预先对本章两个典型零件编制数控加工工艺文件，再与书中给出的工艺文件进行对比，分析存在不同的原因。

第四章　数控车床(华中数控)编程与操作

第一节　华中数控系统的基本功能

一、准备功能

准备功能主要用来指令机床或数控系统的工作方式。华中数控系统的准备功能由地址符G 和其后的一位或两位数字组成，用来规定刀具和工件的相对运动轨迹、机床坐标系、坐标平面、刀具补偿、坐标偏置等多种加工操作。具体的G 指令代码如表4-1 所示。

表4-1　华中数控系统准备功能G 指令代码

G 指令	组群	机　能	G 指令	组群	机　能
G00	01	快速定位	G56	11	工件坐标系设定
☆G01		直线插补	G57		工件坐标系设定
G02		顺时针方向圆弧插补	G58		工件坐标系设定
G03		逆时针方向圆弧插补	G59		工件坐标系设定
G04	00	暂停指令	G71	06	内外径粗车复合循环
G20	08	英制单位设定	G72		端面车削复合循环
☆G21		米制单位设定	G73		闭环车削复合循环
G28	00	从中间点返回参考点	G76		螺纹切削复合循环
G29		从参考点返回	☆G80	01	内外径车削固定循环
G32	01	螺纹车削	G81		端面车削固定循环
☆G36	16	直径编程	G82		螺纹切削固定循环
G37		半径编程	G90	13	绝对值编程
☆G40	09	刀具半径补偿取消	G91		增量值编程
G41		刀具半径左补偿	G92	00	工件坐标系设定
G42		刀具半径右补偿	☆G94	14	每分钟进给
G53	00	机床坐标系选择	G95		每转进给
☆G54	11	工件坐标系设定	G96	16	恒线速度控制
G55		工件坐标系设定	☆G97		取消恒线速度控制

G 指令根据功能的不同分成若干组，其中00 组的G 功能称非模态G 功能，指令只在所规定的程序段中有效，程序段结束时被注销。其余组的称模态G 功能，这些功能一旦被执行，则一直有效，直到被同一组的G 功能注销为止。模态G 功能组中包含一个默认G 功能(表4-1 中带有☆记号的G 功能)，通电时该功能被初始化。没有共同地址符的不同组G 指令代码可以放在同一程序段中，而且与顺序无关。例如，G90、G17 可与G01 放在同一程序段中。

二、辅助功能

辅助功能也称 M 功能，主要用于控制零件程序的走向，以及机床各种辅助功能的开关动作，如主轴的开、停，切削液的开、关等。华中数控系统辅助功能由地址符 M 和其后的一位或两位数字组成。具体的 M 指令代码见表 4-2。

表 4-2　辅助功能 M 代码

M 指令	模 态	功 能	M 指令	模 态	功 能
M00	非模态	程序暂停	M07	模态	切削液开
M02	非模态	主程序结束	☆M09	模态	切削液关
M03	模态	主轴正转起动	M30	非模态	主程序结束，返回程序起点
M04	模态	主轴反转起动	M98	非模态	调用子程序
☆M05	模态	主轴停转	M99	非模态	子程序结束
M06	非模态	换刀			

M 功能与 G 功能一样，也有非模态 M 功能和模态 M 功能两种形式。非模态 M 功能(当段有效代码)，只在书写了该代码的程序段中有效；模态 M 功能(续效代码)，一组可相互注销，这些功能在被同一组的另一个功能注销前一直有效。模态 M 功能组中包含一个默认功能(表 4-2 中带有☆记号的 M 功能)，系统通电时该功能将被初始化。

另外，M 功能还可分为前作用 M 功能和后作用 M 功能两类。前作用 M 功能是在程序段编制的轴运动之前执行；而后作用 M 功能则在程序段编制的轴运动之后执行。其中，M00、M02、M30、M98、M99 用于控制零件程序的走向，是 CNC 内定的辅助功能，不由机床制造商设计决定，也就是说，与 PLC 程序无关。其余 M 代码用于机床各种辅助功能的开关动作，其功能不由 CNC 内定，而是由 PLC 程序指定，所以，有可能因机床制造厂不同而有差异，请使用者参考机床说明书。

1. CNC 内定的辅助功能

(1) 程序暂停指令 M00。当 CNC 执行到 M00 指令时，暂停执行当前程序，以方便操作者进行刀具和工件的尺寸测量、工件调头、手动变速等操作。暂停时，机床进给停止，而全部现存的模态信息保持不变，欲继续执行后续程序，重按操作面板上的"循环启动"键即可。M00 为非模态后作用 M 功能。

(2) 程序结束指令 M02。M02 一般放在主程序的最后一个程序段中。当 CNC 执行到 M02 指令时，机床的主轴、进给、切削液全部停止，加工结束。使用 M02 的程序结束后，若要重新执行该程序，就得重新调用该程序，然后再按操作面板上的"循环启动键"。M02 为非模态后作用 M 功能。

(3) 程序结束并返回到零件程序开始指令 M30。M30 和 M02 功能基本相同，只是 M30 指令还兼有控制返回到零件程序开始(%)的作用。使用 M30 的程序结束后，若要重新执行该程序，只需再次按操作面板上的"循环启动"键。

(4) 子程序调用指令 M98 及从子程序返回指令 M99。M98 用来调用子程序。M99 表示子程序结束，执行 M99 使控制返回到主程序。子程序的格式为

% ＊＊＊＊

……

M99

在子程序开头，必须规定子程序号，以作为调用入口地址。在子程序的结尾用 M99，以控制执行完该子程序后返回主程序。调用子程序的格式为

M98　P＿＿　L＿＿

其中，P 为被调用的子程序号，L 为重复调用次数。

2. PLC 设定的辅助功能

（1）主轴控制指令 M03、M04、M05。M03 起动主轴，以程序中编制的主轴速度顺时针方向（从 Z 轴正向朝 Z 轴负向看）旋转。M04 起动主轴，以程序中编制的主轴速度逆时针方向旋转。M05 使主轴停止旋转。M03、M04 为模态前作用 M 功能；M05 为模态后作用 M 功能，为默认功能。M03、M04、M05 可相互注销。

（2）切削液打开、停止指令 M07、M09。M07 指令将打开切削液管道。M09 指令将关闭切削液管道。M07 为模态前作用 M 功能；M09 为模态后作用 M 功能，为默认功能。

三、进给功能

进给功能主要用来指令切削的进给速度，表示加工工件时刀具相对工件的合成进给速度。对于车床，进给方式可分为每分钟进给和每转进给两种，与 FANUC、SIEMENS 系统一样，华中数控系统也用 G94、G95 规定。

（1）每转进给指令 G95。每转进给即主轴转一周时刀具的进给量。在含有 G95 程序段后面，遇到 F 指令时，则认为 F 所指定的进给速度单位为 mm/r。

（2）每分钟进给指令 G94。在含有 G94 程序段后面，遇到 F 指令时，则认为 F 所指定的进给速度单位为 mm/min。与 SIEMENS 系统刚好相反，系统开机状态为 G94 状态，只有输入 G95 指令后，G94 才被取消。

当工作在 G01、G02 或 G03 方式下，编程的 F 值一直有效，直到被新的 F 值所取代。而工作在 G00 方式下，快速定位的速度是各轴的最高速度，与所编 F 值无关。

借助机床控制面板上的倍率按键，F 值可在一定范围内进行倍率修调。当执行攻螺纹循环 G76、G82、螺纹切削 G32 时，倍率开关失效，进给倍率固定为 100%。当使用每转进给方式时，必须在主轴上安装一个位置编码器。

四、主轴转速功能

主轴转速功能主要用来指定主轴的转速，单位为 r/min。

（1）恒线速度控制指令 G96。G96 为接通恒线速度控制指令。系统执行 G96 指令后，S 后面的数值表示切削线速度。

（2）主轴转速控制指令 G97。G97 为取消恒线速度控制指令。系统执行 G97 指令后，S 后面的数值表示主轴每分钟的转数。例如，"G97 S600" 表示主轴转速为 600r/min。系统开机状态为 G97 状态。S 是模态指令，S 功能只有在主轴速度可调节时有效。S 所编程的主轴转速可以借助机床控制面板上的主轴倍率开关进行修调。

五、刀具功能

刀具功能主要用来指令数控系统进行选刀或换刀，华中数控系统与 FANUC 系统相同，用 T 代码及其后的 4 位数字（刀具号 + 刀补号）表示。例如，T0202 表示选用 2 号刀具和 2 号刀补（SIEMENS 系统用 T2 D2 表示）。当一个程序段中同时包含 T 代码与刀具移动指令时，先执行 T 代码指令，而后执行刀具移动指令。

第二节 华中数控系统基本编程指令

1. 米制/英制输入指令 G21/G20

G20 和 G21 是两个互相取代的模态功能,机床出厂时一般设定为 G21 状态,机床的各项参数均以米制单位设定。

2. 绝对/增量尺寸编程指令 G90/G91

绝对/增量尺寸编程指令 G90/G91 的程序段格式为

$$\begin{cases} G90 \\ G91 \end{cases} X\underline{\quad} \quad Z\underline{\quad}$$

华中数控系统绝对值编程时,用 G90 指令后面的 X、Z 表示 X 轴、Z 轴的坐标值,所有程序段中的尺寸均是相对于工件坐标系原点的。增量编程时,用 G90 指令后面的 U、W 或 G91 指令后面的 X、Z 表示 X 轴、Z 轴的增量值,其后所有程序段中的尺寸均是以前一位置为基准的增量尺寸,直到被 G90 指令取代。其中,表示增量的字符 U、W 不能用于循环指令 G80、G81、G82、G71、G72、G73、G76 程序段中,但可用于定义精加工轮廓的程序中。G90、G91 为模态功能,可相互注销,G90 为默认值。

3. 直径/半径方式编程指令 G36/G37

数控车床的工件通常是旋转体,其 X 轴尺寸可以用两种方式指定:直径方式和半径方式。G36 为直径编程,G37 为半径编程。G36 为默认值,机床出厂时一般设为直径编程。本书例题,未经说明均为直径编程。

4. 建立工件坐标系指令 G92

建立工件坐标系指令 G92 的程序段格式为

G92 X__ Z__

G92 是一种根据当前刀具位置来建立工件坐标系的方法,这种方法与机床坐标系无关,这一指令通常出现在程序的第一段。

X、Z 为起刀点到工件坐标系原点的有向距离。当执行 G92 Xα Zβ 指令后,系统内部即对(α,β)进行记忆,并建立一个刀具当前点坐标值为(α,β)的坐标系,系统控制刀具在此坐标系中按程序进行加工。执行该指令只建立一个坐标系,刀具并不产生运动。G92 指令为非模态指令,执行该指令时,若刀具当前点恰好在工件坐标系的(α,β)上,即刀具当前点在对刀点位置上,此时建立的坐标系即为工件坐标系,加工原点与程序原点重合。若刀具当前点不在工件坐标系的(α,β)上,则加工原点与程序原点不一致,加工出的产品就有可能产生误差或报废,甚至出现危险。因此,执行该指令时,刀具当前点必须恰好在对刀点上即工件坐标系的(α,β)上。

由上可知要正确加工,加工原点与程序原点必须一致,故编程时加工原点与程序原点考虑为同一点。实际操作时怎样使两点一致,由操作时对刀完成。

例如图 4-1 所示,当以工件左端面为工件原点时,应按

G92 X198 Z268 ;

建立工件坐标系。

当以工件右端面为工件原点时,应按

G92　X198　Z58；

建立工件坐标系。

显然，当 α 和 β 不同，或改变刀具位置，即刀具当前点不在对刀点位置上时，则加工原点与程序原点不一致。因此，在执行程序段 G92　Xα　Zβ 前，必须先对刀。

5. 选择工件坐标系（零点偏移）指令 G54 ～ G59

工件坐标系是编程人员为了编程方便人为设定的坐标系。G54 ～ G59 指令与 G92 指令都是用于设定工件坐标系的，但 G92 指令是

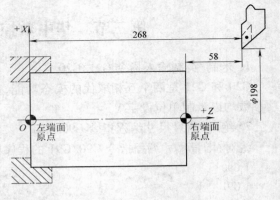

图 4-1　G92 设立坐标系

根据当前刀具要处于所建工件坐标系中的位置并通过程序来建立工件坐标系的。G92 指令所设定的工件原点与当前刀具所处的位置有关，这一工件原点在机床坐标系中的位置是随当前刀具位置的不同而改变的。

编程人员在编写程序时，有时需要确定工件与机床坐标系之间的关系。为了编程方便，系统允许编程人员使用 6 个特殊的工件坐标系。这 6 个工件坐标系可以预先通过 CRT/MDI 操作面板在参数设置方式下设定，并在程序中用 G54 ～ G59 来选择它们。工件坐标系一旦选定，后续程序段中绝对值编程时的指令值均为相对此坐标系原点的值。

G54 ～ G59 设定的工件原点在机床坐标系中的位置是不变的，在系统断电后也不改变，再次开机后仍有效，并与刀具的当前位置无关，除非再通过 CRT/MDI 方式更改。用 G54 ～ G59 建立工件坐标系不像 G92 那样需要在程序段中给出预置寄存的坐标数据，操作者在安装工件后，测量工件原点相对于机床原点的偏置量，并把工件坐标系在各轴方向上相对于机床坐标系的位置偏置量，输入工件坐标偏置存储器中（参考第四节详述），其后系统在执行程序时，就可以按照工件坐标系中的坐标值来运动了。

例 4-1　如图 4-2 所示，使用工件坐标系编程，要求刀具从当前点移动到 A 点，再从 A 点移动到 B 点。

%0001；
N01　G54　G00　G90　X40　Z30；
N02　G59；
N03　G00　X30　Z30；
N04　M30；

注意：

1）使用该组指令前，先用 MDI 方式输入各坐标系的坐标原点在机床坐标系中的坐标值。

2）使用该组指令前，必须先回参考点。

6. 选择机床坐标系指令 G53

机床坐标系是机床固有的坐标系，在机床调整后，此坐标系一般是不允许变动的。当完成"手动返回参考点"操作之后，就建

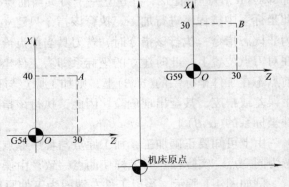

图 4-2　使用工件坐标系编程

立了一个以机床原点为坐标原点的机床坐标系,此时,显示器上显示当前刀具在机床坐标系中的坐标值均为零。

G53 是以机床坐标系进行编程的,在含有 G53 的程序段中,绝对值编程时的指令值是在机床坐标系中的坐标值。G53 为非模态指令。

7. 快速点定位指令 G00

G00 指令的程序段格式为 G00   X(U) ___ Z(W) ___。

G00 是模态(续效)指令,它命令刀具以点定位控制方式从刀具所在点以机床允许的最快速度移动到坐标系的设定点。它只是快速定位,而无运动轨迹要求。

8. 直线插补及倒角指令 G01

(1) 直线插补指令的程序段格式为 G01   X(U) ___ Z(W) ___。

采用绝对尺寸编程时,刀具从当前点以 F 指令的进给速度进行直线插补,移至(X,Z)点上;采用增量尺寸编程时,刀具则移至距当前点(始点)的距离为 U、W 值的点上,即前一程序段的终点为下一程序段的始点。在程序中,应用第一个 G01 指令时,一定要规定一个 F 指令,在以后的程序段中,若没有新的 F 指令,进给速度将保持不变,所以不必在每个程序段中都写入 F 指令。

例 4-2 用直线插补指令编制图 4-3 所示工件的加工程序。

%0002 ;	程序名
N10 G92 X100 Z10 ;	建立工件坐标系,定义起刀点的位置
N20 G00 X16 Z2 S600 M03 ;	移到倒角延长线,Z 轴 2mm 处,主轴正转,转速 600r/min
N30 G01 U10 W－5 F300 ;	倒 C3 角
N40 Z－48 ;	车削 φ26mm 外圆
N50 U34 W－10 ;	车削第一段圆锥
N60 U20 Z－73 ;	车削第二段圆锥
N70 X90 ;	退刀
N80 G00 X100 Z10 ;	快退回起刀点
N90 M05 ;	主轴停转
N100 M30 ;	主程序结束并复位

(2) 倒直角指令的程序段格式为 G01 X(U) ___ Z(W) ___ C ___。

(3) 倒圆角指令的程序段格式为 G01 X(U) ___ Z(W) ___ R ___。

直线倒角 G01,指令刀具从 A 点到 B 点,然后到 C 点,如图 4-4 所示。X、Z 为绝对编程时,未倒角前两相邻轨迹程序段的交点 G 的坐标值;U、W 为增量编程时,G 点相对于起始直线轨迹的始点 A 的移动距离。C 为相邻两直线的交点 G 相对于倒角始点 B 的距离。R 为倒角圆弧的半径值。

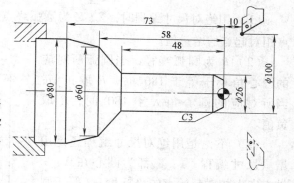

图 4-3 G01 编程实例

注意:

1) 在螺纹切削程序段中不得出现倒角控制指令。

2）如图 4-4 所示，X、Z 轴指定的移动量比指定的 R 或 C 小时，系统将报警，即 GA 长度必须大于 GB 长度。

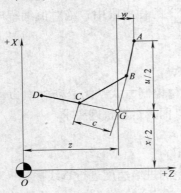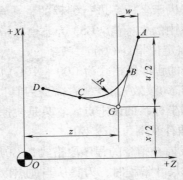

图 4-4　倒角参数说明

例 4-3　用倒角指令编制图 4-5 所示工件的加工程序。

	程序名
%0003；	程序名
N10　G92　X70　Z10；	建立工件坐标系,定义起刀点的位置
N20　G00　U－70　W－10　S600　M03；	从起刀点,移到工件前端面中心处,主轴正转
N30　G01　U26　C3　F100；	倒 C3 直角
N40　　　　W－22　R3；	车 φ26mm 外圆,并倒 R3mm 圆角
N50　　　　U39　W－14　C3；	车圆锥并倒边长为 3mm 等腰直角
N60　　　　W－34；	车削 φ65mm 外圆
N70　G00　U5　W80；	回到起刀点
N80　M05；	主轴停转
N90　M30；	主程序结束并复位

9. 圆弧插补指令 G02/G03

G02/G03 指令的程序段格式为

$$\begin{Bmatrix} G02 \\ G03 \end{Bmatrix} X(U)\_\ Z(W)\_ \begin{Bmatrix} I\_\ K\_\ F\_ \\ R\_\ \ \ \ F\_ \end{Bmatrix}$$

（1）用绝对尺寸编程时，X、Z 为圆弧终点坐标；用增量尺寸编程时，U、W 为圆弧终点相对起点的增量值。

（2）R 为圆弧半径，当圆弧所对应的圆心角小于等于 180° 时，R 取正值；当所对应的圆心角大于 180° 时，R 取负值。

（3）不论是用绝对尺寸编程还是用增量尺寸编程，I、K 都为圆心在 X、Z 轴方向上相对起始点的坐标增量（等于圆心坐标减去圆弧起点的坐标），在直径、半径编程时 I 都是半径值，如图 4-6 所示。

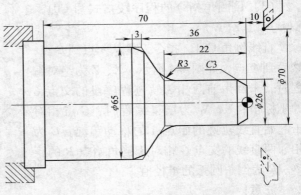

图 4-5　倒角编程实例

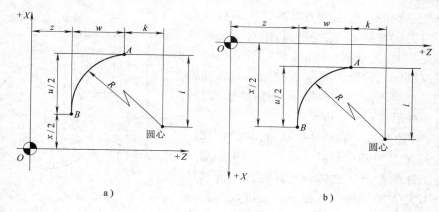

图 4-6 G02/G03 参数说明

a) 上手刀, 刀架在操作者的外侧 b) 下手刀, 刀架在操作者的内侧

（4）若程序段中同时出现 I、K 和 R, 以 R 为优先, I、K 无效。

（5）圆弧插补的顺逆是指从垂直于圆弧所在平面（如 *OXZ* 平面）的坐标轴的正方向看到的回转方向（见图 4-7a 上手刀）, 即观察者站在 *Y* 轴的正向（正向指向自己）沿 *Y* 轴的负方向看去, 顺时针方向为 G02, 逆时针方向为 G03。反之, 如果观察者站在 *Y* 轴的负向, 沿 *Y* 轴的正向看去（见图 4-7b 下手刀）, 顺时针方向为 G03, 逆时针方向为 G02。该法则同样适用于数控铣床。

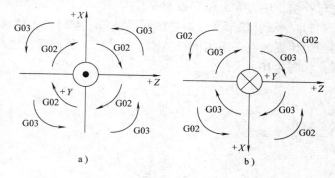

图 4-7 G02/G03 插补方向

a) 上手刀, 刀架在操作者的外侧 b) 下手刀, 刀架在操作者的内侧

例 4-4 用圆弧插补指令编制图 4-8 所示工件的精加工程序。

%0004 ;	程序名
N10 G92 X35 Z6 ;	建立工件坐标系, 定义起刀点的位置
N20 M03 S1000 ;	主轴正转, 转速 1000r/min
N30 G96 S80 ;	恒线速度有效, 线速度为 80m/min
N40 G00 X0 ;	刀到中心, 转速升高, 直到主轴最大限速
N50 G95 G01 Z0 F0.1 ;	工进接触工件, 每转进给
N60 G03 U24 W−24 R15 ;	加工 *R*15mm 圆弧段
N70 G02 X26 Z−31 R5 ;	加工 *R*5mm 圆弧段
N80 G01 Z−40 ;	加工 ϕ26mm 外圆
N90 G00 X35 Z6 ;	快退回起刀点
N100 G97 S300 ;	取消恒线速度功能, 设定主轴按 300r/min 旋转
N110 M30 ;	主轴停转、主程序结束并复位

10. 刀具补偿功能指令

刀具的补偿包括刀具偏置（几何）补偿和刀具磨损补偿、刀尖半径补偿。

（1）刀具偏置（几何）补偿和刀具磨损补偿。编程时, 设定刀架上各刀在工作位置时,

其刀尖位置是一致的。但由于刀具的几何形状及安
装的不同，刀尖位置是不一致的，其相对于工件原
点的距离也是不同的。因此，需要将各刀具的位置
值进行比较或设定，称为刀具偏置补偿。刀具偏置
补偿可使加工程序不随刀尖位置不同而改变。刀具
偏置补偿有两种形式：

　　1）相对补偿形式。如图 4-9 所示，在对刀时，
通常先确定一把刀为基准刀具，并以其刀尖位置 A
为依据建立工件坐标系。这样，当其他各刀转到加
工位置时，刀尖位置 B 相对基准刀刀尖位置 A 就会
出现偏置，原来建立的坐标系就不再适用，因此应
对非基准刀具相对于基准刀具之间的偏置值 Δx、Δz
进行补偿，使刀尖由位置 B 移至位置 A。

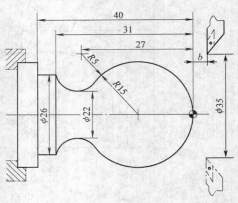

图 4-8　圆弧插补编程实例

　　2）绝对补偿形式。对机床回到机床零点时，工件坐标系零点相对于刀架工作位置上各
刀刀尖位置的有向距离进行补偿。当执行刀具偏置补偿时，各刀以此值设定各自的加工坐标
系，如图 4-10 所示。

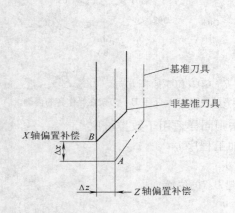

图 4-9　刀具偏置的相对补偿形式

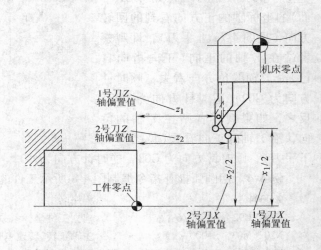

图 4-10　刀具偏置的绝对补偿形式

　　刀具使用一段时间后，会因磨损而使产品尺寸产生误差，因此需要对其进行补偿。刀具
磨损补偿与刀具偏置补偿存放在同一个寄存器的地址号中。各刀的磨损补偿只对该刀有效
（包括基准刀）。

　　刀具的补偿功能由 T 代码指定，其后的 4 位数字分别表示选择的刀具号和刀具偏置补偿
号。例如，T0202 表示选用 2 号刀具和 2 号刀补。

　　刀具补偿号是刀具偏置补偿寄存器的地址号，该寄存器存放刀具的 X 轴和 Z 轴偏置补
偿值、刀具的 X 轴和 Z 轴磨损补偿值。

　　T 加补偿号表示开始补偿功能。补偿号为 00 表示补偿量为 0，即取消补偿功能。系统对
刀具的补偿或取消都是通过溜板的移动来实现的。

　　（2）刀尖圆弧半径补偿指令 G41/G42/G40。数控程序一般是针对刀具上的某一点即刀

位点,按工件轮廓尺寸编制的。车刀的刀位点一般为理想状态下的假想刀尖点或刀尖圆弧圆心点。但实际加工中的车刀,由于工艺或其他要求,刀尖往往不是一理想点,而是一段圆弧。切削加工时,刀具切削点在刀尖圆弧上变动,在切削内孔、外圆及端面时,刀尖圆弧不影响加工尺寸和形状,但在切削锥面和圆弧时,会造成过切或少切现象(见图 4-11)。此时,可以用刀尖半径补偿功能来消除误差。

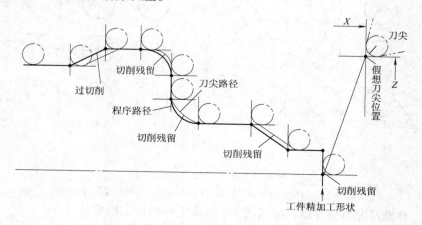

图 4-11　刀尖圆弧造成的少切和过切

刀尖圆弧半径补偿是通过 G41/G42/G40 代码及 T 代码指定的刀尖圆弧半径补偿号来加入或取消半径补偿的。其程序段格式为

$$\left\{\begin{array}{l}G40\\G41\\G42\end{array}\right. \left\{\begin{array}{l}G00\\G01\end{array}\right. X\underline{\quad} Z\underline{\quad}$$

G40 为取消刀尖半径补偿。G41 为左刀补(在刀具前进方向左侧补偿),G42 为右刀补(在刀具前进方向右侧补偿),如图 4-12 所示。

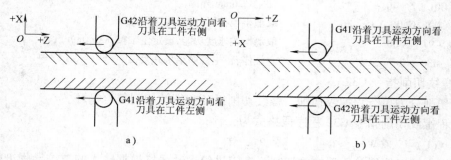

图 4-12　左刀补和右刀补

a) 上手刀,刀架在操作者的外侧　b) 下手刀,刀架在操作者的内侧

注意:

1) G41/G42 不带参数,其补偿号(代表所用刀具对应的刀尖半径补偿值)由 T 代码指定。其刀尖圆弧补偿号与刀具偏置补偿号对应。

2) 刀尖半径补偿的建立与取消只能用 G00 或 G01 指令,不能用 G02 或 G03。

3) 注意上手刀和下手刀 G41/G42 的区别,如图 4-12 所示。

刀尖圆弧半径补偿寄存器中，定义了车刀圆弧半径及刀尖的方向号。车刀刀尖的方向号定义了刀具刀位点与刀尖圆弧中心的位置关系，从 0 ~ 9 有十个方向，如图 4-13 所示，·表示刀具刀位点，+ 表示刀尖圆弧中心位置。

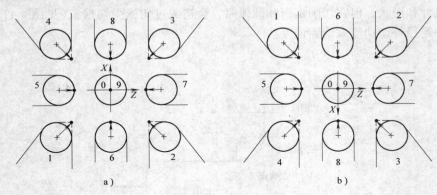

图 4-13　车刀刀尖位置码定义

a）上手刀，刀架在操作者的外侧　b）下手刀，刀架在操作者的内侧

例 4-5　考虑刀尖半径补偿，编制图 4-8 所示工件的加工程序。

%0005 ；	程序名
N10　G92　X35　Z6　T0101 ；	建立工件坐标系,换 1 号刀,定义起刀点的位置
N20　M03　S1000 ；	主轴正转,转速 1000r/min
N30　G96　S80 ；	恒线速度有效,线速度为 80m/min
N40　G00　X0 ；	刀到中心,转速升高,直至主轴到最大限速
N50　G95　G01　G42　Z0　F0.1 ；	加入刀具圆弧半径补偿,工进接触工件,每转进给
N60　G03　U24　W − 24　R15 ；	加工 R15mm 圆弧段
N70　G02　X26　Z − 31　R5 ；	加工 R5mm 圆弧段
N80　G01　Z − 40 ；	加工 φ26mm 外圆
N90　G00　G40　X35　Z6 ；	取消半径补偿,快退回起刀点
N100　G97　S300 ；	取消恒线速度功能,设定主轴按 300r/min 旋转
N110　M30 ；	主轴停转、主程序结束并复位

11. 螺纹切削指令 G32

螺纹切削分为单行程螺纹切削、螺纹切削循环和螺纹切削复合循环。

单行程螺纹切削指令 G32 程序段格式为

G32　X(U)__　Z(W)__　R__　E__　P__　F__

G32 指令可以执行单行程螺纹切削，车刀进给运动严格根据输入的螺纹导程进行，如图 4-14 所示。切削螺纹一般四步形成一个循环：进刀（AB）→切削（BC）→退刀（CD）→返回（DA）。这四个步骤均需编入程序。

X、Z 为绝对编程时，有效螺纹终点在工件坐标系中的坐标。

U、W 为增量编程时，有效螺纹终点相对螺纹切削起点的增量。

F 为螺纹导程，即主轴每转一圈，刀具相对工件的进给值。

R、E 为螺纹切削的退尾量，R 为 Z 向退尾量，E 为 X 向退尾量，R、E 在绝对或增量编程时都是以增量方式指定，其值如为正表示沿 Z、X 正向回退，如为负表示沿 Z、X 负向回退。使用 R、E 可免去退刀槽。R、E 如省略，表示不用回退功能。根据螺纹标准，R 一般取 0.75 ~ 1.75 倍的螺距，E 取螺纹的牙型高。

P 为主轴基准脉冲处距离螺纹切削起始点的主轴转角，默认值为 0。

对圆柱螺纹，由于车刀的轨迹为直线，所以 X(U) 为 0，其格式为

G32　Z(W)＿　R＿　E＿　P＿　F＿

锥螺纹(见图 4-15)的 α 在 45° 以下时，螺纹导程以 Z 轴方向指定；α 在 45° 以上至 90° 时，以 X 轴方向指定。

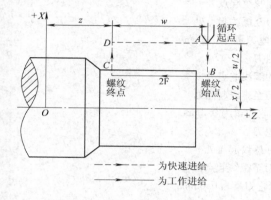

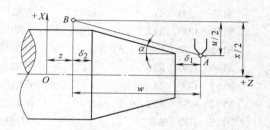

图 4-14　圆柱螺纹加工　　　　　　　　　　图 4-15　圆锥螺纹加工

切削螺纹时应注意的问题:

1) 从螺纹粗加工到精加工，主轴的转速必须保持一常数。

2) 在主轴没有停止的情况下，停止切削螺纹将非常危险，因此切削螺纹时进给保持功能无效。如果按下进给保持按键，刀具在加工完螺纹后停止运动。

3) 加工中不使用恒定线速度控制功能。

4) 加工中，径向起点(编程大径)的确定决定于螺纹大径。径向终点(编程小径)的确定取决于螺纹小径。螺纹小径 d' 可按经验公式 $d' = d - 2 \times (0.55 \sim 0.6495)P$ 确定。式中，d 为螺纹公称直径；d' 为螺纹小径(编程小径)；P 为螺距。

5) 在螺纹加工轨迹中应设置足够的升速进刀段(空刀导入量)δ_1 和降速退刀段(空刀导出量)δ_2，如图 4-15 所示，以消除伺服滞后造成的螺距误差。δ_1 的数值与工件螺距和主轴转速有关，按经验，一般 δ_1 取 $(1 \sim 2)P$，δ_2 取 $0.5P$ 以上。

6) 在加工多线螺纹时，可先加工完第一条螺纹，然后在加工第二条螺纹时，车刀的轴向起点与加工第一条螺纹的轴向起点偏移一个螺距 P 即可。

7) 分层背吃刀量，如果螺纹牙型较深、螺距较大，可分几次进给。每次进给的背吃刀量用螺纹牙深减去精加工背吃刀量所得的差按递减规律分配。

例 4-6　编制图 4-16 所示普通螺纹(M24 × 1.5mm)的加工程序，其中 $\delta_1 = 3$mm，$\delta_2 = 1$mm。

(1) 计算螺纹底径 d'。

$$d' = d - 2 \times 0.62P = (24 - 2 \times 0.62 \times 1.5) \text{mm} = 22.14 \text{mm}$$

(2) 确定背吃刀量分布：1mm、0.5mm、0.3mm、0.06mm。

(3) 编制加工程序。

%0006 ;   程序名
N100 S300 M03 ;   主轴正转,转速300r/min
N105 T0303 ;   换3号螺纹刀
N110 G00 X23 Z3 ;   快速进刀至螺纹起点
N115 G32 Z-23 F1.5 ;   切削螺纹,背吃刀量为1mm
     (或G32 W-26 F1.5 ;)
N120 G00 X30 ;   X轴向快速退刀
N125 G00 Z3 ;   Z轴快速返回螺纹起点处
N130 G00 X22.5 ;   X轴快速进刀至螺纹起点处
N135 G32 Z-23 F1.5 ;   切削螺纹,背吃刀量为0.5mm
N140 G00 X30 ;   X轴向快速退刀
N145 G00 Z3 ;   Z轴快速返回螺纹起点处
N150 G00 X22.2 ;   X轴快速进刀至螺纹起点处
N155 G32 Z-23 F1.5 ;   切削螺纹,背吃刀量为0.3mm
N160 G00 X30 ;   X轴向快速退刀
N165 G00 Z3 ;   Z轴快速返回螺纹起点处
N170 G00 X22.14 ;   X轴快速进刀至螺纹起点处
N175 G32 Z-23 F1.5 ;   切削螺纹,背吃刀量为0.06mm
N180 G00 X100 ;   退回换刀点
N185 G00 Z100 ;   退回换刀点
N190 M30 ;   程序结束

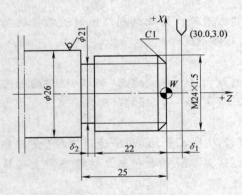

图4-16 圆柱螺纹加工

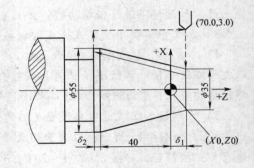

图4-17 圆锥螺纹加工

例4-7 编制图4-17所示圆锥螺纹的加工程序,其中螺距$P=2$mm,$\delta_1=3$mm,$\delta_2=2$mm。

(1) 计算圆锥螺纹小端小径。

$$d_1' = d_1 - 2 \times 0.62P = (35 - 2 \times 0.62 \times 2)\text{mm} = 32.52\text{mm}$$

(2) 计算圆锥螺纹大端小径。

$$d_2' = d_2 - 2 \times 0.62P = (55 - 2 \times 0.62 \times 2)\text{mm} = 52.52\text{mm}$$

(3) 确定背吃刀量分布:1mm、0.7mm、0.5mm、0.2mm、0.08mm。

(4) 编制加工程序。

%0007 ;   程序名
N100 T0303 ;   换3号螺纹刀

N105	S300	M03 ;	主轴正转,转速 300r/min

N105 S300 M03 ;　　　　　　主轴正转,转速 300r/min
N110 G00 X70 Z3 ;　　　　　快速进刀
N115 G00 X34 ;　　　　　　　X 轴快速进刀至螺纹起点处
N120 G32 X54 Z‑42 F2 ;　切削锥螺纹,背吃刀量 1mm
N125 G00 X70 ;　　　　　　　X 轴向快速退刀
N130 　　　Z3 ;　　　　　　　Z 轴快速返回螺纹起点处
N135 　　　X33.3 ;　　　　　 X 轴快速进刀至螺纹起点处
N140 G32 X53.3 Z‑42 F2 ;　切削锥螺纹,背吃刀量 0.7mm
N145 G00 X70 Z3 ;　　　　　快速退刀
N150 　　　X32.8 ;　　　　　 X 轴快速进刀至螺纹起点处
N155 G32 X52.8 Z‑42 F2 ;　切削锥螺纹,背吃刀量 0.5mm
N160 G00 X70 Z3 ;　　　　　快速退刀
N165 　　　X32.6 ;　　　　　 X 轴快速进刀至螺纹起点处
N170 G32 X52.6 Z‑42 F2 ;　切削锥螺纹,背吃刀量 0.2mm
N175 G00 X70 Z3 ;　　　　　快速退刀
N180 　　　X32.52 ;　　　　　X 轴快速进刀至螺纹起点处
N185 G32 X52.52 Z‑42 F2 ;　切削锥螺纹,背吃刀量 0.08mm
N190 G00 X100 Z100 ;　　　退回换刀点
N195 M30 ;　　　　　　　　　程序结束

12. 螺纹切削循环指令 G82

螺纹切削循环指令 G82 可切削圆柱螺纹和圆锥螺纹。

圆柱螺纹切削循环指令 G82 程序段格式为

G82 X(U)__ Z(W)__ R__ E__ C__ P__ F__

圆锥螺纹切削循环指令 G82 程序段格式为

G82 X(U)__ Z(W)__ I__ R__ E__ C__ P__ F__

图 4-18 所示为圆柱螺纹循环,图 4-19 所示为圆锥螺纹循环。刀具从循环起点 A 开始,按 A→B→C→D→E→A 进行自动循环。

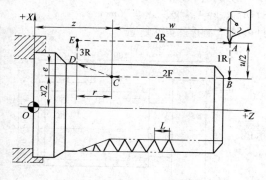
图 4-18　圆柱螺纹切削循环

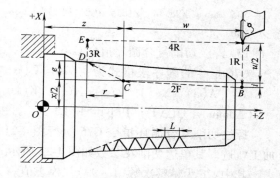
图 4-19　圆锥螺纹切削循环

X、Z 为绝对编程时,有效螺纹终点在工件坐标系中的坐标。

U、W 为增量编程时,有效螺纹终点相对螺纹切削起点的增量。

I 为圆锥螺纹起点 B 与螺纹终点 C 的半径差。

R、E 为螺纹切削的退尾量,R 为 Z 向退尾量,E 为 X 向退尾量。R、E 在绝对或增量编程时都是以增量方式指定，其值如为正表示沿 Z、X 正向回退，如为负表示沿 Z、X 负向回退。使用 R、E 可免去退刀槽。R、E 如省略，表示不用回退功能。

C 为螺纹线数，0 或 1 时为切削单线螺纹。

P 为切削单线螺纹时，主轴基准脉冲处距离切削起始点的主轴转角（默认值为 0）；多线螺纹切削时，为相邻螺纹的切削起始点之间对应的主轴转角。

F 为螺纹导程，即主轴每转一圈，刀具相对工件的进给值。

例 4-8 用 G82 螺纹切削循环指令编制图 4-17 所示圆锥螺纹的加工程序。

％0008 ;	程序名
N100　T0303 ;	换 3 号螺纹刀
N105　S300　M03 ;	主轴正转，转速 300r/min
N110　G00　X70　Z3 ;	快速进刀
N115　G82　X54　Z－42　I－10　F2 ;	圆锥螺纹切削循环 1，背吃刀量 1mm
N120　　　　X53.3 ;	圆锥螺纹切削循环 2，背吃刀量 0.7mm
N125　　　　X52.8 ;	圆锥螺纹切削循环 3，背吃刀量 0.5mm
N130　　　　X52.6 ;	圆锥螺纹切削循环 4，背吃刀量 0.2mm
N135　　　　X52.52 ;	圆锥螺纹切削循环 5，背吃刀量 0.08mm
N140　G00　X100　Y100 ;	退回起刀点
N145　M30 ;	程序结束

例 4-9 用 G82 螺纹循环指令编制图 4-20 所示双线螺纹的加工程序。$\delta_1 = 4mm$，$\delta_2 = 1.5mm$。

％0009 ;	程序名
N5　G55　G00　X35　Z104 ;	建立 G55 工件坐标系，快进至循环起点
N10　S300　M03 ;	主轴正转，转速 300r/min
N15　T0303 ;	换 3 号螺纹刀
N20　G82　X29.2　Z18.5　C2　P180　F3 ;	螺纹切削循环 1，背吃刀量 0.8mm
N25　　　　X28.6　Z18.5　C2　P180　F3 ;	螺纹切削循环 2，背吃刀量 0.6mm
N30　　　　X28.2　Z18.5　C2　P180　F3 ;	螺纹切削循环 3，背吃刀量 0.4mm
N35　　　　X28.14　Z18.5　C2　P180　F3 ;	螺纹切削循环 4，背吃刀量 0.06mm
N40　M30 ;	主轴停转，主程序结束并复位

13. 螺纹切削复合循环指令 G76

G76 指令的程序段格式为：G76　C(c)　R(r)　E(e)　A(a)　X(x)　Z(z)　I(i)　K(k)　U(d)　V(Δdmin)　Q(Δd)　P(p)　F(L)。

螺纹切削复合循环指令 G76 执行图 4-21 所示的加工轨迹。其单边切削及参数如图 4-22 所示。

其中：c 为精整次数（1 ~ 99），模态值。

r 为螺纹 Z 向退尾长度（00 ~ 99），模态值。

e 为螺纹 X 向退尾长度（00 ~ 99），模态值。

a 为刀尖角度（螺纹牙型角），模态值，一般为 60°。

x、z 为绝对值编程时，有效螺纹终点 C 在工件坐标系中的坐标；增量值编程时，为有

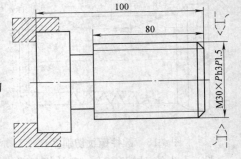

图 4-20　G82 切削双线螺纹

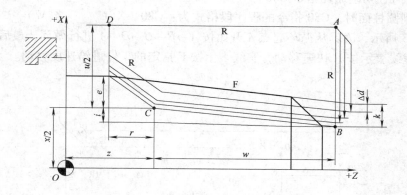

图 4-21 螺纹切削复合循环指令 G76

效螺纹终点 C 相对于循环起点 A 的增量。

i 为圆锥螺纹始点与终点的半径差,如 I = 0,为圆柱螺纹切削方式。

k 为螺纹高度,该值由 X 轴方向上的半径值指定。

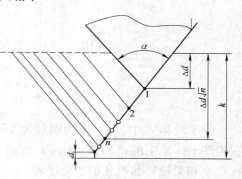

图 4-22 G76 循环单边切削及其参数

$\Delta dmin$ 为最小背吃刀量(半径值),当第 n 次背吃刀量($\Delta d \sqrt{n} - \Delta d \sqrt{n-1}$),小于 $\Delta dmin$ 时,则背吃刀量设定为 $\Delta dmin$。

d 为精加工余量(半径值)。

Δd 为第一次背吃刀量(半径值)。

p 为主轴基准脉冲处距离切削起始点的主轴转角。

L 为螺纹导程,即主轴每转一圈,刀具相对工件的进给值。

注意:按 G76 程序段中的 X(x)和 Z(z)指令实现循环加工,增量编程时,要注意 u 和 w 的正负(由刀具轨迹 AB 和 CD 段的方向决定)。

G76 循环进行单边切削,减小了刀尖的受力。第一次切削时背吃刀量为 Δd,第 n 次的切削总深度为 $\Delta d \sqrt{n}$,每次循环的背吃刀量为($\Delta d \sqrt{n} - \Delta d \sqrt{n-1}$)。

图 4-21 中,B 到 C 点的切削速度由 F 代码指定,其他轨迹均为快速进给。

例如,图 4-16 所示的圆柱螺纹的加工程序为:G76 C2 A60 X22.14 Z-22 K0.93 U0.1 V0.1 Q0.5 F1.5。图 4-17 所示圆锥螺纹的加工程序为:G76 C2 A60 X52.52 Z-40 I-10 K1.24 U0.1 V0.1 Q0.5 F2。

14. 暂停指令 G04

G04 指令的程序段格式为:G04 P___。

G04 在前一程序段的进给速度降到零之后才开始暂停动作。P 为暂停时间,单位为 s。在执行含 G04 指令的程序段时,先执行暂停功能。G04 为非模态指令,仅在其被规定的程序段中有效。

G04 可使刀具作短暂停留,以获得圆整而光滑的表面。该指令除用于切槽、钻镗孔外,还可用于拐角轨迹控制。

15. 内(外)径切削循环指令 G80

（1）切削圆柱面时，G80 指令的程序段格式为：G80　X（U）＿　Z（W）＿　F＿。

如图 4-23 所示，刀具从循环起点 A 开始按 A→B→C→D→A 进行循环，最后又回到循环起点。图中虚线表示按 R 快速移动，实线表示按 F 指定的工件进给速度移动。

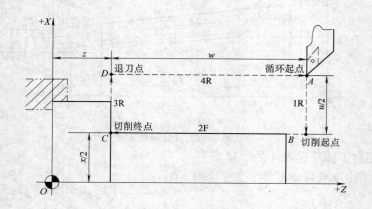

图 4-23　圆柱面内(外)径切削循环

程序段格式中，X、Z 为圆柱面切削终点 C 在工件坐标系中的坐标值；U、W 为圆柱面切削终点 C 相对循环起点 A 的坐标增量。

（2）切削圆锥面（见图 4-24）时，G80 指令的程序段格式为：G80　X（U）＿　Z（W）＿　I＿　F＿。其中，I 为切削起点 B 与圆锥面切削终点 C 的半径差。

例 4-10　用 G80 指令编制图 4-25 所示工件圆锥面的加工程序，图中双点画线代表毛坯。

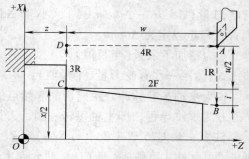

图 4-24　圆锥面内(外)径切削循环

%0010 ；	程序名
N10　M03　S400 ；	主轴正转，转速 400r/min
N20　G91　G80　X－10　Z－33　I－5.5　F100 ；	加工第一次循环，背吃刀量 3mm
N30　　　　　　X－13　Z－33　I－5.5 ；	加工第二次循环，背吃刀量 3mm
N40　　　　　　X－16　Z－33　I－5.5 ；	加工第三次循环，背吃刀量 3mm
N50 M30 ；	主轴停转、主程序结束并复位

16. 端面切削循环指令 G81

（1）切削端平面时，G81 指令的程序段格式为：G81　X＿　Z＿　F＿。

X、Z 为圆柱面切削终点 C 在工件坐标系中的坐标值；U、W 为圆柱面切削终点 C 相对循环起点 A 的坐标增量。

如图 4-26 所示，刀具从循环起点 A 开始按 A→B→C→D→A 进行循环，最后又回到循环起点。图中虚线表示按 R 快速移动，实线表示按 F 指定的工件进给速度移动。

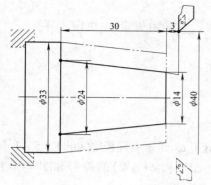

图 4-25 G80 切削循环编程实例

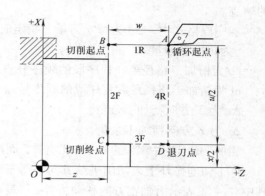

图 4-26 端平面切削循环

（2）切削圆锥端面（见图 4-27）时，G81 指令的程序段指令格式为：G81 X(U)__ Z(W) __ K __ F __。K 为切削起点 B 与圆锥端面切削终点 C 的轴向增量。

例 4-11 用 G81 指令编制图 4-28 所示圆锥端面加工程序。

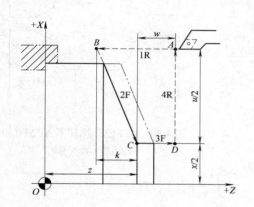

图 4-27 圆锥端面切削循环

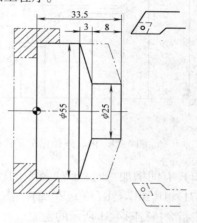

图 4-28 G81 切削循环编程实例

%0011 ；	程序名
N1 G54 G90 G00 X60 Z45 S600 M03 ；	建立 G54 工件坐标系,主轴正转,到循环起点
N2 G81 X25 Z31.5 K-3.5 F100 ；	加工第一次循环,背吃刀量 2mm
N3 X25 Z29.5 K-3.5 ；	加工第二次循环,背吃刀量 2mm
N4 X25 Z27.5 K-3.5 ；	加工第三次循环,背吃刀量 2mm
N5 X25 Z25.5 K-3.5 ；	加工第四次循环,背吃刀量 2mm
N6 M05 ；	主轴停转
N7 M30 ；	主程序结束并复位

17. 内(外)径粗车复合循环指令 G71

运用复合循环指令,只需指定精加工路线和粗加工的背吃刀量,系统会自动计算粗加工路线和进给次数。

（1）无凹槽加工时,G71 指令的程序段格式为

G71 U(Δd) R(r) P(ns) Q(nf) X(Δx) Z(Δz) F(f) S(s) T(t)

该指令执行图 4-29 所示的粗加工和精加工路线,其中精加工路径为 $A \rightarrow A' \rightarrow B' \rightarrow B$

的轨迹。

程序段格式中，Δd 为背吃刀量，指定时不加符号，方向由矢量 $\overrightarrow{AA'}$ 决定。

r 为每次退刀量。

ns 为精加工路径第一程序段的顺序号。

nf 为精加工路径最后程序段的顺序号。

Δx 为 X 方向精加工余量。

Δz 为 Z 方向精加工余量。

粗加工时 G71 中编程的 F、S、T 有效，而精加工时处于 ns 到 nf 程序段之间的 F、S、T 有效。

G71 切削循环下，切削进给方向平行于 Z 轴，X(ΔU) 和 Z(ΔW) 的符号如图 4-30 所示，其中"＋"表示沿轴正方向移动，"－"表示沿轴负方向移动。

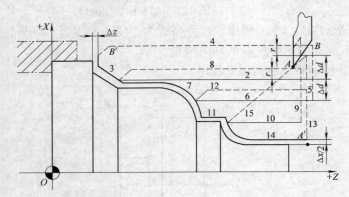

图 4-29　内、外径粗车复合循环

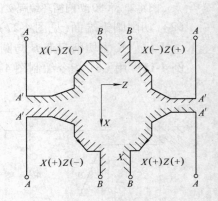

图 4-30　G71 复合循环下 X(ΔU) 和 Z(ΔW) 的符号

（2）有凹槽加工时，G71 指令的程序段格式为

G71　U(Δd)　R(r)　P(ns)　Q(nf)　E(e)　F(f)　S(s)　T(t)

该指令执行图 4-31 所示的粗加工和精加工路线，其中精加工路径为 $A \to A' \to B' \to B$ 的轨迹。Δd、r、ns、nf 参数含义同上。e 为精加工余量，为 X 方向的等高距离，外径切削时为正，内径切削时为负。

注意：

1）G71 指令必须带有 P、Q 地址 ns、nf，且与精加工路径起、止顺序号对应，否则不能进行该循环加工。

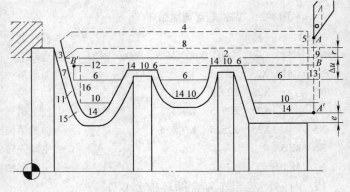

图 4-31　内(外)径粗车复合循环 G71

2）ns 的程序段必须为 G00/G01 指令，即从 A 到 A' 的动作必须是直线或点定位运动。

3）顺序号为 ns 到 nf 的程序段中，不应包含子程序。

例 4-12　用内(外)径粗车复合循环指令 G71 指令编制图 4-32 所示零件的加工程序，要求循环起始点在 $A(6,5)$ 点，背吃刀量为 1.5mm(半径量)。退刀量为 1mm，X 方向精加工余量为 0.4mm，Z 方向精加工余量为 0.1mm，其中双点画线部分为工件毛坯。

%0012 ;	程序名
N10 G54 G00 X80 Z80 ;	建立 G54 工件坐标系,到程序起点位置
N20 M03 S400 ;	主轴正转,转速 400r/min
N30 T0101 ;	换 1 号外圆车刀
N40 G00 X6 Z5 ;	快进至循环起点
N50 G71 U1.5 R1 P80 Q180 X−0.4 Z0.1 F100 ;	内径粗切循环加工
N60 G00 Z80 ;	粗切后,到换刀点位置
N65 X80;	
N70 T0202 ;	换 2 号刀,确定其坐标系
N80 G00 G42 X6 Z5 ;	2 号刀加入刀尖圆弧半径补偿
N90 G00 X44 ;	精加工轮廓开始,到 φ44mm 内孔处
N100 G01 W−20 F80 ;	精加工 φ44mm 内孔
N110 U−10 W−10 ;	精加工内圆锥
N120 W−10 ;	精加工 φ34mm 内孔
N130 G03 U−14 W−7 R7 ;	精加工 R7mm 圆弧
N140 G01 W−10 ;	精加工 φ20mm 内孔
N150 G02 U−10 W−5 R5 ;	精加工 R5mm 圆弧
N160 G01 Z−80 ;	精加工 φ10mm 内孔
N170 U−4 W−2 ;	精加工 C2 倒角,精加工轮廓结束
N180 G40 X4 ;	退出已加工表面,取消刀尖圆弧半径补偿
N190 G00 Z80 ;	退出工件内孔
N200 X80 ;	回程序起点或换刀点位置
N210 M30 ;	主轴停转、主程序结束并复位

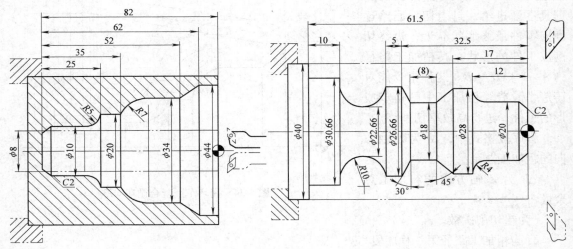

图 4-32 G71 内径复合循环编程实例   图 4-33 G71 有凹槽复合循环编程实例

例 4-13 用有凹槽的外径粗加工复合循环编制图 4-33 所示零件的加工程序，其中双点画线部分为工件毛坯。

%0013 ;   程序名

N1	G54	T0101 ;				建立 G54 工件坐标系，换 1 号刀
N2	G00	X80	Z100	M03	S400 ;	到程序起点，主轴正转，转速 400r/min
N3	G00	X42	Z3 ;			到循环起点位置
N4	G71	U1	R1	P7	Q20 E0.3 F100 ;	有凹槽粗切循环加工
N5	G00	X80	Z100 ;			粗加工后，到换刀点位置
N6	T0202 ;					换 2 号刀
N7	G00	G42	X42	Z3 ;		2 号刀加入刀尖圆弧半径补偿
N8	G00	X10 ;				精加工轮廓开始，到倒角延长线处
N9	G01	X20	Z – 2	F80 ;		精加工 C2 倒角
N10		Z – 8 ;				精加工 φ20mm 外圆
N11	G02	X28	Z – 12	R4 ;		精加工 R4mm 圆弧
N12	G01	Z – 17 ;				精加工 φ28mm 外圆
N13		U – 10	W – 5 ;			精加工下切锥
N14		W – 8 ;				精加工 φ18mm 外圆槽
N15		U8.66	W – 2.5 ;			精加工上切锥
N16		Z – 37.5 ;				精加工 φ26.66mm 外圆
N17	G02	X30.66	W – 14	R10 ;		精加工 R10mm 下切圆弧
N18	G01	W – 10 ;				精加工 φ30.66mm 外圆
N19		X40 ;				退出已加工表面，精加工轮廓结束
N20	G00	G40	X80	Z100 ;		取消半径补偿，返回换刀点位置
N21	M30 ;					主轴停转，主程序结束并复位

18. 闭环车削复合循环指令 G73

G73 指令的程序段格式为：G73　U(Δi)　W(Δk)　R(r)　P(ns)　Q(nf)　X(Δx)　Z(Δz)　F(f)　S(s)　T(t)。

切削工件时，该指令的刀具轨迹为图 4-34 所示的封闭回路。刀具逐渐进给，封闭切削回路逐渐向零件最终形状靠近，最终切削成工件的形状，其精加工路径为 $A \to A' \to B' \to B$。这种指令能对铸造、锻造等粗加工中已初步成形的工件，进行高效率切削。

程序段格式中，Δi 为 X 轴方向的粗加工总余量。

Δk 为 Z 轴方向的粗加工总余量。

r 为粗切削次数。

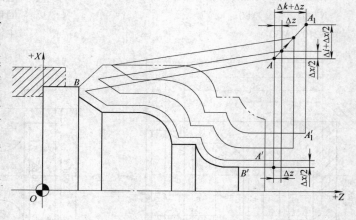

图 4-34　闭环车削复合循环 G73

ns 为精加工路径第一程序段。

nf 为精加工路径最后程序段。

Δx 为 X 方向精加工余量。

Δz 为 Z 方向精加工余量。

f，s，t：粗加工时 G73 中编程的 F、S、T 有效，而精加工时处于 ns 到 nf 程序段之间的

F、S、T 有效。

Δi 和 Δk 表示粗加工时总的加工余量,粗加工次数为 r,则每次 X,Z 方向的加工余量为 $\Delta i/r$,$\Delta k/r$。

例 4-14 用 G73 循环指令编制图 4-35 所示零件的加工程序。设切削起始点在点 $A(60,5)$,X、Z 方向粗加工余量分别为 3mm、0.9mm,粗加工次数为 3,X、Z 方向的精加工余量分别为 0.6mm、0.1mm。其中双点画线部分为工件毛坯。

%0014 ;	程序名
N1 G54 G00 X80 Z80 ;	建立 G54 工件坐标系,到程序起点位置
N2 M03 S400 T0101 ;	主轴正转,转速 400r/min,换 1 号刀
N3 G00 X60 Z5 ;	快进至循环起点位置
N4 G73 U3 W0.9 R3 P5 Q13 X0.6 Z0.1 F120 ;	闭环粗车循环加工
N5 G00 X0 Z3 ;	精加工轮廓开始,到倒角延长线处
N6 G01 U10 Z-2 F80 ;	精加工 $C2$ 倒角
N7 Z-20 ;	精加工 $\phi 10$mm 外圆
N8 G02 U10 W-5 R5 ;	精加工 $R5$mm 圆弧
N9 G01 Z-35 ;	精加工 $\phi 20$mm 外圆
N10 G03 U14 W-7 R7 ;	精加工 $R7$mm 圆弧
N11 G01 Z-52 ;	精加工 $\phi 34$mm 外圆
N12 U10 W-10 ;	精加工锥面
N13 U10 ;	退出已加工表面,精加工轮廓结束
N14 G00 X80 Z80 ;	返回程序起点位置
N15 M30 ;	主轴停转、主程序结束并复位

19. 子程序

当在程序中出现重复使用的某段固定程序时,为简化编程,可以将这一段程序作为子程序事先存入存储器,以便作为子程序进行调用。子程序可以以自动的方式进行调用,其程序段格式为:M98 P __ L __。

其中,P 为要调用的子程序号。

L 为重复调用子程序的次数,若省略,则表示只调用一次。被主程序调用的子程序还可以再调用其他子程序。

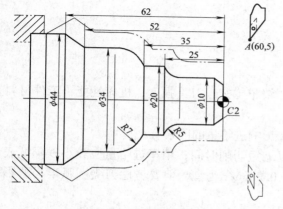

图 4-35　G73 编程实例

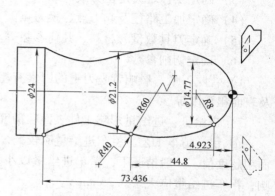

图 4-36　调子程序编程实例

例 4-15 用调子程序的方法编制图 4-36 所示工件的加工程序。

％0015 ；	主程序程序名
N10　G92　X16　Z1 ；	设立坐标系,定义对刀点的位置
N20　G37　G00　Z0　M03　S600 ；	移到子程序起点处、半径编程,主轴正转
N30　M98　P0003　L6 ；	调用子程序 0003,并循环 6 次
N40　G00　X16　Z1 ；	返回对刀点
N50　G36 ；	取消半径编程
N60　M05 ；	主轴停转
N70　M30 ；	主程序结束并复位
％0003 ；	子程序名
N10　G01　U－12　F100 ；	进刀到切削起点处,注意留下后续工序的加工余量
N20　G03　U7.385　W－4.923　R8 ；	加工 R8mm 圆弧段
N30　U3.215　W－39.877　R60 ；	加工 R60mm 圆弧段
N40　G02　U1.4　W－28.636　R40 ；	加工 R40mm 圆弧段
N50　G00　U4 ；	离开已加工表面
N60　W73.436 ；	回到循环起点 Z 轴处
N70　G01　U－4.8　F100 ；	调整每次循环的切削用量
N80　M99 ；	子程序结束,并回到主程序

第三节　编程实例

一、编程步骤

1. 产品图样分析

（1）分析产品尺寸是否完整。

（2）分析产品精度、表面粗糙度等要求。

（3）分析产品材料、硬度要求等。

2. 工艺处理

（1）确定加工方式及设备。

（2）确定毛坯尺寸及材料。

（3）确定工件装夹定位方式。

（4）确定加工路径及起刀点、换刀点。

（5）确定刀具数量、材料、几何参数等。

（6）确定切削参数。

1）背吃刀量。影响背吃刀量的因素有粗、精车工艺,刀具强度,机床性能,工件材料及表面粗糙度等。

2）进给量：进给量影响工件表面粗糙度。影响进给量的因素有：

① 粗、精车工艺。粗车进给量应较大,以缩短切削时间；精车进给量应较小以降低表面粗超度值。一般情况下,精车进给量以小于 0.2mm/r 为宜,但要考虑刀尖圆弧半径的影响；粗车进给量应大于 0.25mm/r。

② 机床性能,如功率、刚性等。

③ 工件的装夹方式。

④ 刀具材料及几何形状。

⑤ 背吃刀量。

⑥ 工件材料。工件材料较软时，可选择较大进给量；反之，可选较小进给量。

3）切削速度。切削速度的大小可影响切削效率、切削温度、刀具寿命等。

影响切削速度的因素有：刀具材料、工件材料、刀具寿命、背吃刀量与进给量、刀具形状、切削液及机床性能等。

3. 数学处理

（1）确定编程零点及工件坐标系。

（2）计算各节点数值。

4. 其他主要内容

（1）按规定格式编写程序单。

（2）按"程序编辑步骤"输入程序，并检查。

（3）修改程序。

二、综合编程实例

编制图 4-37 所示零件的加工程序。工艺条件：工件材料为 45 钢或铝；毛坯为直径 φ54mm、长 200mm 的棒料；刀具选用：1 号端面刀加工工件端面，2 号端面外圆刀粗加工工件轮廓，3 号端面外圆刀精加工工件轮廓，4 号外圆螺纹刀加工导程为 3mm、螺距为 1mm 的三线螺纹。程序如下：

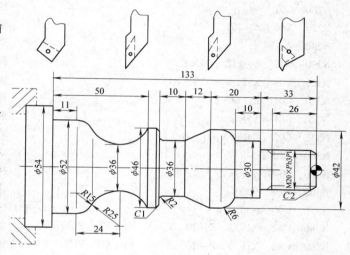

图 4-37 综合编程实例零件图

%0016 ;	程序名
N10　G54　T0101 ;	换 1 号端面刀,选择 G54 工件坐标系
N20　M03　S500 ;	主轴以 400r/min 正转
N30　G00　X100　Z80 ;	到程序起点或换刀点位置
N40　G00　X60　Z5 ;	到简单端面循环起点位置
N50　G81　X0　Z1.5　F100 ;	简单端面循环,加工过长毛坯
N60　G81　X0　Z0 ;	简单端面循环加工,加工过长毛坯
N70　G00　X100　Z80 ;	到程序起点或换刀点位置
N80　T0202 ;	换 2 号端面外圆刀粗加工,确定其坐标系
N90　G00　X60　Z3 ;	到简单外圆循环起点位置
N100　G80　X52.6　Z－133　F100 ;	简单外圆循环,加工过大毛坯直径
N110　G01　X54 ;	到复合循环起点位置
N120　G71　U1　R1　P16　Q32　E0.3 ;	有凹槽外径粗切复合循环加工
N130　G00　X100　Z80 ;	粗加工后,到换刀点位置

N140	T0303 ;	换 3 号端面外圆刀精加工,确定其坐标系
N150	G00 G42 X70 Z3 ;	到精加工始点,加入刀尖圆弧半径补偿
N160	G01 X10 F100 ;	精加工轮廓开始,到倒角延长线处
N170	X19.95 Z-2 ;	精加工倒 $C2$ 角
N180	Z-33 ;	精加工螺纹外径
N190	G01 X30 ;	精加工 $Z33mm$ 处端面
N200	Z-43 ;	精加工 $\phi30mm$ 外圆
N210	G03 X42 Z-49 R6 ;	精加工 $R6mm$ 圆弧
N220	G01 Z-53 ;	精加工 $\phi42mm$ 外圆
N230	X36 Z-65 ;	精加工下切锥面
N240	Z-73 ;	精加工 $\phi36mm$ 槽径
N250	G02 X40 Z-75 R2 ;	精加工 $R2mm$ 过渡圆弧
N260	G01 X44 ;	精加工 $Z75mm$ 处端面
N270	X46 Z-76 ;	精加工倒 $C1$ 角
N280	Z-84 ;	精加工 $\phi46mm$ 槽径
N290	G02 Z-113 R25 ;	精加工 $R25mm$ 圆弧凹槽
N300	G03 X52 Z-122 R15 ;	精加工 $R15mm$ 圆弧
N310	G01 Z-133 ;	精加工 $\phi52mm$ 外圆
N320	G01 X54 ;	退出已加工表面,精加工轮廓结束
N330	G00 G40 X100 Z80 ;	取消半径补偿,返回换刀点位置
N340	M05 ;	主轴停
N350	T0404 ;	换 4 号外圆螺纹刀,确定其坐标系
N360	M03 S200 ;	主轴以 200r/min 正转
N370	G00 X30 Z5 ;	到简单螺纹循环起点位置
N380	G82 X19.3 Z-20 R-3 E1 C2 P120 F3 ;	加工两线螺纹,背吃刀量为 0.7mm
N390	G82 X18.9 Z-20 R-3 E1 C2 P120 F3 ;	加工两线螺纹,背吃刀量为 0.4mm
N400	G82 X18.7 Z-20 R-3 E1 C2 P120 F3 ;	加工两线螺纹,背吃刀量为 0.2mm
N410	G82 X18.7 Z-20 R-3 E1 C2 P120 F3 ;	光整加工螺纹
N420	G76 C2 R-3 E1 A60 X18.7 Z-20 K0.65 U0.1 V0.1 Q0.6 P240 F3 ;	用 G76 螺纹复合循环加工第 3 条螺纹
N430	G00 X100 Z80 ;	返回程序起点位置
N440	M30 ;	主轴停,主程序结束并复位

第四节　华中数控系统数控车床的操作

一、华中数控系统数控车床操作台及软件操作界面

华中数控系统采用彩色 LCD 液晶显示器,内装式 PLC,可与多种伺服驱动单元配套使用。具有开放性好、结构紧凑、集成度高、可靠性好、性能价格比高、操作维护方便的特点。

1. 华中数控系统车床数控装置操作台的组成

华中数控系统车床数控装置操作台为标准固定结构,如图 4-38 所示。

(1) 显示器。操作台的左上部为 7.5in 彩色液晶显示器(分辨率为 640×480),用于汉

字菜单、系统状态、故障报警的显示及加工轨迹的图形仿真。

（2）NC 键盘。NC 键盘用于零件程序的编制、参数输入、MDI 及系统管理操作等。NC 键盘包括精简型 MDI 键盘和 F1 ~ F10 十个功能键。

标准化的字母数字式 MDI 键盘在显示器和"急停"按钮之间，其中的大部分键具有上档键功能，当"Upper"键有效时（指示灯亮），输入的是上档键。F1 ~ F10 十个功能键位于显示器的正下方。

（3）MPG 手持单元。MPG 手持单元由手摇脉冲发生器、坐标轴选择开关组成，用于手摇方式增量进给坐标轴。

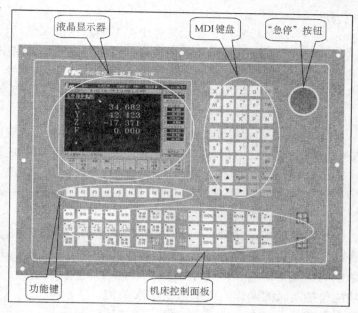

图 4-38　华中数控系统车床数控装置操作台

（4）机床控制面板 MCP。机床控制面板 MCP 用于直接控制机床的动作或加工过程。标准机床控制面板的大部分按键（除"急停"按钮外）位于操作台的下部。"急停"按钮位于操作台的右上角。

2. 华中数控系统车床软件操作界面

华中数控系统车床软件操作界面如图 4-39 所示。

（1）图形显示窗口。在显示方式菜单下，可以设置显示模式、显示值、显示坐标系、图形放大倍数、夹具中心绝对位置、内孔直径、毛坯大小等。

（2）菜单命令条。通过菜单命令条中的功能键 F1 ~ F10 来完成自动加工、程序编辑、参数设定、故障诊断等系统功能。

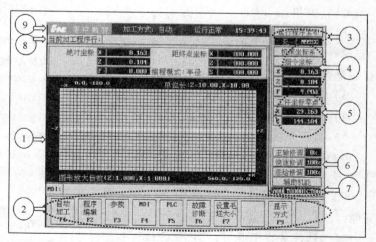

图 4-39　华中数控系统车床软件操作界面

（3）运行程序索引。显示自动加工中的程序名和当前程序段行号。

（4）选定坐标系下的坐标值。坐标系可在机床坐标系/工件坐标系/相对坐标系之间进行切换。显示值可在指令位置/实际位置/剩余进给/跟踪误差/负载电流/补偿值之间进行切换。

（5）工件坐标零点。显示工件坐标系零点在机床坐标系中的坐标。

（6）倍率修调。显示当前主轴修调倍率、进给修调倍率和快进修调倍率。

（7）辅助机能。显示自动加工中的 M、S、T 代码。

（8）当前加工程序行。显示当前正在或将要加工的程序段。

（9）当前加工方式、系统运行状态及当前时间。

1）工作方式：系统工作方式根据机床控制面板上相应按键的状态可在自动（运行）、单段（运行）、手动、增量、回零、急停、复位等之间进行切换。

2）运行状态：系统工作状态在"运行正常"和"出错"之间切换。

3）系统时钟：显示当前系统时间。

3. 华中数控系统车床功能菜单

操作界面中最重要的一部分是菜单命令条，系统功能的操作主要通过菜单命令条中的功能键 F1 ~ F10 来完成。由于每个功能包括不同的操作，菜单采用层次结构，即在主菜单下选择一个菜单项后，数控装置会显示该功能下的子菜单，用户可根据该子菜单的内容选择所需的操作，如图

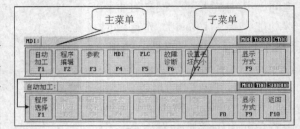

图 4-40　菜单层次

4-40所示。当要返回主菜单时，按子菜单下的 F10 键即可。华中数控系统的菜单结构如图4-41所示。

二、华中数控系统车床的操作

1. 操作准备

（1）开机。

1）检查机床状态是否正常。

2）检查电源电压是否符合要求，接线是否正确。

3）按下"急停"按钮。

4）机床通电。

5）数控系统通电。

6）检查风扇电动机运转是否正常。

7）检查面板上的指示灯是否正常。

接通数控装置电源后，华中数控系统自动运行系统软件。此时，液晶显示器显示图 4-39 所示的软件操作界面。

（2）复位。系统通电进入软件操作界面时，系统的工作方式为"急停"。为控制系统运行，需左旋并拔起

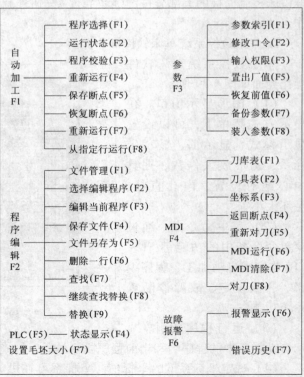

图 4-41　华中数控系统的功能菜单结构

操作台右上角的"急停"按钮使系统复位，并接通伺服电源。系统默认进入"回参考点"方式，软件操作界面的工作方式变为"回零"。

（3）返回机床参考点。控制机床运动的前提是建立机床坐标系，为此，系统接通电源、复位后首先应进行机床各轴回参考点操作。方法如下：

1）如果系统显示的当前工作方式不是回零方式，按一下控制面板上面的"回零"按键，确保系统处于"回零"方式。

2）按坐标轴方向键"+X、-X、+Z、-Z"，点动使每个坐标轴逐一回参考点，当 X、Z 轴回到参考点后，"+X"和"+Z"按键内的指示灯亮。

3）回完参考点后，应按下机床控制面板上的"手动"按键，进入手动运行方式，再分别按下方向键"-X、-Z"，使刀架离开参考点，回到换刀点附近。如刀架返回的速度太小，可按进给速度修调按钮，加大进给速度，也可在手动进给的同时按下"快进"按键，加快返回速度。千万不能按错方向键，如若按下方向键"+X、+Z"，则刀架将超程。所有轴回参考点后，即建立了机床坐标系。

注意：

1）在每次接通电源后，必须先完成各轴的返回参考点操作，然后再进入其他运行方式，以确保各轴坐标的正确性。

2）同时按下 X、Z 轴向选择按键，可使 X、Z 轴同时返回参考点。

3）在回参考点前，应确保回零轴位于参考点的"回参考点方向"相反侧（如 X 轴的回参考点方向为负，则回参考点前，应保证 X 轴当前位置在参考点的正向侧）。否则应手动移动该轴直到满足此条件。

4）在回参考点过程中，若出现超程，请按住控制面板上的"超程解除"按键，向相反方向手动移动该轴使其退出超程状态。

（4）急停。机床运行过程中，在危险或紧急情况下，按下"急停"按钮，CNC 即进入急停状态，伺服进给及主轴运转立即停止（控制柜内的进给驱动电源被切断）。松开"急停"按钮（左旋此按钮，按钮将自动跳起），CNC 进入复位状态。

解除紧急停止前，先确认故障是否排除。在紧急停止解除后，应重新执行回参考点操作，以确保坐标位置正确。在启动和退出系统之前应按下"急停"按钮以减少设备电冲击。

（5）超程解除。在伺服轴行程的两端各有一个极限开关，作用是防止伺服机构碰撞而损坏。每当伺服机构碰到行程极限开关时，就会出现超程。当某轴出现超程（"超程解除"按键内指示灯亮）时，系统视其状况为紧急停止，要退出超程状态时，必须按以下步骤操作：

1）松开"急停"按钮，置工作方式为"手动"或"手摇"方式。

2）一直按压着"超程解除"按键，控制器会暂时忽略超程的紧急情况。

3）在手动（手摇）方式下，使该轴向相反方向退出超程状态。

4）松开"超程解除"按键。若显示器上运行状态栏"运行正常"取代了"出错"，表示恢复正常，可以继续操作。

（6）关机

1）按下控制面板上的"急停"按钮，断开伺服电源，以减少设备电冲击。

2）断开数控系统电源。

3）断开机床电源。

2. 机床手动操作

机床手动操作主要由手持单元和机床控制面板共同完成,机床控制面板如图 4-42 所示。

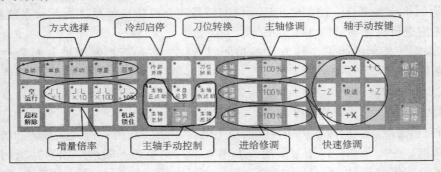

图 4-42　机床控制面板

（1）坐标轴移动。手动移动机床坐标轴的操作由手持单元和机床控制面板上的方式选择、轴手动、增量倍率、进给修调、快速修调等按键共同完成。

1）点动进给。按一下"手动"按键(指示灯亮),系统处于点动运行方式。

① 按压要移动的坐标轴 "+X"、"-X"、"+Z"、"-Z" 按键(指示灯亮),相应轴将产生正向或负向连续移动。

② 松开坐标轴按键(指示灯灭),相应轴即减速停止。

在点动运行方式下,同时按压 X、Z 方向的轴手动按键,能同时手动连续移动 X、Z 坐标轴。

2）点动快速移动。在点动进给时,若同时按压"快进"按键,则相应轴正向或负向快速运动。

3）点动进给速度选择。在点动进给时,进给速率为系统参数"最高快移速度"的 1/3 乘以进给修调选择的进给倍率。

点动快速移动的速率为系统参数"最高快移速度"乘以快速修调选择的快移倍率。

按压进给修调或快速修调右侧的"100%"按键(指示灯亮),进给或快速修调倍率被置 100%,按一下"+"按键,修调倍率递增 5%,按一下"-"按键,修调倍率递减 5%。

4）增量进给。当手持单元的坐标轴选择波段开关置于"Off"档时,按一下控制面板上的"增量"按键(指示灯亮),系统处于增量进给方式,按一下要移动的坐标轴 "+X"、"-X"、"+Z"、"-Z" 按键(指示灯亮),相应轴将向正向或负向移动一个增量值。同时按一下 X、Z 方向的轴手动按键,能同时增量进给 X、Z 坐标轴。

5）增量值选择。增量进给的增量值由 "×1"、"×10"、"×100"、"×1000"（单位为 0.001mm）四个增量倍率按键控制。这几个键互锁,即按一下其中的一个键(指示灯亮),其余几个键会失效(指示灯灭)。

6）手摇进给。当手持单元的坐标轴选择波段开关置于"X"、"Z"时,按一下控制面板上的"增量"按键(指示灯亮),系统处于手摇进给方式,可手摇进给机床坐标轴。手摇进给方式每次只能增量进给 1 个坐标轴。

7）手摇倍率选择。手摇进给的增量值(手摇脉冲发生器每转一格的移动量)由手持单元的增量倍率波段开关 "×1","×10","×100"（单位为 0.001mm）控制。

（2）手动机床动作控制。机床控制面板上有手动机床动作控制按键，主要用于主轴的手动控制、刀架转位、卡盘的松紧和切削液的起动、停止等。

1）主轴正转。在手动方式下，按一下"主轴正转"按键(指示灯亮)，主电动机以机床参数设定的转速正转。

2）主轴反转。在手动方式下，按一下"主轴反转"按键(指示灯亮)，主电动机以机床参数设定的转速反转。

3）主轴停止。在手动方式下，按一下"主轴停止"按键(指示灯亮)，主电动机停止运转。

"主轴正转"、"主轴反转"、"主轴停止"这几个按键互锁，即按一下其中一个键(指示灯亮)，其余两个键会失效(指示灯灭)。

4）主轴点动。在手动方式下，可用"主轴正点动"、"主轴负点动"按键，点动主轴正反向旋转。

① 按压"主轴正点动"或"主轴负点动"按键(指示灯亮)，主轴将产生正向或负向连续转动。

② 松开"主轴正点动"或"主轴负点动"按键(指示灯灭)，主轴即减速停止。

5）主轴速度修调。主轴正转及反转的速度可通过主轴修调按键调节，按压主轴修调右侧的"100%"按键(指示灯亮)，主轴修调倍率被置为100%，按一下"＋"按键，主轴修调倍率递增5%，按一下"－"按键，主轴修调倍率递减5%。机械齿轮换挡时，主轴速度不能修调。

6）刀位转换。在手动方式下，按一下"刀位转换"按键，转塔刀架转动一个刀位。

7）冷却起动与停止。在手动方式下，按一下"冷却开停"按键，切削液开(默认值为切削液关)，再按一下又为切削液关，如此循环。

8）卡盘松紧。在手动方式下，按一下"卡盘松紧"按键，松开工件(默认值为夹紧)，可以更换工件，再按一下又夹紧工件，可以进行加工，如此循环。

3. 机床自动运行

按一下"自动"按键(指示灯亮)，系统处于自动运行方式，机床坐标轴的控制由CNC自动完成。

（1）自动运行启动—循环启动。自动方式时，在系统主菜单下按"F1"键进入自动加工子菜单，再按"F1"键选择要运行的程序，然后按一下"循环启动"按键(指示灯亮)，自动加工开始。

（2）自动运行暂停—进给保持。在自动运行过程中，按一下"进给保持"按键(指示灯亮)，程序执行暂停，机床运动轴减速停止。暂停期间，辅助功能M、主轴功能S、刀具功能T保持不变。

（3）进给保持后的再启动。在自动运行暂停状态下，按一下"循环启动"按键，系统将重新启动，从暂停前的状态继续运行。

（4）空运行。在自动方式下，按一下"空运行"按键(指示灯亮)，CNC处于空运行状态。程序中编制的进给速率被忽略，坐标轴以最大快移速度移动。空运行目的是以较短的时间确认切削路径及程序的正确性，不进行实际切削。在实际切削时，应关闭此功能，否则可能会造成危险。此功能对螺纹切削无效。

（5）机床锁住。在自动运行开始前，按一下"机床锁住"按键（指示灯亮），再按"循环启动"按键，系统继续执行程序，显示屏上的坐标轴位置信息变化，但不输出伺服轴的移动指令，所以机床停止不动。这个功能主要用于校验程序的正确性。

在执行机床锁住功能时应注意：

1）即便是 G28/G29 功能，刀具也不运动到参考点。

2）机床辅助功能 M、S、T 仍然有效。

3）在自动运行过程中，按"机床锁住"按键，机床锁住无效。

4）在自动运行过程中，只有在程序运行结束时，方可解除机床锁住。

5）每次执行此功能后，需再次进行回参考点操作。

（6）单段运行。按一下"单段"按键，系统处于单段自动运行方式（指示灯亮），程序控制将逐段执行。

1）按一下"循环启动"按键，运行一程序段，机床停止，不继续执行下一程序段。

2）再按一下"循环启动"按键，又执行下一程序段，执行后再次停止。在单段运行方式下，适用于自动运行的按键依然有效。

4. 手动数据输入（MDI）运行

在图 4-39 所示的软件主操作界面下，按"F4"键进入 MDI 功能子菜单。命令行与菜单条的显示如图 4-43 所示。

图 4-43　MDI 功能子菜单

在 MDI 功能子菜单下按 F6，进入 MDI 运行方式，命令行的底色变成了白色，且有光标在闪烁。这时可以从 NC 键盘输入并执行一个 G 代码指令段，即"MDI 运行"。自动运行过程中，不能进入 MDI 运行方式，可在进给保持后进入。

（1）输入 MDI 指令段。MDI 输入的最小单位是一个有效指令字。因此，输入一个 MDI 运行指令段可以有下述两种方法；

1）一次输入，即一次输入多个指令字的信息。

2）多次输入，即每次输入一个指令字信息。

例如：要输入"G00　X100　Z100"MDI 运行指令段，可以

① 直接输入"G00　X100　Z100"并按 Enter 键，MDI 运行显示窗口内关键字 G、X、Z 的值将分别变为 00、100、100。

② 先输入"G00"并按 Enter 键，显示窗口内将显示大字符"G00"，再输入"X100"并按 Enter 键，然后输入"Z100"并按 Enter 键，显示窗口内将依次显示大字符"X100"、"Z100"。

输入命令时，可以在命令行看见输入的内容，在按 Enter 键之前，如发现输入错误，可用 BS、▶、◀键进行编辑；按 Enter 键后，系统发现输入错误，会提示相应的错误信息。

（2）运行 MDI 指令段。在输入完一个 MDI 指令段后，按一下操作面板上的"循环启

动"键，系统即开始运行所输入的 MDI 指令。

如果输入的 MDI 指令信息不完整或存在语法错误，系统会提示相应的错误信息，此时不能运行 MDI 指令。

（3）修改某一字段的值。在运行 MDI 指令段之前，如果要修改输入的某一指令字，可直接在命令行上输入相应的指令字符及数值。例如：在输入"X100"并按 Enter 键后，希望 X 值变为 109，可在命令行上输入"X109"并按 Enter 键。

（4）清除当前输入的所有尺寸字数据。在输入 MDI 数据后，按"F7"键可清除当前输入的所有尺寸字数据(其他指令字依然有效)，显示窗口内 X、Z、I、K、R 等字符后面的数据全部消失。此时，可重新输入新的数据。

（5）停止当前正在运行的 MDI 指令。系统正在运行 MDI 指令时，按"F7 键"可停止 MDI 运行。

5. 数据设置

机床的手动数据输入(MDI)操作主要包括坐标系数据设置、刀库数据设置、刀具数据设置。

（1）坐标系数据设置

1）手动输入坐标系偏置值。MDI 手动输入坐标系数据的操作步骤如下：

① 在 MDI 功能子菜单(见图 4-43)下按"F3"键，进入坐标系手动数据输入方式，图形显示窗口首先显示 G54 坐标系数据设置界面。

② 按 PgDn 或 PgUp 键，选择要输入的数据类型：G54/G55/G56/G57/G58/G59 坐标系/当前工件坐标系等的偏置值(坐标系零点相对于机床零点的值)，或当前相对值零点。

③ 在命令行输入所需数据，输入"X0、Z0"，并按 Enter 键，将设置 G54 坐标系的 X 及 Z 偏置分别为 0、0。

④ 若输入正确，图形显示窗口相应位置将显示修改过的值，否则原值不变。

编辑过程中，在按 Enter 键之前，按 Esc 键可退出编辑，此时输入的数据将丢失，系统将保持原值不变。

2）自动设置坐标系偏置值

① 在 MDI 功能子菜单(见图 4-43)下按"F8"键，进入坐标系自动数据设置方式(前提是机床已回过参考点)。

② 按"F4"键，弹出对话框，用▲、▼移动蓝色亮条选择要设置的坐标系。

③ 选择一把已设置好刀具参数的刀试切工件外径，然后沿着 Z 轴方向退刀。

④ 按"F5"键，弹出对话框，用▲、▼移动蓝色亮条选择 X 轴对刀。

⑤ 按 Enter 键，弹出输入框。

⑥ 输入试切后工件的直径值(直径编程)或半径值(半径编程)，系统将自动设置所选坐标系下的 X 轴零点偏置值。

⑦ 选择一把已设置好刀具参数的刀试切工件端面，然后沿着 X 轴方向退刀。

⑧ 按"F5"键，弹出对话框，选择 Z 轴对刀。

⑨ 按 Enter 键，弹出输入框。

⑩ 输入试切端面到所选坐标系的 Z 轴零点的距离(Z 轴距离有正、负之分)，系统将自动设置所选坐标系下的 Z 轴零点偏置值。

（2）刀库参数设置。MDI 输入刀库数据的操作步骤如下：

1）在 MDI 功能子菜单下（见图 4-43）按"F1"键，进行刀库数据设置，图形窗口显示刀库数据设置界面。

2）用▲、▼、►、◄、PgUp、PgDn 移动蓝色亮条选择要编辑的选项。

3）按 Enter 键，蓝色亮条所指刀库数据的颜色和背景发生变化，同时有一光标在闪烁。

4）用►、◄、BS、Del 键进行编辑修改。

5）修改完毕，按 Enter 键确认。

6）若输入正确，图形显示窗口相应位置将显示修改过的值，否则原值不变。

（3）刀具补偿参数的设置

1）手动输入刀具参数。MDI 手动输入刀具数据的操作步骤如下：

① 在 MDI 功能子菜单下（见图 4-43）按"F2"键，进行刀具数据设置，图形窗口显示刀具数据设置界面。

② 用▲、▼、►、◄、PgUp、PgDn 移动蓝色亮条选择要编辑的选项。

③ 按 Enter 键，蓝色亮条所指刀具数据的颜色和背景发生变化，同时有一光标闪烁。

④ 用►、◄、BS、Del 键进行编辑修改。

⑤ 修改完毕，按 Enter 键确认。

⑥ 若输入正确，图形显示窗口相应位置将显示修改过的值，否则原值不变。

2）自动设置刀具偏置值。

① 在 MDI 功能子菜单（见图 4-43）下按"F8"键，进入自动数据设置窗口。

② 按"F7"键，弹出输入框。

③ 输入正确的基准（标准）刀具刀号。

④ 使用基准（标准）刀具试切工件外径，然后沿着 Z 轴方向退刀。

⑤ 按"F8"键，弹出对话框，用▲、▼移动蓝色亮条选择标准刀具 X 值。

⑥ 按 Enter 键，弹出输入框。

⑦ 输入试切后工件的直径值（直径编程）或半径值（半径编程），系统将自动记录试切后基准（标准）刀具 X 轴机床坐标值。

⑧ 使用基准（标准）刀具试切工件端面，然后沿着 X 轴方向退刀。

⑨ 按"F8"键，弹出对话框，用▲、▼移动蓝色亮条选择标准刀具 Z 值。

⑩ 按 Enter 键，系统将自动记录试切后基准（标准）刀具 Z 轴机床坐标值。

⑪ 按"F2"键，弹出对话框，用▲、▼移动蓝色亮条选择要设置的刀具（如 2 号割槽刀）偏置值。

⑫ 使用需设置刀具偏置值的刀具（割槽刀）试切工件外圆，然后沿着 Z 轴方向退刀。

⑬ 按"F9"键，弹出对话框，用▲、▼移动蓝色亮条选择 X 轴补偿。

⑭ 按 Enter 键，弹出输入框。

⑮ 输入试切后工件的直径值（直径编程）或半径值（半径编程），系统将自动计算并保存该刀相对标准刀的 X 轴偏置值。

⑯ 使用需设置刀具偏置值的刀具（切槽刀）试切工件端面，然后沿着 X 轴方向退刀。

⑰ 按"F9"键，弹出对话框，用▲、▼移动蓝色亮条选择 Z 轴补偿。

⑱ 按 Enter 键，弹出输入框。

⑲ 输入试切端面到基准(标准)刀具试切端面 Z 轴的距离,系统将自动计算并保存该刀相对基准刀的 Z 轴偏置值。

注意:

1) 用上述同样方法可设置其他几把刀的偏置值。

2) 如果已知该刀的刀偏值,可以手动输入数据值。

3) 刀具的磨损补偿需要手动输入。

6. 程序的编辑与管理

在图 4-39 所示的软件操作界面下,按"F2"键进入编辑功能子菜单。命令行与菜单条的显示如图 4-44 所示。

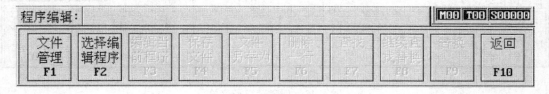

程序编辑: | MOO | TOO | SOOOOO |

| 文件管理 F1 | 选择编辑程序 F2 | 编辑当前程序 F3 | 保存文件 F4 | 文件另存为 F5 | 删除一行 F6 | 查找 F7 | 继续查找替换 F8 | 替换 F9 | 返回 F10 |

图 4-44　编辑功能子菜单

在编辑功能子菜单下,可以对零件程序进行编辑、存储与传递,以及对文件进行管理。

(1) 选择编辑程序。在编辑功能子菜单下(见图 4-44)按"F2"键,将弹出"选择编辑程序"菜单。其中

1) 磁盘程序是保存在电子盘、硬盘、软盘或网络路径上的文件。

2) 正在加工的程序是当前已经选择存放在加工缓冲区的一个加工程序。

(2) 读入串口程序。读入串口程序的操作步骤如下:

1) 在"选择编辑程序"菜单中,用▲、▼选中"串口程序"选项。

2) 按 Enter 键,系统提示"正在和发送串口数据的计算机联络"。

3) 在上位计算机上执行 DNC 程序,弹出主菜单。

4) 按 Alt + F,弹出文件子菜单。

5) 用▲、▼选择"发送 DNC 程序"选项。

6) 按 Enter 键,弹出对话框。

7) 选择要发送的 G 代码文件。

8) 按 Enter 键,弹出对话框,提示"正在和接收数据的 NC 装置联络"。

9) 联络成功后,开始传输文件,上位计算机上有进度条显示传输文件的进度,并提示"请稍等,正在通过串口发送文件,要退出请按 Alt + E",华中数控系统的命令行提示"正在接收串口文件"。

10) 传输完毕,上位计算机弹出对话框,提示"文件发送完毕",华中数控系统的命令行提示"接收串口文件完毕",编辑器将串口程序调入编辑缓冲区。

(3) 选择当前正在加工的程序。选择当前正在加工的程序,操作步骤如下:

1) 在"选择编辑程序"菜单中,用▲、▼选中"正在加工的程序"选项。

2) 按 Enter 键,如果当前没有选择加工程序,将弹出"对不起,当前通道没有选择加工程序"对话框,否则编辑器将"正在加工的程序"调入编辑缓冲区。

3) 如果该程序处于正在加工状态,编辑器会用红色亮条标记当前正在加工的程序行,

此时若进行编辑，将弹出"您如果要编辑当前正在加工的程序，请先停止加工，谢谢!"对话框。

4）停止该程序的加工，就可以进行编辑了。

（4）串口发送。如果当前编辑的是串口程序，编辑完成后，按"F4"键可将当前编辑程序通过串口回送上位计算机。

7. 程序运行

在图 4-39 所示的软件操作界面下，按"F1"键进入程序运行子菜单。命令行与菜单条的显示如图 4-45 所示。在程序运行子菜单下，可以装入、检验并自动运行一个零件程序。

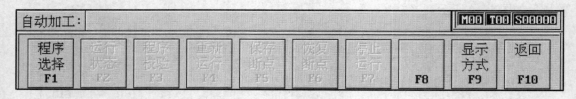

图 4-45　程序运行子菜单

（1）选择运行程序。在程序运行子菜单（见图 4-45）下按"F1"键，将弹出"选择运行程序"子菜单（按 Esc 键可取消该菜单），可选择"磁盘程序"（保存在电子盘、硬盘、软盘或网络上的文件）、"正在编辑的程序"（编辑器已经选择存放在编辑缓冲区的一个零件程序）、"DNC 程序"（通过 RS-232 串口传送的程序）三种类型的程序进行自动运行。

（2）DNC 加工。DNC 加工（加工串口程序）的操作步骤如下：

1）在"选择运行程序"菜单中，用▲、▼选中"DNC 程序"选项。

2）按 Enter 键，系统命令行提示"正在和发送串口数据的计算机联络"。

3）在上位计算机上执行 DNC 程序，弹出 DNC 程序主菜单。

4）按 Alt + C，在"设置"子菜单下设置好传输参数。

5）按 Alt + F，在"文件"子菜单下选择"发送 DNC 程序"命令。

6）按 Enter 键，弹出"请选择要发送的 G 代码文件"对话框。

7）选择要发送的 G 代码文件。

8）按 Enter 键，弹出对话框，提示"正在和接收数据的 NC 装置联络"。

9）联络成功后，开始传输文件，上位计算机上有进度条显示传输文件的进度，并提示"请稍等，正在通过串口发送文件，要退出请按 Alt + E"；华中数控系统的命令行提示"正在接收串口文件"，并将串口程序调入运行缓冲区。

10）传输完毕，上位计算机上弹出对话框，提示"文件发送完毕"，华中数控系统的命令行提示"DNC 加工完毕"。

（3）程序启动、暂停、中止、再启动

1）启动自动运行。系统调入零件加工程序，经校验无误后，可正式启动运行。

① 按一下机床控制面板上的"自动"按键（指示灯亮）进入程序自动运行方式。

② 按一下机床控制面板上的"循环启动"按键（指示灯亮），机床开始自动运行调入的零件加工程序。

2）暂停运行。在程序运行的过程中，需要暂停运行，可按下述步骤操作：

① 在程序运行子菜单下，按"F7"键，弹出"已暂停加工，您是否要取消当前运行程

序"对话框。

② 按 "N" 键则暂停程序运行，并保留当前运行程序的模态信息。

3）中止运行。在程序运行的过程中，需要中止运行，可按下述步骤操作：

① 在程序运行子菜单下，按 "F7" 键，弹出 "已暂停加工，您是否要取消当前运行程序" 对话框。

② 按 "Y" 键则中止程序运行，并卸载当前运行程序的模态信息。

4）暂停后的再启动。在自动运行暂停状态下，按一下机床控制面板上的 "循环起动" 按键，系统将从暂停前的状态重新启动，继续运行。

（4）重新运行。在当前加工程序中止自动运行后，希望从程序头重新开始运行时，可按下述步骤操作：

1）在程序运行子菜单下，按 "F4" 键，弹出 "是否重新开始执行(Y/N)" 对话框。

2）按 "Y" 键光标将返回到程序头，按 "N" 键则取消重新运行。

3）按机床控制面板上的 "循环启动" 按键，从程序首行开始重新运行当前加工程序。

（5）从任意行执行。在自动运行暂停状态下，除了能从暂停处重新启动继续运行外，还可控制程序从任意行执行。操作步骤如下：

1）在程序运行子菜单下，按 "F7" 键，然后按 "N" 键暂停程序运行。

2）用▲、▼、PgUp、PgDn 键移动蓝色亮条到开始运行，此时蓝色亮条变为红色亮条。

3）在程序运行子菜单下，按 "F8" 键，弹出对话框。

4）用▲、▼键(或 F1、F2、F3)分别选择 "从红色行开始运行"、"从指定行开始运行" 和 "从当前行开始运行" 三个选项，进行程序重新执行。

（6）加工断点保存与恢复。一些大零件，其加工时间一般都会超过一个工作日，有时甚至需要好几天。如果能在零件加工一段时间后，保存断点(让系统记住此时的各种状态)，切断电源；并在隔一段时间后，打开电源，恢复断点(让系统恢复上次中断加工时的状态)，继续加工，可为用户提供极大的方便。

1）保存加工断点。保存加工断点的操作步骤如下：

① 在程序运行子菜单下，按 "F7" 键，弹出对话框。

② 按 "N" 键暂停程序运行，但不取消当前运行程序。

③ 按 "F5" 键，弹出对话框。

④ 在文件列表框中，选择断点文件的路径。

⑤ 在 "文件名" 栏输入断点文件的文件名，如 "PARTBRKl"；

⑥ 按 Enter 键，系统将自动建立一个名为 "PARTBRKl. BPl" 的断点文件。

2）恢复断点。恢复加工断点的操作步骤如下：

① 如果在保存断点后，切断了系统电源，则重新通电后首先应进行回参考点操作，否则直接进入步骤②。

② 按 "F6" 键，弹出对话框。

③ 选择要恢复的断点文件路径及文件名，如当前目录下的 "PARTBRKl. BPl"。

④ 按 Enter 键，系统会根据断点文件中的信息，恢复中断程序运行时的状态，并弹出 "需要重新对刀" 或 "需要返回断点" 对话框。

⑤ 按"Y"键，系统自动进入 MDI 方式。

3）定位至加工断点。在保存断点后，如果移动过某些坐标轴，要继续从断点处加工，必须先定位至加工断点。

① 手动移动坐标轴到断点位置附近，并确保在机床自动返回断点时不发生碰撞。

② 在 MDI 方式子菜单下按"F4"键，自动将断点数据输入 MDI 运行程序段。

③ 按"循环启动"键启动 MDI 运行，系统将刀具移动到断点位置。

④ 按"F10"键退出 MDI 方式。

⑤ 按机床控制面板上的"循环启动"键即可继续从断点处加工了。

4）重新对刀。在保存断点后，如果工件发生过偏移需重新对刀，可使用本功能。重新对刀后继续从断点处加工。

① 手动将刀具移动到加工断点处。

② 在 MDI 方式子菜单下按"F5"键，自动将断点处的工件坐标输入 MDI 运行程序段。

③ 按"循环启动"键，系统将修改当前工件坐标系原点，完成对刀操作。

④ 按"F10"键退出 MDI 方式。

⑤ 按机床控制面板上的"循环启动"键即可继续从断点处加工。

8. 图形显示与程序校验

在一般情况下（除编辑功能子菜单外），按"F9"键，将弹出显示方式菜单。在显示方式菜单下，可以设置显示模式、显示值、显示坐标系、图形放大倍数、夹具中心绝对位置、内孔直径、毛坯大小。华中数控系统的主显示窗口共有 3 种显示模式可供选择：①正文：当前加工的 G 代码程序；②大字符：由"显示值"菜单所选显示值的大字符；③ZX 平面图形：在 ZX 平面上的刀具轨迹。

（1）正文显示

1）在"显示方式"菜单中，用▲、▼选中"显示模式"选项。

2）按 Enter 键，弹出显示模式菜单。

3）用▲、▼选择"正文"选项。

4）按 Enter 键，显示窗口将显示当前加工程序的正文。

（2）坐标系选择。由于指令位置与实际位置依赖于当前坐标系的选择，要显示当前指令位置与实际位置，首先要选择坐标系，操作步骤如下：

1）在"显示方式"菜单中，用▲、▼选中"坐标系"选项。

2）按 Enter 键，弹出坐标系菜单。

3）用▲、▼选择所需的坐标系选项。

4）按 Enter 键，即可选中相应的坐标系。

（3）位置值类型选择。选好坐标系后，再选择位置值类型。

1）在"显示方式"菜单中，用▲、▼选中"显示值"选项。

2）按 Enter 键，弹出显示值菜单。

3）用▲、▼选择所需的显示值选项。

4）按 Enter 键，即可选中相应的显示值。

位置显示包括下述六种位置值的显示："指令位置"（CNC 输出的理论位置）、"实际位置"（反馈元件采样的位置）、"剩余进给"（当前程序段的终点与实际位置之差）、"跟踪误差"(指令位置与实际位置之差)、"负载电流"和"补偿值"。

(4) 图形显示。要显示 ZX 平面图形,首先应设置好如下图形显示参数:夹具中心绝对位置、内孔直径、毛坯大小等。

1)设置夹具中心绝对位置。设置夹具中心绝对位置的操作步骤如下:

① 在"显示方式"菜单中,用▲、▼选中"夹具中心绝对位置"选项。

② 按 Enter 键,弹出"工件夹具中心的绝对位置(X,Z)"对话框。

③ 输入夹具中心(也就是显示的基准点)在机床坐标系下的绝对位置。

④ 按 Enter 键,完成图形夹具中心绝对位置的输入。

2)设置毛坯大小。设置毛坯大小的操作步骤如下:

① 在"显示方式"菜单中,用▲、▼选中"毛坯尺寸"选项。

② 按 Enter 键,弹出"设置毛坯的长宽(X,Z)"对话框。

③ 依次输入毛坯的外径和长度。

④ 按 Enter 键,完成毛坯尺寸的输入。

注意: 设置毛坯大小的另外一种方法如下:

① MDI 运行或手动将刀具移动到毛坯的外顶点。

② 在主菜单下,按"F7"(设置毛坯尺寸)键。

3)设置内孔直径。如果是内孔加工,还需设置毛坯的内孔直径,操作步骤如下:

① 在"显示方式"菜单中,用▲、▼选中"内孔直径"选项。

② 按 Enter 键,弹出"请输入内孔直径"对话框。

③ 输入毛坯的内孔直径。

④ 按 Enter 键,完成毛坯内孔直径的输入。

4)设置机床坐标系。设置显示坐标系的操作步骤如下:

① 在"显示方式"菜单中,用▲、▼选中"机床坐标系设定"选项。

② 按 Enter 键,弹出"机床坐标系设定"输入框。

③ 输入 0,则显示坐标系形式 X 轴正向朝下;输入 1,则显示坐标系形式 X 轴正向朝上。

④ 按 Enter 键,完成机床坐标系的设置。

5)设置图形显示模式。设置图形显示模式的操作步骤如下:

① 在"显示方式"菜单中,用▲、▼选中"显示模式"选项。

② 按 Enter 键,弹出显示模式菜单。

③ 用▲、▼选择"ZX 平面图形"选项。

④ 按 Enter 键,显示窗口将显示 ZX 平面的刀具轨迹。

6)设置图形放大倍数。设置图形放大倍数的操作步骤如下:

① 在"显示方式"菜单中,用▲、▼选中"图形放大倍数"选项。

② 按 Enter 键,弹出"请输入图形放大系数(X,Z 轴)"对话框。

③ 输入 X、Z 轴图形放大倍数。

④ 按 Enter 键,完成图形放大倍数的输入。

7)运行状态显示。在自动运行过程中,可以查看刀具的有关参数或程序运行中变量的状态,操作步骤如下:

① 在自动加工子菜单下，按"F2"键，弹出"运行状态"菜单。

② 用▲、▼选中其中某一选项，如"系统运行模态"。

③ 按 Enter 键，弹出"系统运行模态"画面。

④ 用▲、▼、PgUp、PgDn 可以查看每一子项的值。

⑤ 按 Esc 键则取消查看。

8）程序校验。程序校验用于对调入加工缓冲区的零件程序进行校验，并提示可能的错误。程序校验运行的操作步骤如下：

① 调入要校验的加工程序。

② 按机床控制面板上的"自动"按键进入程序运行方式。

③ 在程序运行子菜单下，按"F3"键，此时软件操作界面的工作方式显示改为"校验运行"。

④ 按机床控制面板上的"循环启动"按键，程序校验开始。

⑤ 若程序正确，校验完毕，光标将返回到程序头，且软件操作界面的工作方式显示改回为"自动"；若程序有错，命令行将提示程序的哪一行有错。

注意：

① 校验运行时，机床不动作。

② 为确保加工程序正确无误，请选择上述不同的图形显示方式来观察校验运行的结果。

第五节　数控车床中、高级考工应会样题

一、数控车床中级考工样题

1. 零件图

数控车床中级考工样题零件图如图 4-46 所示。

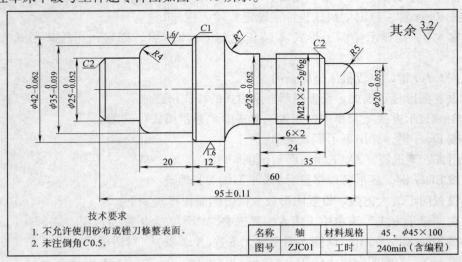

图 4-46　数控车床中级考工样题零件图

2. 评分表

数控车床中级考工样题评分表如表 4-3 所示。

表 4-3 数控车床中级考工样题评分表

检测项目		技 术 要 求	配分	评 分 标 准	检 测 结 果	得分
外圆	1	$\phi42_{-0.062}^{0}$mm R_a1.6μm	6/4	超差 0.01 扣 3 分、降级无分		
	2	$\phi35_{-0.039}^{0}$mm R_a1.6μm	6/4	超差 0.01 扣 3 分、降级无分		
	3	$\phi28_{-0.052}^{0}$mm R_a3.2μm	4/2	超差、降级无分		
	4	$\phi25_{-0.052}^{0}$mm R_a3.2μm	4/2	超差、降级无分		
	5	$\phi20_{-0.052}^{0}$mm R_a3.2μm	4/2	超差、降级无分		
圆弧	6	$R7$mm R_a3.2μm	4/2	超差、降级无分		
	7	$R5$mm R_a3.2μm	4/2	超差、降级无分		
	8	$R4$mm R_a3.2μm	4/2	超差、降级无分		
螺纹	9	M28×2-5g/6g 大径	2	超差无分		
	10	M28×2-5g/6g 中径	6	超差 0.01 扣 4 分		
	11	M28×2-5g/6g 两侧 R_a3.2μm	4	降级无分		
	12	M28×2-5g/6g 牙形角	3	不符无分		
沟槽	13	6mm×2mm 两侧 R_a3.2μm	3/2	超差、降级无分		
长度	14	55mm 两侧 R_a3.2μm	2/2	超差无分		
	15	60mm	3	超差无分		
	16	35mm	3	超差无分		
	17	24mm	3	超差无分		
	18	20mm	3	超差无分		
	19	12mm	3	超差无分		
倒角	20	$C2$	2	不符无分		
	21	$C1$	2	不符无分		
	22	未注倒角	1	不符无分		
其他	23	工件完整	工件必须完整，工件局部无缺陷（如夹伤、划痕等）			
	24	程序编制	有严重违反工艺规程的取消考试资格，其他问题酌情扣分			
	25	加工时间	100min 后尚未开始加工则终止考试，超过定额时间 5min 扣 1 分，超过 10min 扣 5 分，超过 15min 扣 10 分，超过 20min 扣 20 分，超过 25min 扣 30 分，超过 30min 则停止考试			
	26	安全操作规程	违反扣总分 10 分/次			
总评分			100	总得分		
零件名称				图号 ZJC01		加工日期 年 月 日
加工开始 时 分		停工时间 分钟		加工时间		检测
加工结束 时 分		停工原因		实际时间		评分

3. 考核目标及操作提示

（1）考核目标

1）掌握一般轴类零件的程序编制。

2）能合理采用一定的加工技巧来保证加工精度。

3）培养学生综合应用的能力。

（2）加工操作步骤。如图4-46所示，加工该零件时一般先加工零件左端，然后调头加工零件右端。加工零件左端时，编程零点设置在零件左端面的轴心线上，程序名为 ZJC01Z。加工零件右端时，编程零点设置在零件右端面的轴心线上，程序名为 ZJC01Y。

1）零件左端加工步骤

① 夹紧零件毛坯，伸出卡盘长度 40mm。

② 车端面。

③ 粗、精加工零件左端轮廓至尺寸要求。

④ 回换刀点，程序结束。

2）零件右端加工步骤

① 夹 ϕ35mm 外圆。

② 车端面。

③ 粗、精加工右端轮廓至尺寸要求。

④ 切槽 6mm×2mm 至尺寸要求。

⑤ 粗、精加工螺纹至尺寸要求。

⑥ 回换刀点，程序结束。

（3）注意事项

1）零件调头加工时，注意装夹位置。

2）合理选择切削用量，提高加工质量。

（4）编程、操作加工时间

1）编程时间：90min（占总分 30%）。

2）操作时间：150 min（占总分 70%）。

4. 工、量、刃具清单

数控车床中级考工样题工、量、刃具清单如表4-4所示。

表4-4 数控车床中级考工样题工、量、刃具清单

序　号	名　称	规　格	数　量	备　注
1	千分尺	0～25mm	1	
2	千分尺	25～50mm	1	
3	游标卡尺	0～150mm	1	
4	螺纹千分尺	25～50mm	1	
5	半径规	$R1～R6.5$ mm	1	
6	刀具	端面车刀	1	
7		外圆车刀	2	
8		螺纹车刀60°	1	
9		切槽车刀	1	宽4～5mm，长23mm
10	其他辅具	1. 垫刀片若干、油石等		
11		2. 铜皮（厚0.2mm，宽25mm×长60mm）		
12		3. 其他车工常用辅具		

（续）

序　号	名　称	规　格	数　量	备　注
13	材料	45 钢，ϕ45mm×100mm，一段		
14	数控车床	CK6136i		
15	数控系统	华中数控系统		

5. 参考程序(华中数控系统)

（1）计算螺纹小径 d'。$d' = d$(螺纹公称直径) $- 2 \times 0.62P$(螺纹螺距) $= (28 - 2 \times 0.62 \times 2)$mm $= 25.52$mm。

（2）确定螺纹背吃刀量分布。分 1mm、0.7mm、0.5mm、0.28mm、光整加工 5 次加工螺纹。

（3）刀具设置。1 号：端面车刀；2 号：外圆粗切车刀；3 号：外圆精切车刀；4 号：切槽、切断车刀；5 号：60°螺纹车刀。

（4）加工程序

1）左端加工程序。

```
%ZJC01Z ;                                               左端加工程序
N05  G90  G94  G54  G00  X80  Z100  T0101  S800  M03 ;   换刀点、1 号端面车刀
N10  G00  X48  Z0  M08 ;
N15  G01  X - 0.5  F100 ;
N20  G01  Z5  M09 ;
N25  G00  X80  Z100  M05 ;
N30  M00 ;                                              程序暂停
N35  T0202  M03  M08 ;                                  2 号外圆粗车刀
N40  G71  U1.5  R1  P60  Q100  X0.25  Z0.1  F100 ;       外径粗加工循环
N45  G00  X80  Z100  M05  M09 ;
N50  M00 ;                                              程序暂停
N55  T0303  S1200  M03 ;                                3 号外圆精车刀
N60  G01  X21  Z0 ;                                     外径精加工开始
N65  G01  X25  Z - 2 ;
N70  G01  Z - 15 ;
N72  X27 ;
N75  G03  X35  Z - 19  R4 ;
N80  G01  Z - 35 ;
N85  G01  X40 ;
N90  G01  X42  Z - 36 ;
N95  G01  Z - 50 ;
N100  G01  X45 ;                                        外径精加工结束
N110  G00  X80  Z100  M05 ;
N115  M02 ;                                             程序结束
```

2）右端加工程序。

```
%ZJC01Y ;                                               右端加工程序
```

N05　G90　G94　G55　G00　X80　Z100　T0101　S800　M03　；换刀点、1号端面车刀

N10　G00　X45　Z0　M08　；

N15　G01　X－0.5　F100　；

N20　G01　Z5　M09　；

N25　G00　X80　Z100　M05　；

N30　M00　；　　　　　　　　　　　　　　　　　　程序暂停

N35　T0202　S800　M03　M08　；　　　　　　　2号外圆粗车刀

N40　G71　U1.5　R1　P65　Q110　X0.25　Z0.1　F100　；外径粗加工循环

N45　G00　X80　；

N50　Z100　M05　M09　；

N55　M00　；　　　　　　　　　　　　　　　　　　程序暂停

N60　T0303　S1200　M03　M08　；　　　　　　3号外圆精车刀

N65　G01　X10　Z0　；　　　　　　　　　　　　　外径精加工开始

N70　G03　X20　Z－5　R5　；

N75　G01　Z－11　；

N80　G01　X23.8　；

N85　G01　X27.8　Z－13　R5　；

N90　G01　Z－35　；

N95　G01　X28　；

N100　G01　Z－41　；

N105　G02　X42　Z－48　R7　；

N110　G01　X45　；　　　　　　　　　　　　　　　外径精加工结束

N115　G00　X80　Z100　M05　；

N120　M00　；　　　　　　　　　　　　　　　　　程序暂停

N125　T0404　S500　M03　M08　；　　　　　　4号切槽车刀（宽4mm）

N130　G00　X30　Z－35　；

N135　G01　X24　F100　；

N140　G01　X30　；

N145　G01　Z－33　；

N150　G01　X24　；

N155　G01　Z－35　；

N160　G01　X30　；

N165　G00　X80　；

N170　Z100　M05　M09　；

N175　M00　；　　　　　　　　　　　　　　　　　程序暂停

N180　T0505　M03　M08　；　　　　　　　　　　5号三角形螺纹车刀（60°）

N185　G00　X40　Z－8　；　　　　　　　　　　　到简单螺纹循环起点位置

N190　G82　X27　Z－32　F2　；　　　　　　　加工螺纹，背吃刀量1mm

N195　G82　X26.3　Z－32　F2　；　　　　　加工螺纹，背吃刀量0.7mm

N200　G82　X25.8　Z－32　F2　；　　　　　加工螺纹，背吃刀量0.5mm

N205　G82　X25.52　Z－32　F2　；　　　　加工螺纹，背吃刀量0.28mm

N210　G82　X25.52　Z－32　F2　；　　　　光整加工螺纹

N215　G00　X80　；

N220　Z100　M05；
N225　M30；　　　　　　　　　　　　　　　　　　程序结束

二、数控车床高级考工样题

1. 零件图

数控车床高级考工样题零件图如图4-47所示。

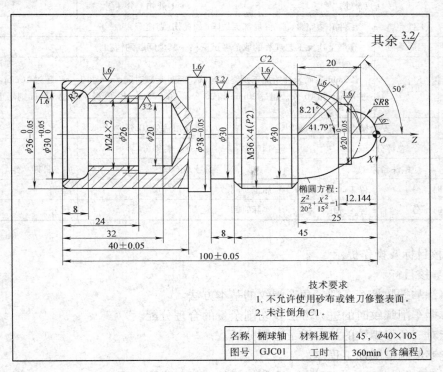

图4-47　数控车床高级考工样题零件图

2. 评分表

数控车床高级考工样题评分表如表4-5所示。

表4-5　数控车床高级考工样题评分表

单　位			姓名		准考证			
检测项目		技 术 要 求	配分	评 分 标 准			检测结果	得　分
外圆	1	$\phi 38_{-0.05}^{0}$ mm　$R_a 1.6\mu m$	7/2	超差0.01mm扣2分、降级无分				
	2	$\phi 36_{-0.05}^{0}$ mm　$R_a 1.6\mu m$	7/2	超差0.01mm扣2分、降级无分				
	3	$\phi 20_{-0.05}^{0}$ mm　$R_a 1.6\mu m$	7/2	超差0.01mm扣2分、降级无分				
内孔	4	$\phi 30_{+0}^{+0.03}$ mm　$R_a 1.6\mu m$	7/2	超差0.01mm扣2分、降级无分				
内螺纹	5	M24×2(止通规检查)	10	止通规检查不满足要求不得分				
外螺纹	6	M36×4(P2)(止通规检查)	10	止通规检查不满足要求不得分				
退刀槽	7	$\phi 26$ mm　$R_a 3.2\mu m$	3/2	超差、降级无分				
	8	$\phi 30$ mm　$R_a 3.2\mu m$	3/2	超差、降级无分				
球面	9	SR8 mm　$R_a 1.6\mu m$	3/4	超差、降级无分				
椭圆面	10	形状尺寸　$R_a 1.6\mu m$	8/4	形状不符不得分、降级无分				

（续）

检测项目		技术要求	配分	评分标准	检测结果	得分
长度	11	(100±0.05)mm	5	超差0.01mm扣2分		
	12	(40±0.05)mm	5	超差0.01mm扣2分		
倒角	13	C1(5处)	5	少1处扣1分		
其他	14	工件完整	工件必须完整，工件局部无缺陷（如夹伤、划痕等）			
	15	程序编制	有严重违反工艺规程的取消考试资格，其他问题酌情扣分			
	16	加工时间	120min后尚未开始加工则终止考试，超过定额时间5min扣1分，超过10min扣5分，超过15min扣10分，超过20min扣20分，超过25min扣30分，超过30min则停止考试			
	17	安全操作规程	违反扣总分10分/次			
总评分			100	总得分		
零件名称				图号 GJC02	加工日期　年　月　日	
加工开始　时　分		停工时间　分钟	加工时间		检测	
加工结束　时　分		停工原因	实际时间		评分	

3. 考核目标及操作提示

（1）考核目标

1）熟练掌握数控车车削三角形螺纹的基本方法。

2）掌握车削螺纹时的进刀方法及切削余量的合理分配。

3）能对三角形螺纹的加工质量进行分析。

4）能够编制椭圆加工程序。

（2）加工操作提示。加工图4-47所示零件，加工步骤如下：

1）夹右端，手动车工件左端面，用ϕ20mm麻花钻钻孔，孔深40mm。

2）用1号车刀粗、精车外圆轮廓。

3）用4号镗孔刀粗、精车内孔。

4）用5号内切槽刀加工螺纹退刀槽。

5）用6号内螺纹车刀加工内螺纹。

6）工件调头，夹ϕ36mm外圆，用1号车刀粗、精加工外圆轮廓。

7）用2号切槽刀加工螺纹退刀槽，并倒角。

8）用3号外螺纹车刀加工外螺纹。

（3）注意事项

1）加工螺纹时，一定要根据螺纹的牙型角、导程合理选择刀具。

2）螺纹车刀的前面、后面必须平整、光洁。

3）安装螺纹车刀时，必须使用对刀样板。

（4）编程、操作加工时间

1）编程时间：120min（占总分30%）。

2）操作时间：240min（占总分70%）。

4. 工、量、刃具清单

数控车床高级考工样题工、量、刃具清单如表4-6所示。

表4-6 数控车床高级考工样题工、量、刃具清单

序号	名 称	规 格	数 量	备 注
1	千分尺	0～25mm	1	
2	千分尺	25～50mm	1	
3	游标卡尺	0～150mm	1	
4	螺纹千分尺	0～25mm	1	
5	螺纹千分尺	25～50mm	1	
6	半径规	$R1～R6.5$mm	1	
7	刀具	93°正偏刀	1	
8		切槽刀	1	刀宽4mm
9		60°螺纹车刀	1	
10		内孔镗刀	1	
11		内切槽刀	1	刀宽3mm
12		60°内螺纹车刀	1	
13	其他辅具	1. 垫刀片若干、油石等		
14		2. 铜皮(厚0.2mm,宽25mm×长60mm)		
15		3. 其他车工常用辅具		
16	材料	45钢,ϕ40mm×105mm,一段		
17	数控车床	CK6136i		
18	数控系统	华中数控系统		

5. 参考程序(华中数控系统)

(1)计算螺纹小径 d'

1)外螺纹。$d' = d$(螺纹公称直径)$- 2 \times 0.62P$(螺纹螺距)$= (36 - 2 \times 0.62 \times 2)$mm $= 33.52$mm。

2)内螺纹。$d' = d$(螺纹公称直径)$- 2 \times 0.62P$(螺纹螺距)$= (24 - 2 \times 0.62 \times 2)$mm $= 21.52$mm。

(2)确定螺纹背吃刀量分布。内、外螺纹均分1mm、0.7mm、0.5mm、0.28mm、光整加工5次加工螺纹。

(3)刀具设置。1号:93°正偏刀;2号:切槽刀(刀宽4mm);3号:60°外螺纹车刀;4号:内孔镗刀;5号:内切槽刀(刀宽3mm);6号:60°内螺纹车刀。

(4)加工程序

1)左端加工主程序。

```
% GJZ ;                              主程序名
N05  G90  G94  G54  G00  X80  Z100  T0101   换刀点、1号外圆车刀
S800  M03 ;
N10  G00  X38.5  Z2 ;                        快速进刀
```

N15　G01　Z‑50　F100 ;	车外圆至φ38.5mm,进给速度100mm/min
N20　X40 ;	横向退刀
N25　G00　Z2 ;	纵向退刀
N30　X36.5 ;	横向进刀
N35　G01　Z‑40 ;	车外圆至φ36.5mm,进给速度100mm/min
N40　X40 ;	
N45　Z200 ;	
N50　X100　M5 ;	退刀至换刀点
N55　M00 ;	程序暂停
N60　M03　S1200　T0101 ;	主轴变速,调整1号刀补值,消除磨损或对刀误差
N65　G00　X34　Z2 ;	
N70　G01　Z0 ;	进刀至零件轮廓起始点,开始轮廓精加工
N75　X36　Z‑1 ;	倒C1角
N80　Z‑40 ;	车外圆至φ36mm
N85　X38 ;	
N90　Z‑50 ;	车外圆至φ38mm
N95　X40 ;	
N100　G00　Z200 ;	
N105　X100　M5 ;	
N110　M00 ;	程序暂停
N115　M3　S600　T0404 ;	主轴变速,转速600r/min,选择4号内孔镗刀
N120　G00　X18　Z2 ;	
N125　G71　U1.5　R1　P160　Q190	内径粗切循环加工
X‑0.4　Z0.1　F100 ;	
N130　G00　X18 ;	横向退刀
N135　Z200 ;	
N140　X100　M5 ;	
N145　M00 ;	程序暂停
N150　M03　S1200　T0404 ;	主轴变速,调整4号刀补值消除磨损或对刀误差
N155　G00　X18　Z2　F30 ;	快速进刀
N160　G01　X32　Z0 ;	内孔轮廓精加工开始
N165　X30　Z‑1 ;	
N170　Z‑5 ;	
N175　G03　X24　Z‑8　R3 ;	
N180　G01　X21.52 ;	
N185　Z‑32 ;	
N190　X19 ;	内孔轮廓精加工结束
N195　G01　X18 ;	
N200　G00　Z200 ;	
N205　X100　M5 ;	
N210　M00 ;	程序暂停
N215　M3　S600　T0505 ;	主轴变速,转速600r/min,选择5号内切槽刀
N220　G00　X18　Z2 ;	

N225   Z－32；

N230   G01   X26   F30；

N235   G00   X18；

N240   Z－29；

N245   G01   X26   F30；

N250   G00   X18；

N255   Z－27；

N260   G01   X26   F30；

N265   Z－32；

N270   G00   X18；

N275   Z200；

N280   X100   M5；   快速退刀至换刀点

N285   M00；   程序暂停

N290   M3   S600   T0606；   主轴变速,转速600r/min,选择6号内螺纹车刀

N295   G00   X10   Z－5；   到简单螺纹循环起点位置

N300   G82   X22.52   Z－28   F2；   加工螺纹,背吃刀量1mm

N305   G82   X23.22   Z－28   F2；   加工螺纹,背吃刀量0.7mm

N310   G82   X23.72   Z－28   F2；   加工螺纹,背吃刀量0.5mm

N315   G82   X24   Z－28   F2；   加工螺纹,背吃刀量0.28mm

N320   G82   X24   Z－28   F2；   光整加工螺纹

N325   G00   Z200；

N330   X100；   快速退刀至换刀点

N335   M30；   主程序结束

2）右端加工程序

① 主程序。

％GJY；   主程序名

N05   G90   G94   G55   G00   X80   Z100   T0101   换刀点、1号外圆车刀
S800   M03；

N10   G00   X42   Z0；

N15   G01   X－1   F100；   车削右端面

N20   G00   X42   Z2；

N25   G71   U1.5   R1   P60   Q105   X0.4   外径粗切循环加工
Z0.1   F100；

N30   G0   X100   M5；   快速退刀至换刀点

N35   M00；   程序暂停

N40   M3   S1200   T0101；   主轴变速,转速1200r/min

N45   G42   G0   X0   Z2；   刀具半径右补偿

N50   G46   X1200   P2500   F100；   恒线速转速限制,低:1200r/min,高:2500r/min

N55   G96   S240；   规定恒线速240m/min

N60   G01   X0   Z0；   右端轮廓精加工开始

N65   G03   X16   Z－8   R8；

N70   G01   X20；

N75   Z－12.144 ;

N80   X30 ;

N85   Z－25 ;

N90   X32 ;

N95   X35.8 Z－27 ;

N100   Z－53 ;

N105   X41 ;   右端轮廓精加工结束

N110   G40 G00 X100 Z200 M5 ;   取消刀具半径补偿,快速退刀至换刀点

N115   G97 ;   取消恒线速度

N120   M00 ;   程序暂停

N125   M03 S600 T0202 ;   主轴变速,转速600r/min,选2号切槽刀

N130   G00 X45 Z－53 ;

N135   G01 X30 F30 ;

N140   G00 X45 ;

N145   Z－49 ;

N150   G01 X30 F30 ;

N155   Z－53 ;

N160   G00 X50 ;

N165   Z－47 ;

N170   G01 X36 F100 ;

N175   X32 Z－49 F30 ;   倒槽右端 $C2$ 角

N180   G0 X40;

N185   Z－27 ;

N190   G01 X32 Z－25 F30 ;   倒槽左端 $C2$ 角

N195   G0 X100 ;

N200   Z200 M5 ;

N205   M00 ;   程序暂停

N210   M3 S600 T0303 ;   主轴变速,转速600r/min,选3号螺纹刀

N215   G00 X45.0 Z－20.0 ;   到简单螺纹循环起点位置

N220   G82 X35 Z－49 F4 ;   加工螺纹,背吃刀量1mm

N225   G82 X34.3 Z－49 F4 ;   加工螺纹,背吃刀量0.7mm

N230   G82 X33.8 Z－49 F4 ;   加工螺纹,背吃刀量0.5mm

N235   G82 X33.52 Z－49 F4 ;   加工螺纹,背吃刀量0.28mm

N240   G82 X33.52 Z－49 F4 ;   加工螺纹,光整加工

N245   G00 X45.0 Z－22.0 ;   快速进刀,与第一条螺纹起始点错开一个螺距

N250   G82 X35 Z－49 F4 ;   加工螺纹,背吃刀量1mm

N255   G82 X34.3 Z－49 F4 ;   加工螺纹,背吃刀量0.7mm

N260   G82 X33.8 Z－49 F4 ;   加工螺纹,背吃刀量0.5mm

N265   G82 X33.52 Z－49 F4 ;   加工螺纹,背吃刀量0.28mm

N270   G82 X33.52 Z－49 F4 ;   加工螺纹,光整加工

N275   G0 X100 Z100 M5 ;   快速退刀至换刀点

N280   M00 ;   程序暂停

N285   M3 S800 T0101 ;   主轴变速,转速800r/min,选1号外圆车刀

N290 G0 X30 ;	
N295 G0 X32 Z2 ;	
N300 #50 = 30 ;	设置最大切削余量
N305 WHILE #50 GE 1 ;	判断毛坯余量是否大于等于1
N310 M98 P0002 ;	调用椭圆子程序粗加工椭圆
N315 #50 = #50 − 2 ;	每次背吃刀量双边2mm
N320 ENDW ;	
N325 M05 ;	
N330 M00 ;	程序暂停
N335 S1500 M3 F60 ;	主轴变速,转速1500r/min
N340 G46 X1500 P2500 ;	限定恒线速转速,低:1500r/min,高:2500r/min
N345 G96 S240 ;	规定恒线速度240m/min
N350 M98 P0002 ;	调用椭圆子程序精加工椭圆
N355 G97 G0 X100 Z200 ;	快速退刀,取消恒线速度
N360 M30 ;	主程序结束

② 椭圆加工子程序。

%0002 ;	子程序名
N5 #1 = 20 ;	椭圆长轴20mm
N10 #2 = 15 ;	短轴15mm
N15 #3 = − 12.144 ;	Z轴起始尺寸
N20 WHILE #3 GE [−25] ;	判断是否走到Z轴终点
N25 #4 = 15 * SQRT[#1 * #1 − #3 * #3]/20 ;	X轴变量
N30 G1 X[2 * #4 + #50] Z[#3] ;	椭圆插补
N35 #3 = #3 − 0.4 ;	Z轴步距,每次0.4mm
N40 ENDW ;	
N45 W − 1 ;	
N50 G00 U2 ;	
N55 Z2 ;	退回起点
N60 M99 ;	子程序结束

思 考 题

4-1 G代码表示什么功能字？它有什么作用？

4-2 试述辅助功能的作用。什么叫前作用M功能和后作用M功能？

4-3 刀具补偿有哪几种？为什么要进行刀具偏置补偿？刀具偏置补偿有哪两种形式？

4-4 华中数控系统有哪几种螺纹切削指令？试述各指令程序段中参数的含义。

4-5 试述华中数控系统车床数控装置操作台的组成。

4-6 华中数控系统车床的手动数据输入（MDI）操作包括哪些内容？

4-7 试述数控车床超程解除的步骤。

4-8 试述华中数控系统自动设置坐标系偏置值的步骤。

4-9 试述华中数控系统自动设置刀具偏置值的操作步骤。

4-10 试述华中数控系统加工断点保存与恢复的操作步骤。

4-11 试述华中数控系统程序校验运行的操作步骤。

4-12 编制图4-48所示零件的数控加工程序。

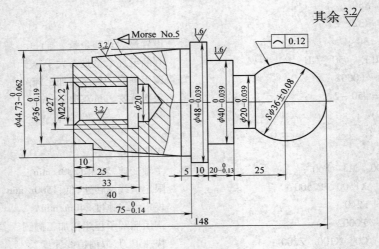

图 4-48　轴

第五章　数控铣削工艺设计

第一节　数控铣削加工工艺分析

一、数控铣削加工工艺概述

数控铣削加工工艺是以普通铣床的加工工艺为基础，结合数控铣床的特点，综合运用金属切削原理与刀具、加工工艺、典型零件加工及工艺性分析等方面的知识，解决数控铣削加工过程中的工艺问题。

1. 数控铣削加工的主要对象

数控铣削是机械加工中最常用和最主要的数控加工方法之一。根据数控铣床的特点，从铣削加工角度考虑，适合数控铣削的主要加工对象有以下几类：

（1）平面轮廓零件。这类零件的加工面平行或垂直于定位面，或加工面与定位面的夹角为固定角度，如各种盖板、凸轮以及飞机整体结构件中的框、肋等。目前，在数控铣床上加工的大多数零件属于平面类零件，其特点是各个加工面是平面，或可以展开成平面。平面类零件是数控铣削加工中最简单的一类零件，一般只需用三坐标数控铣床的两坐标联动（即两轴半坐标联动）就可以把它们加工出来。

（2）变斜角类零件。加工面与水平面的夹角呈连续变化的零件称为变斜角零件，例如图5-1所示的飞机变斜角梁椽条。变斜角类零件的变斜角加工面不能展开为平面，但在加工中，加工面与铣刀圆周的瞬时接触为一条线。最好采用四坐标、五坐标数控铣床摆角加工，若没有上述机床，也可采用三坐标数控铣床进行两轴半近似加工。

（3）空间曲面轮廓零件。这类零件的加工面为空间曲面，如模具、叶片、螺旋桨等。空间曲面轮廓零件不能展开为平面。加工时，铣刀与加工面始终为点接触，一般采用球头刀在三轴数控

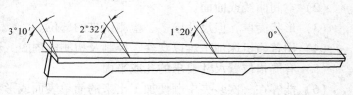

3°10′　　2°32′　　1°20′　　0°

图5-1　飞机变斜角梁椽条

铣床上加工。当曲面较复杂、通道较狭窄、会伤及相邻表面及需要刀具摆动时，要采用四坐标或五坐标铣床加工。

（4）孔。孔及孔系的加工可以在数控铣床上进行，如钻、扩、铰和镗等加工。由于孔加工多采用定尺寸刀具，需要频繁换刀，当加工孔的数量较多时，就不如用加工中心加工方便、快捷。

（5）螺纹。内螺纹、外螺纹、圆柱螺纹、圆锥螺纹等都可以在数控铣床上加工。

2. 数控铣削加工工艺的特点

数控铣床加工程序是数控铣床的指令性文件。数控铣床受控于程序指令，加工的全过程都是按程序指令自动进行的。数控铣床加工程序不仅要包括加工零件的工艺过程，

而且还要包括切削用量，进给路线，刀具尺寸以及铣床的运动过程。因此，要求编程人员对数控铣床的性能、特点、运动方式、刀具系统、切削规范以及工件的装夹方法等都要非常熟悉。工艺方案的好坏不仅会影响铣床效率的发挥，而且将直接影响到零件的加工质量。

3. 数控铣削加工工艺的主要内容

数控铣床加工工艺主要包括如下内容：

（1）选择适合在数控铣床上加工的零件，确定工序内容。

（2）分析零件图样，明确加工内容及技术要求。

（3）确定零件的加工方案，制定数控铣削加工工艺路线。处理与非数控加工工序的衔接等。

（4）数控铣削加工工序的设计。如选取零件的定位基准、划分工序、安排加工顺序、确定夹具方案、划分工步、选择刀具和确定切削用量等。

（5）数控铣削加工程序的调整。如选取对刀点和换刀点、确定刀具补偿及加工路线等。

二、数控加工工艺文件

数控铣削加工工艺文件与第三章第二节中的有关内容基本相同，这里不再赘述。数控铣削加工工序卡及数控铣削加工刀具卡的格式见本章第五节。

三、零件的工艺分析

数控铣削加工的工艺设计关键在于合理安排工艺路线，协调数控铣削工序与其他工序之间的关系，确定数控铣削工序的内容和步骤，并为程序编制准备必要的条件。

1. 数控铣削加工部位及加工内容的选择与确定

一般情况下，某个零件并不是所有的表面都需要采用数控加工，应根据零件的加工要求和企业的生产条件进行具体分析，确定具体的加工部位、内容及要求。具体而言，以下情况适宜采用数控铣削加工：

（1）由直线、圆弧、非圆曲线及列表曲线构成的内、外轮廓。

（2）空间曲线或曲面。

（3）形状简单，但尺寸繁多、检测困难的部位。

（4）用普通机床加工难以观察、控制及检测的内腔、箱体内部等。

（5）有严格位置尺寸要求的孔或平面。

（6）能够在一次装夹中顺便加工出来的简单表面或形状。

（7）采用数控铣削加工能有效提高生产率，减轻劳动强度的一般加工内容。

而像简单的粗加工面、需要用专用工装协调的加工内容等则不宜采用数控铣削加工。在具体确定数控铣削的加工内容时，还应结合企业设备条件、产品特点及现场生产组织管理方式等具体情况进行综合分析，以优质、高效、低成本完成零件的加工为原则。

2. 数控铣削加工零件的工艺性分析

零件的工艺性分析是制订数控铣削加工工艺的前提，其主要内容如下：

（1）零件图及其结构工艺性分析

1）分析零件的形状、结构及尺寸的特点，确定零件上是否有妨碍刀具运动的部位，是否有会产生加工干涉或加工不到的区域，零件的最大形状尺寸是否超过机床的最大行程，零件的刚性随着加工的进行是否有太大的变化等。

2）检查零件的加工要求，如尺寸加工精度、形位公差及表面粗糙度等在现有的加工条件下是否可以得到保证，是否还有更经济的加工方法或方案。

3）零件上是否存在对刀具形状及尺寸有限制的部位和尺寸要求，如过渡圆角、倒角、槽宽等，这些尺寸是否过于凌乱，是否可以统一。尽量使用最少的刀具进行加工，减少刀具规格、换刀及对刀次数和时间，以缩短总的加工时间。

4）对于零件加工中使用的工艺基准应当着重考虑，它不仅决定了各个加工工序的前后顺序，还将对各个加工表面之间的位置精度产生直接的影响。应分析零件上是否有可以利用的工艺基准，对于一般加工精度要求，可以利用零件上现有的一些基准面或基准孔，或者专门在零件上加工出工艺基准。当零件的加工精度要求很高时，必须采用先进的统一基准定位装夹系统才能保证加工要求。

5）分析零件材料的种类、牌号及热处理要求，了解零件材料的切削加工性能，才能合理选择刀具材料和切削参数。同时要考虑热处理对零件的影响，如热处理变形，并在工艺路线中安排相应的工序消除这种影响。而零件的最终热处理状态也将影响工序的前后顺序。

6）当零件上的一部分内容已经加工完成（如其他企业加工的外协零件），这时应充分了解零件的已加工状态，数控铣削待加工的内容与已加工内容之间的关系，尤其是位置尺寸关系，这些内容在加工时如何协调，采用什么方式或基准保证加工要求。

7）构成零件轮廓的几何元素（点、线、面）的条件（如相切、相交、垂直和平行等），是数控编程的重要依据。因此，在分析零件图样时，务必要分析几何元素的给定条件是否充分，若发现问题要及时与设计人员协商解决。

(2) 零件毛坯的工艺性分析。零件在进行数控铣削加工时，由于加工过程的自动化，使得加工余量的大小、如何装夹工件等问题在设计毛坯时就要仔细考虑好。否则，如果毛坯不适合数控铣削，加工将很难进行下去。根据实践经验，下列几方面应作为毛坯工艺性分析的重点：

1）毛坯应有充分、稳定的加工余量。毛坯主要指锻件、铸件。因模锻时的欠压量与允许的错模量会造成加工余量多少不等；铸造时也会因砂型误差、收缩量及金属液体的流动性差不能充满型腔等造成加工余量不等。此外，锻造、铸造后，毛坯的挠曲与扭曲变形量的不同也会造成加工余量不充分、不稳定。因此，除板料外，不论是锻件、铸件还是型材，只要准备采用数控铣削加工，其加工面均应有较充分的加工余量。经验表明，数控铣削中最难保证的是加工面与非加工面之间的尺寸，这一点应该特别引起重视。如果已确定或准备采用数控铣削加工，就应事先对毛坯的设计进行必要更改或在设计时就加以充分考虑，即在零件图样注明的非加工面处也增加适当的余量。

2）分析毛坯的装夹适应性。主要考虑毛坯在加工时定位和夹紧的可靠性与方便性，以便在一次安装中加工出较多表面。对不便于装夹的毛坯，可考虑在毛坯上另外增加装夹余量或工艺凸台、工艺凸耳等辅助基准。

3）分析毛坯的加工余量大小及均匀性。主要是考虑在加工时要不要分层切削，分几层切削。也要分析加工中与加工后的变形程度，考虑是否应采取预防性措施与补救措施。如对于热轧的中、厚铝板，经淬火时效后很容易在加工中与加工后变形，所以最好采用经预拉伸处理的淬火板坯。

四、数控铣削加工工艺路线的拟定

随着数控加工技术的发展，在不同设备和技术条件下，同一个零件的加工工艺路线会有较大的差别。但关键的都是从现有加工条件出发，根据工件形状结构特点合理选择加工方法、划分加工工序、确定加工路线和工件各个加工表面的加工顺序、协调数控铣削工序和其他工序之间的关系以及考虑整个工艺方案的经济性等。

1. 加工方法的选择

数控铣削加工对象的主要加工表面一般可采用表 5-1 所列的加工方案。

表 5-1　加工表面的加工方案

序号	加工表面	加工方案	所使用的刀具
1	平面内、外轮廓	X、Y、Z 方向粗铣→内、外轮廓方向分层半精铣→轮廓高度方向分层半精铣→内、外轮廓精铣	整体高速钢或硬质合金立铣刀；机夹可转位硬质合金立铣刀
2	空间曲面	X、Y、Z 方向粗铣→曲面 Z 方向分层粗铣→曲面半精铣→曲面精铣	整体高速钢或硬质合金立铣刀、球头铣刀；机夹可转位硬质合金立铣刀、球头铣刀
3	孔	定尺寸刀具加工铣削	麻花钻、扩孔钻、铰刀、镗刀；整体高速钢或硬质合金立铣刀；机夹可转位硬质合金立铣刀
4	外螺纹	螺纹铣刀铣削	螺纹铣刀
5	内螺纹	攻螺纹 螺纹铣刀铣削	丝锥 螺纹铣刀

（1）平面加工方法的选择。在数控铣床上加工平面主要采用端铣刀和立铣刀。粗铣的尺寸精度和表面粗糙度一般可达 IT 11 ~ 13 级，$R_a6.3 ~ 25\mu m$；精铣的尺寸精度和表面粗糙度一般可达 IT 8 ~ 10 级，$R_a1.6 ~ 6.3\mu m$。需要注意的是：当零件表面粗糙度要求较高时，应采用顺铣方式。

（2）平面轮廓加工方法的选择。平面轮廓多由直线、圆弧或各种曲线构成，通常采用三坐标数控铣床进行两轴半坐标加工。

（3）固定斜角平面加工方法的选择。固定斜角平面是与水平面成一固定夹角的斜面。当零件尺寸不大时，可用斜垫板垫平后加工；如果机床主轴可以摆角，则可以将主轴摆成适当的定角，用不同的刀具来加工。当零件尺寸很大，斜面斜度又较小时，常用行切法加工，但加工后，会在加工面上留下残留面积，需要用钳修方法加以清除，用三坐标数控立铣加工飞机整体壁板零件时常用此法。当然，加工斜面的最佳方法是采用五坐标数控铣床，主轴摆角后加工，可以不留残留面积。

（4）变斜角面加工方法的选择

1）对曲率变化较小的变斜角面，选用 X、Y、Z 和 A 四坐标联动的数控铣床，采用立铣刀（但当零件斜角过大，超过机床主轴摆角范围时，可用角度成形铣刀加以弥补）以插补方式摆角加工。加工时，为保证刀具与零件型面在全长上始终贴合，刀具绕 A 轴摆动适当的角度。

2）对曲率变化较大的变斜角面，用四坐标联动加工难以满足加工要求，最好用 X、Y、Z、A 和 B（或 C 转轴）五坐标联动数控铣床，以圆弧插补方式摆角加工。

3）采用三坐标数控铣床两坐标联动，利用球头铣刀或鼓形铣刀，以直线或圆弧插补方式进行分层铣削加工，加工后的残留面积用钳修方法清除。由于鼓形铣刀的鼓径可以做得比球头铣刀的球径大，所以加工后残留面积的高度小，加工效果比球头铣刀好。

（5）曲面轮廓加工方法的选择。立体曲面的加工应根据曲面形状、刀具形状以及精度要求采用不同的铣削加工方法，如两轴半、三轴、四轴及五轴等联动加工。

1）对曲率变化不大和精度要求不高的曲面的粗加工，常用两轴半坐标行切法加工。所谓行切法，是指刀具与零件轮廓的切点轨迹是一行一行的，而行间的距离是按零件加工精度的要求确定的。加工过程中 X、Y、Z 三轴中任意两轴作联动插补，第三轴作单独的周期进给。

2）对曲率变化较大和精度要求较高的曲面的精加工，常用 X、Y、Z 三轴联动插补的行切法加工。

3）对于叶轮、螺旋桨类零件，因其叶片形状复杂，刀具容易与相邻表面发生干涉，常用五坐标联动加工。这种加工的编程计算相当复杂，一般采用自动编程。

2. 工序的划分

划分工序是指在确定加工内容和加工方法的基础上，根据加工部位的性质、刀具使用情况以及现有的加工条件，将这些加工内容安排在一个或几个数控铣削加工工序中。

（1）当加工中使用的刀具较多时，为了减少换刀次数，缩短辅助时间，可以将一把刀所加工的内容安排在一个工序（或工步）中。

（2）按照工件加工表面的性质和要求，将粗加工、精加工分为依次进行的不同工序（或工步）。先进行所有表面的粗加工，然后再进行所有表面的精加工。

一般情况下，为了减少工件加工中的周转时间，提高数控铣床的利用率，保证加工精度要求，在划分数控铣削工序时，应尽量使工序集中。当数控铣床的数量比较多，同时有相应的设备技术措施保证工件的定位精度时，为了更合理地分配机床的负荷，协调生产组织，也可以将加工内容适当分散。

3. 加工顺序的安排

在确定了某个工序的加工内容后，要进行详细的工步设计，即安排这些工序内容的加工顺序，同时考虑编制程序时刀具运动轨迹的设计。一般将一个工步编制为一个加工程序，因此，工步顺序实际上也就是加工程序的执行顺序。

一般数控铣削采用工序集中的方式，这时工步的顺序就是工序分散时的工序顺序，通常按照从简单到复杂的原则，先加工平面、沟槽、孔，再加工外形、内腔，最后加工曲面；先加工精度要求低的表面，再加工精度要求高的部位等。

4. 加工路线的确定

在确定进给路线时，对于数控铣削应考虑以下几个方面的因素：

（1）应能保证零件的加工精度和表面粗糙度要求。如图 5-2 所示，当铣削平面零件外轮廓时，一般采用立铣刀侧刃切削。刀具切入工件时，应避免沿零件外廓的法向切入，而应沿外廓曲线延长线的切向切入，以避免在切入处产生刀具的刻痕而影响表面质量，保证零件外廓曲线平滑过渡。同理，在切离工件时，也应避免在工件的轮廓处直接退刀，而应该沿零件轮廓延长线的切向逐渐切离工件。

　　铣削封闭的内轮廓表面时，若内轮廓曲线允许外延，则应沿切线方向切入、切出。若内轮廓曲线不允许外延，如图 5-3 所示，则刀具只能沿内轮廓曲线的法向切入、切出，此时刀具的切入、切出点应尽量选在内轮廓曲线两几何元素的交点处。当内部几何元素相切无交点时（见图 5-4），为防止刀补取消时在轮廓拐角处留下凹口（见图 5-4a），刀具切入、切出点应远离拐角，如图 5-4b 所示。图 5-5 所示为圆弧插补方式铣削外整圆时的进给路线。当整圆加工完毕时，不要在切点处直接退刀，而应让刀具沿切线方向多运动一段距离，以免取消刀补时，刀具与工件表面相碰，造成工件报废。铣削内圆弧时也要遵循从切向切入的原则，最好安排从圆弧过渡到圆弧的加工路线，如图 5-6 所示，这样可以提高内孔表面的加工精度和加工质量。

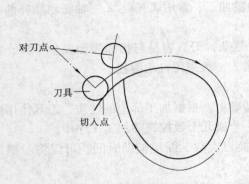

图 5-2　外轮廓加工刀具的切入和切出

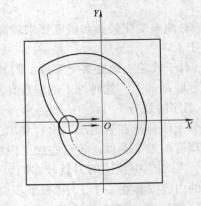

图 5-3　内轮廓加工刀具的切入和切出

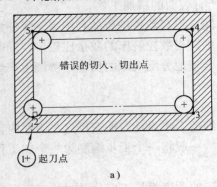

a)

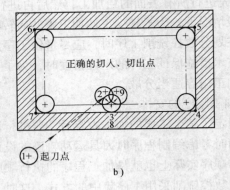

b)

图 5-4　无交点内轮廓加工刀具的切入和切出

　　对于孔位置精度要求较高的零件，在精镗孔系时，镗孔路线一定要使各孔的定位方向一致，即采用单向趋近定位点的方法，以消除传动系统反向间隙误差或测量系统的误差对定位精度的影响。例如图 5-7a 所示的孔系加工路线，在加工孔Ⅳ时，X 方向的反向间隙将会影响Ⅲ、Ⅳ两孔的孔距精度。如果改为图 5-7b 所示的加工路线，可使各孔的定位方向一致，从而提高了孔距精度。

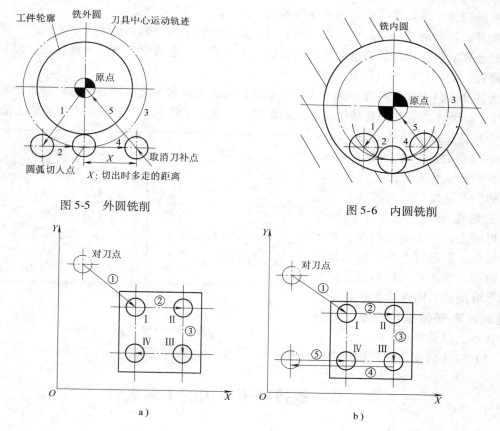

图 5-5　外圆铣削

图 5-6　内圆铣削

图 5-7　孔系加工路线方案比较

铣削曲面时，常采用球头铣刀行切法进行加工。对于边界敞开的曲面加工，可采用两种进给路线。例如，发动机大叶片，当采用图 5-8a 所示的加工方案时，每次沿直线加工，刀位点计算简单，程序少，加工过程符合直纹面的形成，可以准确保证素线的直线度；当采用图 5-8b 所示的加工方案时，虽然符合这类零件数据给出情况，便于加工后检验，叶片形状的准确度较高，但程序较多。由于曲面零件的边界是敞开的，没有其他表面限制，所以边界

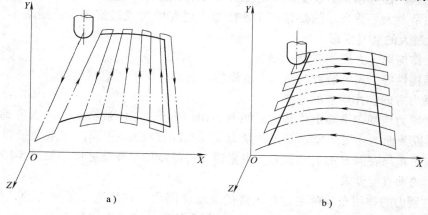

图 5-8　曲面加工的进给路线

曲面可以延伸，球头铣刀应由边界外开始加工。

此外，轮廓加工中应避免进给停顿。因为加工过程中的切削力会使工艺系统产生弹性变形并处于相对平衡状态，进给停顿时，切削力突然减小，会改变系统的平衡状态，刀具会在进给停顿处的零件轮廓上留下刻痕。

为提高工件表面的精度、减小表面粗糙度，可以采用多次进给的方法，精加工余量一般以 0.2 ~ 0.5mm 为宜。而且精铣时宜采用顺铣，以减小工件被加工表面的表面粗糙度值。

（2）应使进给路线最短，减少刀具空行程时间，提高加工效率。如图 5-9 所示为正确选择钻孔加工路线的例子。按照一般习惯，总是先加工均布于同一圆周上的八个孔，再加工另一圆周上的孔，如图 5-9a 所示。但是对点位控制的数控机床而言，要求定位精度高，定位过程尽可能快，因此这类机床应按空程最短来安排进给路线，如图 5-9b 所示，以节省加工时间。

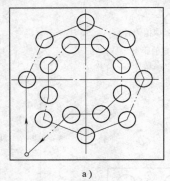 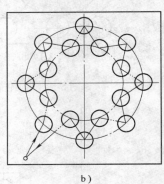

a)   b)

图 5-9　最短加工路线选择

（3）应使数值计算简单，程序段数量少，以减少编程工作量。

第二节　数控铣床常用的工装夹具

一、工件的夹紧

夹紧是工件装夹过程的重要组成部分。工件定位后必须通过一定的机构产生夹紧力，把工件压紧在定位元件上，使其保持准确的定位位置，不会由于切削力、工件重力、离心力或惯性力等的作用而产生位置变化和振动，以保证加工精度和安全操作。这种产生夹紧力的机构称为夹紧装置。

1. 夹紧装置应具备的基本条件

（1）夹紧过程可靠，不改变工件定位后所占据的正确位置。

（2）夹紧力大小适当，既要保证工件在加工过程中位置稳定不变、振动小，又要使工件不会产生过大的夹紧变形。

（3）操作简单、方便、省力、安全。

（4）结构性好。夹紧装置的结构力求简单、紧凑，便于制造和维修。

2. 夹紧力方向和作用点的选择

（1）夹紧力应朝向主要定位基准。如图 5-10a 所示，工件被镗孔与 A 面有垂直度要求，因此加工时以 A 面为主要定位基面，夹紧力 F_J 的方向应朝向 A 面。如果夹紧力改朝 B 面，由于工件侧面 A 与底面 B 的夹角误差，夹紧时工件的定位位置被破坏，如图 5-10b 所示，影响孔与 A 面的垂直度要求。

（2）夹紧力的作用点应落在定位元件的支承范围内，并靠近支承元件的几何中心。如果夹紧力作用在支承面之外，将导致工件的倾斜和移动，破坏工件的定位。

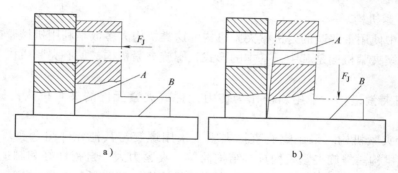

a)   b)

图 5-10 夹紧力方向示意

（3）夹紧力的方向应有利于减小夹紧力的大小。

（4）夹紧力的方向和作用点应施加于工件刚性较好的方向和部位。

（5）夹紧力作用点应尽量靠近工件加工表面。为提高工件加工部位的刚性，防止或减少振动，应将夹紧力的作用点尽量靠近加工表面。

3. 夹紧力大小的估算

夹紧力的大小，对工件安装的可靠性、工件和夹具的变形、夹紧机构的复杂程度等有很大影响。加工过程中，工件受到切削力、离心力、惯性力和工件自身重力等作用。一般情况下加工中、小工件时，切削力（矩）起决定性作用。加工重、大型工件时，必须考虑工件重力的影响。在工件高速运动条件下加工时，不能忽略离心力或惯性力对夹紧作用的影响。此外，切削力本身是一个动态载荷，在加工过程中也是变化的。夹紧力的大小还与工艺系统刚度、夹紧机构的传动效率等因素有关。因此，夹紧力大小的计算是一个很复杂的问题，一般只能作粗略的估算。为简化起见，在确定夹紧力大小时，可只考虑切削力（矩）对夹紧的影响，并假设工艺系统是刚性的，切削过程是平稳的，根据加工过程中对夹紧最不利的瞬时状态，按静力平衡原理求出夹紧力的大小，再乘以安全系数作为实际所需的夹紧力，即

$$F_J = KF$$

式中　F_J——实际所需的夹紧力；

　　　F——在给定条件下，按静力平衡计算出的夹紧力；

　　　K——安全系数，考虑切削力的变化和工艺系统变形等因素，一般取 1.5 ~ 3。

实际应用中并非所有情况下都需要计算夹紧力，手动夹紧机构一般根据经验或类比法确定夹紧力。若确实需要比较准确地计算夹紧力，可采用上述方法计算夹紧力的大小。

二、数控铣床夹具

1. 机用虎钳

数控铣削形状比较规则的零件时常用机用虎钳装夹，其方便灵活，适应性强。当加工精度要求较高，需要较大的夹紧力时，可采用较高精度的机械式或液压式机用虎钳。机用虎钳在数控铣床工作台上的安装要根据加工精度要求控制钳口与 X 轴或 Y 轴的平行度，零件夹紧时要注意控制工件变形和一端钳口上翘。

2. 铣床用卡盘

当需要在数控铣床上加工回转体零件时，可以采用三爪自定心卡盘装夹，对于非回转零件可采用四爪单动卡盘装夹。铣床用卡盘的使用方法与车床卡盘相似，使用时用 T 形槽螺栓将卡盘固定在机床工作台上即可。

3. 机械夹紧机构

铣床夹具中使用最普遍的是机械夹紧机构，这类机构大多数是利用机械摩擦的原理来夹紧工件的。斜楔夹紧机构是其中最基本的形式，螺旋夹紧机构、偏心夹紧机构等都是斜楔夹紧机构的变形。

（1）斜楔夹紧机构。采用斜楔作为传力元件或夹紧元件的夹紧机构，称为斜楔夹紧机构。

（2）螺旋夹紧机构。采用螺旋直接夹紧或采用螺旋与其他元件组合实现夹紧的机构，称为螺旋夹紧机构。螺旋夹紧机构具有结构简单、夹紧力大、自锁性好和制造方便等优点，很适合手动夹紧，因而在机床夹具中得到了广泛的应用。其缺点是夹紧动作较慢，在自动夹紧机构中应用较少。螺旋夹紧机构分为简单螺旋夹紧机构和螺旋压板夹紧机构。实际生产中使用较多的是螺旋压板夹紧机构。它利用杠杆原理实现对工件的夹紧，杠杆比不同，夹紧力也不同。

（3）偏心夹紧机构。用偏心件直接或间接夹紧工件的机构，称为偏心夹紧机构。常用的偏心件有圆偏心轮、偏心轴和偏心叉。偏心夹紧机构操作简单、夹紧动作快，但夹紧行程和夹紧力较小，一般用于没有振动或振动较小、夹紧力要求不大的场合。

三、夹具的选择

1. 工件的定位基准与夹紧方案的确定

工件的定位基准与夹紧方案的确定，应该注意以下三点：

（1）力求设计基准、工艺基准与编程原点统一，以减少基准不重合误差和数控编程中的计算工作量。

（2）设法减少装夹次数，尽可能做到一次定位装夹后能加工出工件上全部或大部分待加工表面，以减少装夹误差，提高加工表面之间的相互位置精度，充分发挥数控机床的效率。

（3）避免采用占机人工调整式方案，以免占机时间过多，影响加工效率。

2. 夹具的选择

数控加工的特点对夹具提出了两个基本要求：一是保证夹具的坐标方向与机床的坐标方向相对固定；二是要能协调工件与机床坐标系的尺寸。除此之外，重点考虑以下几点：

（1）单件小批量生产时，优先选用组合夹具、可调夹具和其他通用夹具，以缩短生产准备时间，节省生产费用。

（2）成批生产时，考虑采用专用夹具，并力求结构简单。

（3）工件的装卸要快速、方便、可靠，以缩短机床的停顿时间。

（4）夹具上各零部件应不妨碍机床对工件各表面的加工，即夹具要敞开，其定位、夹紧机构元件不能影响加工过程中刀具的运动（如产生碰撞等）。

（5）为提高数控加工效率，批量较大的零件加工可采用多工位、气动或液压夹具。

第三节　数控铣削用刀具的类型及选用

一、数控铣削对刀具的基本要求

1. 铣刀刚性要好

要求铣刀刚性好的目的，一是满足为提高生产效率而采用大切削用量的需要，二是为适应数控铣床加工过程中难以调整切削用量的特点。在数控铣削中，因铣刀刚性较差而断刀并造成工件损伤的事例时有发生，所以解决数控铣刀的刚性问题是很重要的。

2. 铣刀寿命要长

当一把铣刀加工的内容很多时，如果刀具磨损较快，不仅会影响零件的表面质量和加工精度，而且会增加换刀与对刀次数，从而导致零件加工表面留下因对刀误差而形成的接刀台阶，降低零件的表面质量。

除上述两点之外，铣刀切削刃的几何角度参数的选择与排屑性能等也非常重要。切屑粘刀形成积屑瘤在数控铣削中危害是非常大的。总之，根据工件材料的热处理状态、切削性能及加工余量，选择刚性好、刀具寿命长的铣刀，是充分发挥数控铣床的生产效率并获得满意加工质量的前提。

二、常用铣刀的种类

1. 面铣刀

如图 5-11 所示，面铣刀圆周方向切削刃为主切削刃，端部切削刃为副切削刃。面铣刀多制成套式镶齿结构，刀齿材料为高速钢或硬质合金，刀体为 40Cr。高速钢面铣刀按国家标准规定，直径 $d = 80 \sim 250\text{mm}$，螺旋角 $\beta = 10°$，刀齿数 $Z = 10 \sim 26$。

硬质合金面铣刀的铣削速度、加工效率和工件表面质量均高于高速钢铣刀，并可加工带有硬皮和淬硬层的工件，因而在数控加工中得到了广泛的应用。图 5-12 所示为几种常用的硬质合金面铣刀。由于整体焊接式和机夹焊接式面铣刀难于保证焊接质量，刀具寿命短，重磨较费时，目前已被可转位面铣刀所取代。

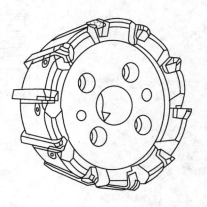

图 5-11　面铣刀

可转位面铣刀的直径已经标准化，采用公比 1.25 的标准直径(mm)系列：16、20、25、32、40、50、63、80、100、125、160、200、250、315、400、500、630，参见 GB/T 5342—1985⊖。

2. 立铣刀

立铣刀是数控机床上用得最多的一种铣刀，其结构如图 5-13 所示。立铣刀的圆柱表面和端面上都有切削刃，它们可同时进行切削，也可单独进行切削。

立铣刀圆柱表面的切削刃为主切削刃，端面上的切削刃为副切削刃。主切削刃一般为螺旋齿，这样可以增加切削平稳性，提高加工精度。由于普通立铣刀端面中心处无切削刃，所以立铣刀不能作轴向进给，端面刃主要用来加工与侧面相垂直的底平面。

为了能加工较深的沟槽，并保证有足够的备磨量，立铣刀的轴向长度一般较长。为改善切屑卷曲情况，增大容屑空间，防止切屑堵塞，刀齿数比较少，容屑槽圆弧半径较大。一般粗齿立铣刀齿数 $Z = 3 \sim 4$，细齿立铣刀齿数 $Z = 5 \sim 8$，套式结构 $Z = 10 \sim 20$，容屑槽圆弧半

⊖　可转位面铣刀新标准号为 GB/T 5342.1—2006、GB/T 5342.2—2006、GB/T 5342.3—2006。

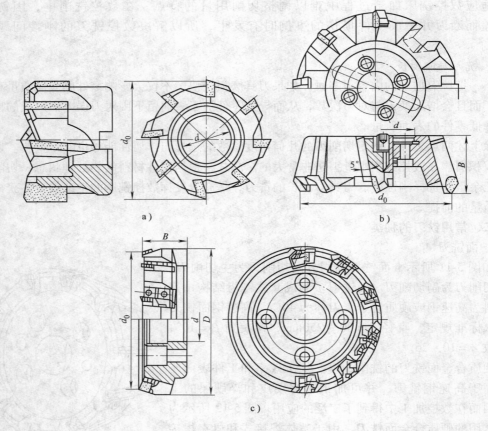

图 5-12　硬质合金面铣刀

a）整体焊接式　b）机夹焊接式　c）可转位式

径 $r = 2 \sim 5mm$。当立铣刀直径较大时，可制成不等齿距结构，以增强抗振作用，使切削过程平稳。

标准立铣刀的螺旋角 β 为 $40° \sim 45°$（粗齿）和 $30° \sim 35°$（细齿），套式结构立铣刀的 β 为 $15° \sim 25°$。直径较小的立铣刀，一般制成带柄形式。$\phi 2 \sim 7mm$ 的立铣刀制成直柄；$\phi 6 \sim 63mm$ 的立铣刀制成莫氏锥柄；$\phi 25 \sim 80mm$ 的立铣刀做成 7：24 锥柄，内有螺孔用来拉紧刀具。但是由于数控机床要求铣刀能快速自动装卸，故立铣刀柄部形式也有很大不同，一般是由专业厂家按照一定的规范设计制造成统一形式、统一尺寸的刀柄。直径大于 $\phi 40 \sim 60mm$ 的立铣刀可做成套式结构。

3. 模具铣刀

模具铣刀由立铣刀发展而成，可分为圆锥形立铣刀（圆锥半角 $\alpha / 2 = 3°、5°、7°、10°$）、圆柱形球头立铣刀和圆锥形球头立铣刀三种，其柄部有直柄、削平型直柄和莫氏锥柄三种形式。模具铣刀的结构特点是球头或端面上布满了切削刃，圆周刃与球头刃圆弧连接，可以作径向和轴向进给。铣刀工作部分用高速钢或硬质合金制造。国家标准规定直径 $d = 4 \sim 63mm$。图 5-14 所示为高速钢制造的模具铣刀，图 5-15 所示为用硬质合金制造的模具铣刀。小规格的硬质合金模具铣刀多制成整体结构，直径 $\phi 16mm$ 以上的，制成焊接或机夹可转位刀片结构。

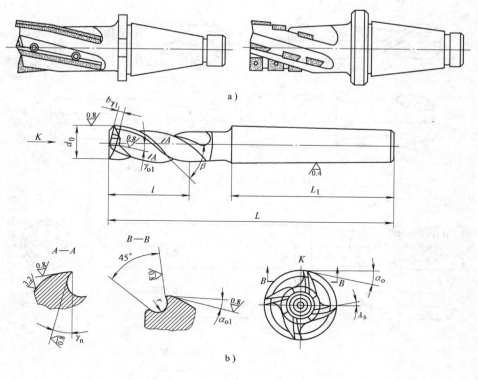

图 5-13 立铣刀

a) 硬质合金立铣刀　b) 高速钢立铣刀

4. 键槽铣刀

键槽铣刀如图 5-16 所示，它有两个刀齿，圆柱面和端面都有切削刃，端面刃延至中心，既像立铣刀，又像钻头。加工时先轴向进给达到槽深，然后沿键槽方向铣出键槽全长。按国家标准规定，直柄键槽铣刀直径 $d = 2 \sim 22\text{mm}$，锥柄键槽铣刀直径 $d = 14 \sim 50\text{mm}$。键槽铣刀直径的公差有 e8 和 d8 两种。键槽铣刀的圆周切削刃仅在靠近端面的一小段长度内发生磨损，重磨时，只需刃磨端面切削刃，因此重磨后铣刀直径不变。

5. 鼓形铣刀

图 5-14 高速钢模具铣刀

a) 圆锥形立铣刀　b) 圆柱形球头立铣刀　c) 圆锥形球头立铣刀

图 5-17 所示为一种典型的鼓形铣刀，它的切削刃分布在半径为 R 的圆弧面上，端面无切削刃。加工时控制刀具上、下位置，相应改变切削刃的切削部位，可以在工件上切出从负到正的不同斜角。R 越小，鼓形刀所能加工的斜角范围越广，但所获得的表面质量也越差。这种刀具的特点是刃磨困难，切削条件差，而且不适于加工有底的轮廓表面。

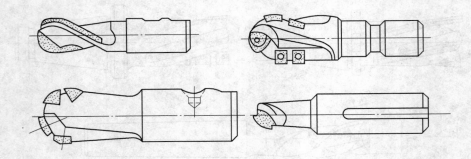

图 5-15　硬质合金模具铣刀

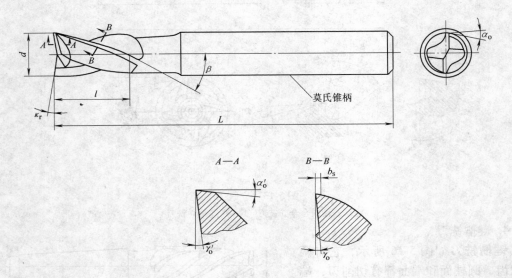

图 5-16　键槽铣刀

6. 成形铣刀

成形铣刀一般是为特定形状的工件或加工内容专门设计制造的，如渐开线齿面、燕尾槽和 T 形槽等。几种常用的成形铣刀如图 5-18 所示。

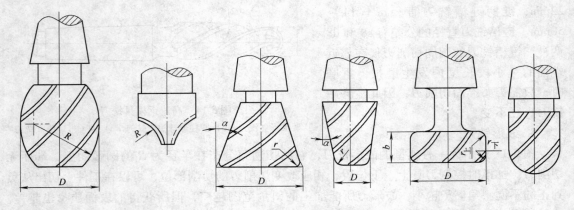

图 5-17　鼓形铣刀　　　　　　　　　图 5-18　几种常用的成形铣刀

除了上述几种类型的铣刀外，数控铣床也可使用各种通用铣刀。但因不少数控铣床的主轴内有特殊的拉刀装置，或因主轴内锥孔有别，需配过渡套和拉钉。

三、铣刀的选择

铣刀类型应与工件的表面形状和尺寸相适应。加工较大的平面应选择面铣刀；加工凹槽、较小的台阶面及平面轮廓应选择立铣刀；加工空间曲面、模具型腔或凸模成形表面等多选用模具铣刀；加工封闭的键槽应选择键槽铣刀；加工变斜角零件的变斜角面应选用鼓形铣刀；加工各种直的或圆弧形的凹槽、斜角面、特殊孔等应选用成形铣刀。数控铣床上使用最多的是可转位面铣刀和立铣刀，因此，这里重点介绍面铣刀和立铣刀参数的选择。

1. 面铣刀主要参数的选择

标准可转位面铣刀直径为 $\phi16\sim630\text{mm}$，应根据侧吃刀量 a_e 选择适当的铣刀直径，尽量包容工件整个加工宽度，以提高加工精度和效率，减小相邻两次进给之间的接刀痕迹和保证铣刀寿命。可转位面铣刀有粗齿、细齿和密齿三种。粗齿铣刀容屑空间较大，常用于粗铣钢件；粗铣带断续表面的铸件和在平稳条件下铣削钢件时，可选用细齿铣刀；密齿铣刀的每齿进给量较小，主要用于加工薄壁铸件。

面铣刀几何角度的标注如图 5-19 所示。前角的选择原则与车刀基本相同，只是由于铣削时有冲击，故前角数值一般比车刀略小，尤其是硬质合金面铣刀，前角数值要更小一些。铣削强度和硬度都很高的材料可选用负前角。前角的数值主要根据工件材料和刀具材料来选择，其具体数值见表 5-2。铣刀的磨损主要发生在后面上，因此适当加大后角，可减少铣刀磨损，常取 $\alpha_o = 5° \sim 12°$。工件材料较软时取大值，工件材料较硬时取小值；粗齿铣刀取小值，细齿铣刀取大值。铣削时冲击力大，为了保护刀尖，硬质合金面铣刀的刃倾角常取 $\lambda_s = -5° \sim 15°$。只有在铣削低强度材料时，取 $\lambda_s = 5°$。主偏角 κ_r 在 $45° \sim 90°$ 范围内选取，铣削铸铁常用 $45°$，铣削一般钢材常用 $75°$，铣削带凸肩的平面或薄壁零件时要用 $90°$。

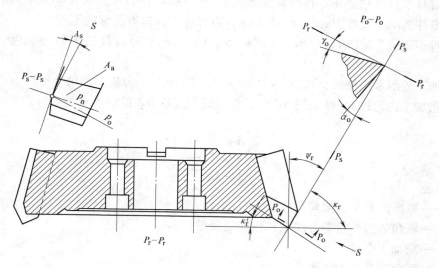

图 5-19　面铣刀的角度标注

表 5-2 面铣刀的前角数值

刀具材料＼工件材料	钢	铸　铁	黄铜、青铜	铝 合 金
高速钢	$10° \sim 20°$	$5° \sim 15°$	$10°$	$25° \sim 30°$
硬质合金	$-15° \sim 15°$	$-5° \sim 5°$	$4° \sim 6°$	$15°$

2. 立铣刀主要参数的选择

立铣刀主切削刃的前角在法剖面内测量，后角在端剖面内测量，前、后角的标注见图 5-13b。前、后角都为正值，分别根据工件材料和铣刀直径选取，其具体数值分别见表 5-3 和表 5-4。

表 5-3 立铣刀前角数值

工 件 材 料		前　角	工 件 材 料		前　角
钢	$\sigma_b < 0.589\text{GPa}$	$20°$	铸铁	$\leq 150\text{HBW}$	$15°$
	$0.589\text{GPa} < \sigma_b < 0.981\text{GPa}$	$15°$		$> 150\text{HBW}$	$10°$
	$\sigma_b > 0.981\text{GPa}$	$10°$			

表 5-4 立铣刀后角数值

铣刀直径 d_0/mm	后　角	铣刀直径 d_0/mm	后　角
≤ 10	$25°$	> 20	$16°$
$> 10 \sim 20$	$20°$		

立铣刀的尺寸参数如图 5-20 所示，推荐按下述经验选取数据。

（1）刀具半径 R 应小于零件内轮廓面的最小曲率半径 ρ，一般取 $R = (0.8 \sim 0.9)\rho$。

（2）零件的加工高度 $H \leq (1/4 \sim 1/6)R$，以保证刀具具有足够的刚度。

（3）对不通孔（深槽），选取 $l = H + (5 \sim 10)$ mm（l 为刀具切削部分长度，H 为零件高度）。

（4）加工外形及通槽时，选取 $l = H + r + (5 \sim 10)$ mm（r 为端刃圆角半径）。

（5）粗加工内轮廓面时（见图 5-21），铣刀最大直径 $D_粗$ 的计算式为

$$D_粗 = \frac{2\left(\delta \sin \dfrac{\varphi}{2} - \delta_1\right)}{1 - \sin \dfrac{\varphi}{2}} + D$$

式中　D——轮廓的最小凹圆角直径；

　　　δ——圆角邻边夹角等分线上的精加工余量；

　　　δ_1——精加工余量；

　　　φ——圆角两邻边的夹角。

（6）加工肋时，刀具直径为 $D = (5 \sim 10)b$（b 为肋的厚度）。

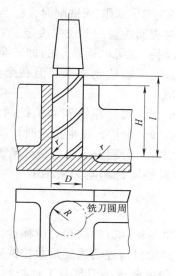

图 5-20 立铣刀尺寸参数

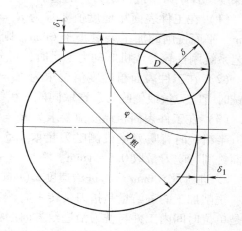

图 5-21 粗加工立铣刀直径计算

第四节 选择切削用量

如图 5-22 所示，铣削加工切削用量包括主轴转速（切削速度）、进给速度、背吃刀量和侧吃刀量。切削用量的大小对切削力、切削功率、刀具磨损、加工质量和加工成本均有显著影响。数控加工中选择切削用量，就是在保证加工质量和刀具寿命的前提下，充分发挥机床性能和刀具切削性能，使切削效率最高，加工成本最低。

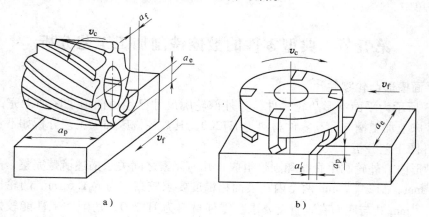

a)   b)

图 5-22 铣削用量
a) 圆周铣 b) 平面铣

为保证刀具寿命，铣削用量的选择原则是：先选取背吃刀量或侧吃刀量，其次确定进给速度，最后确定切削速度。

1. 背吃刀量（平面铣）或侧吃刀量（圆周铣）的选择

背吃刀量 a_p 为平行于铣刀轴线测量的切削层尺寸，单位为 mm。平面铣削时，a_p 为切削层深度；而圆周铣削时，a_p 为被加工表面的宽度。侧吃刀量 a_e 为垂直于铣刀轴线测量的切削层尺寸，单位为 mm。平面铣削时，a_e 为被加工表面宽度；而圆周铣削时，a_e 为切削层的深度。背吃刀量或侧吃刀量的选取主要由加工余量和对表面质量的要求来决定。

（1）在工件表面粗糙度值要求为 $R_a = 12.5 \sim 25 \mu m$ 时，如果圆周铣削的加工余量小于 5mm，平面铣削的加工余量小于 6mm，则粗铣一次进给就可以达到要求。但在余量较大，工艺系统刚性较差或机床动力不足时，可分两次进给完成。

（2）在工件表面粗糙度值要求为 $R_a = 3.2 \sim 12.5 \mu m$ 时，可分粗铣和半精铣两步进行。粗铣时背吃刀量或侧吃刀量选取同前。粗铣后留 0.5 ~ 1.0mm 余量，在半精铣时切除。

（3）在工件表面粗糙度值要求为 $R_a = 0.8 \sim 3.2 \mu m$ 时，可分粗铣、半精铣、精铣三步进行。半精铣时背吃刀量或侧吃刀量取 1.5 ~ 2mm；精铣时圆周铣侧吃刀量取 0.3 ~ 0.5mm，平面铣削背吃刀量取 0.5 ~ 1mm。

2. 进给量 $f(mm/r)$ 与进给速度 $v_f(mm/min)$ 的选择

铣削加工的进给量是指刀具转一周，工件与刀具沿进给运动方向的相对位移量；进给速度是单位时间内工件与铣刀沿进给方向的相对位移量。进给量与进给速度是数控铣床加工切削用量中的重要参数，应根据零件的表面粗糙度、加工精度要求、刀具及工件材料等因素，参考切削用量手册来选取。工件刚性差或刀具强度低时，应取小值。铣刀为多齿刀具，其进给速度 v_f、刀具转速 n、刀具齿数 Z 及进给量 f 的关系为 $v_f = nf = nZf_z$，式中 f_z 为铣刀的每齿进给量（单位为 mm/z）。

3. 切削速度 $v_c(m/min)$ 的选择

根据已经选定的背吃刀量、进给量及刀具寿命选择切削速度。可用经验公式计算，也可根据生产实践经验，在机床说明书允许的切削速度范围内查阅有关切削用量手册选取。

实际编程中，切削速度确定后，还要按式 $v_c = \pi dn/1000$ 计算出铣床主轴转速 $n(r/min)$，并填入程序单中。

第五节　典型零件的数控铣削加工工艺分析

一、平面槽形凸轮零件

图 5-23 所示为平面槽形凸轮零件，其外部轮廓尺寸已经由前道工序加工完，本工序的任务是在铣床上加工槽与孔。零件材料为 HT200，其数控铣床加工工艺分析如下：

1. 零件图工艺分析

凸轮槽形内、外轮廓由直线和圆弧组成，几何元素之间关系描述清楚完整，凸轮槽侧面与 $\phi 20^{+0.021}_{0}$ mm、$\phi 12^{+0.018}_{0}$ mm 两个内孔表面粗糙度要求较高，为 $R_a 1.6 \mu m$。凸轮槽内外轮廓面和 $\phi 20^{+0.021}_{0}$ mm 孔与底面有垂直度要求。零件材料为 HT200，切削加工性能较好。根据上述分析，凸轮槽内、外轮廓及 $\phi 20^{+0.021}_{0}$ mm、$\phi 12^{+0.018}_{0}$ mm 两个孔的加工应分粗、精加工两个阶段进行，以保证表面粗糙度要求。同时，以底面 A 定位，提高装夹刚度以满足垂直度要求。

2. 确定装夹方案

根据零件的结构特点，加工 $\phi 20^{+0.021}_{0}$ mm、$\phi 12^{+0.018}_{0}$ mm 两个孔时，以底面 A 定位（必要时可设工艺孔），采用螺旋压板机构夹紧。加工凸轮槽内、外轮廓时，采用"一面两孔"方式定位，即以底面 A 和 $\phi 20^{+0.021}_{0}$ mm、$\phi 12^{+0.018}_{0}$ mm 两个孔为定位基准，装夹示意如图 5-24 所示。

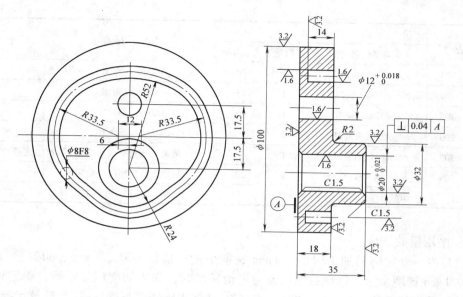

图 5-23 平面槽形凸轮零件图

3. 确定加工顺序及进给路线

加工顺序的拟定按照基面先行、先粗后精的原则确定。因此，应先加工用作定位基准的 $\phi 20^{+0.021}_{0}$ mm、$\phi 12^{+0.018}_{0}$ mm 两个孔，然后再加工凸轮槽内、外轮廓表面。为保证加工精度，粗、精加工应分开，其中 $\phi 20^{+0.021}_{0}$ mm、$\phi 12^{+0.018}_{0}$ mm 两个孔的加工采用钻孔→粗铰→精铰方案。进给包括平面进给和深度进给两

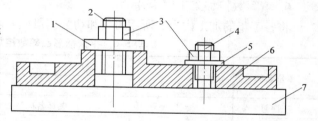

图 5-24 凸轮槽加工装夹示意
1—开口垫圈 2—带螺纹圆柱销 3—压紧螺母
4—带螺纹削边销 5—垫圈 6—工件 7—垫块

部分。平面进给时，外凸轮廓从切线方向切入，内凹轮廓从过渡圆弧切入。为使凸轮槽表面具有较好的表面质量，采用顺铣方式铣削。深度进给有两种方法：一种是在 Oxz 平面（或 Oyz 平面）来回铣削逐渐进刀到既定深度；另一种方法是先打一个工艺孔，然后从工艺孔进刀到既定深度。

4. 刀具的选择

根据零件的结构特点，铣削凸轮槽内、外轮廓时，铣刀直径受槽宽限制，取为 $\phi 6$ mm。粗加工选用 $\phi 6$ mm 高速钢立铣刀，精加工选用 $\phi 6$ mm 硬质合金立铣刀。所选刀具及其加工表面见表 5-5 平面槽形凸轮数控加工刀具卡片。

表 5-5　平面槽形凸轮数控加工刀具卡片

产品名称或代号		零件名称	平面槽形凸轮		零件图号	
序号	刀具号	刀　具			加工表面	备　注
		规格名称	数量	刀长/mm		
1	T01	$\phi 5$mm 中心钻	1		钻 $\phi 5$mm 中心孔	
2	T02	$\phi 19.6$mm 钻头	1	45	$\phi 20$mm 孔粗加工	

（续）

序号	刀具号	刀 具			加 工 表 面	备 注
		规 格 名 称	数量	刀长/mm		
3	T03	ϕ11.6mm 钻头	1	30	ϕ12mm 孔粗加工	
4	T04	ϕ20mm 铰刀	1	45	ϕ20mm 孔精加工	
5	T05	ϕ12mm 铰刀	1	30	ϕ12mm 孔精加工	
6	T06	90°倒角铣刀	1		ϕ20mm 孔倒角 C1.5	
7	T07	ϕ6mm 高速钢立铣刀	1		粗加工凸轮槽内外轮廓	底圆角 R0.5mm
8	T08	ϕ6mm 硬质合金立铣刀	1	20	精加工凸化槽内外轮廓	
编制		审核		批准		年　月　共　页　第　页

5. 切削用量的选择

凸轮槽内、外轮廓精加工时留 0.1mm 铣削余量，精铰 $\phi 20^{+0.021}_{0}$mm、$\phi 12^{+0.018}_{0}$mm 两个孔时留 0.1mm 铰削余量。选择主轴转速与进给速度时，先查切削用量手册，确定切削速度与每齿进给量，然后按 $v_c = \pi dn/1000$、$v_f = nZf_z$ 计算主轴转速与进给速度(计算过程从略)。

6. 填写数控加工工序卡片

将各工步的加工内容、所用刀具和切削用量填入表 5-6 平面槽形凸轮数控加工工序卡片。

表 5-6　平面槽形凸轮数控加工工序卡片

单位名称		产品名称或代号		零件名称		零件图号	
				平面槽形凸轮			
工序号	程序编号		夹具名称	使用设备		车间	
			螺旋压板	J1VMC40M		数控	
工步号	工 步 内 容	刀具号	刀具规格	主轴转速 /r·min^{-1}	进给速度 /mm·min^{-1}	背吃刀量 /mm	备注
1	A 面定位，钻 ϕ5mm 中心孔(2 处)	T01	ϕ5mm	800			手动
2	钻 ϕ19.6mm 孔	T02	ϕ19.6mm	400	50		自动
3	钻 ϕ11.6mm 孔	T03	ϕ11.6mm	400	50		自动
4	铰 ϕ20mm 孔	T04	ϕ20mm	150	30	0.2	自动
5	铰 ϕ12mm 孔	T05	ϕ12mm	150	320	0.2	自动
6	ϕ20mm 孔，倒角 C1.5	T06	90°	400	30		手动
7	一面两孔定位，粗铣凸轮槽内轮廓	T07	ϕ6mm	1200	50	4	自动
8	粗铣凸轮槽外轮廓	T07	ϕ6mm	1200	50	4	自动
9	精铣凸轮槽内轮廓	T08	ϕ6mm	1500	30	14	自动
10	精铣凸轮槽外轮廓	T08	ϕ6mm	1500	30	14	自动
11	翻面装夹，铣 ϕ20mm 孔另一侧倒角 C1.5	T06	90°	400	30		手动
编制		审核		批准		年　月　日　共　页　第　页	

二、箱盖类零件

图 5-25 所示的泵盖零件，材料为 HT200，毛坯尺寸（长×宽×高）为 170mm×110mm×30mm，小批量生产，试分析其数控铣削加工工艺过程。

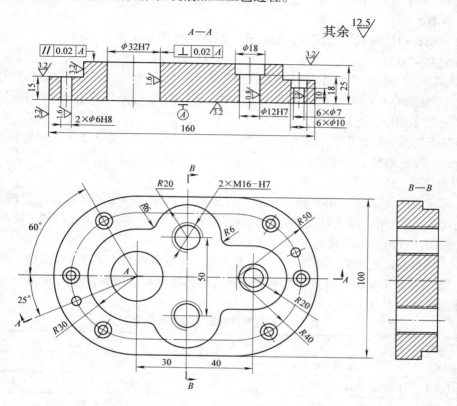

图 5-25　泵盖零件图

1. 零件图工艺分析

该零件主要由平面、外轮廓以及孔系组成。其中 $\phi32H7$ 和 $2\times\phi6H8$ 三个内孔的表面粗糙度要求较高，为 $R_a1.6\mu m$；而 $\phi12H7$ 内孔的表面粗糙度要求更高，为 $R_a0.8\mu m$；$\phi32H7$ 内孔表面对 A 面有垂直度要求，上表面对 A 面有平行度要求。该零件材料为铸铁，切削加工性能较好。根据上述分析 $\phi32H7$ 孔、$2\times\phi6H8$ 孔与 $\phi12H7$ 孔的粗、精加工应分开进行，以保证表面粗糙度要求。同时，以底面 A 定位，提高装夹刚度以满足 $\phi32H7$ 内孔表面的垂直度要求。

2. 选择加工方法

（1）上、下表面及台阶面的粗糙度要求为 $R_a3.2\mu m$，可选择"粗铣→精铣"方案。

（2）孔加工方法的选择。孔加工前，为便于钻头引正，先用中心钻加工中心孔，然后再钻孔。内孔表面的加工方案在很大程度上取决于内孔表面本身的尺寸精度和表面粗糙度。对于精度较高、表面粗糙度值较小的表面，一般不能一次加工到规定的尺寸，而要分阶段逐步进行加工。该零件孔系加工方案的选择如下：

1）$\phi32H7$ 孔，表面粗糙度为 $R_a1.6\mu m$，选择"钻→粗镗→半精镗→精镗"方案。

2）$\phi12H7$ 孔，表面粗糙度为 $R_a0.8\mu m$，选择"钻→粗铰→精铰"方案。

3）6×φ7mm 孔，表面粗糙度为 $R_a3.2\mu m$，无尺寸公差要求，选择"钻→铰"方案。

4）2×φ6H8 孔，表面粗糙度为 $R_a1.6\mu m$，选择"钻→铰"方案。

5）φ18mm 和 6×φ10mm 孔，表面粗糙度为 $R_a12.5\mu m$，无尺寸公差要求，选择"钻孔→锪孔"方案。

6）2×M16—H7 螺纹孔，采用先钻底孔，后攻螺纹的加工方法。

3. 确定装夹方案

该零件毛坯的外形比较规则，因此在加工上下表面、台阶面及孔系时，选用机用平口虎钳夹紧；在铣削外轮廓时，采用"一面两孔"定位方式，即以底面 A、φ32H7 孔和 φ12H7 孔定位。

4. 确定加工顺序及进给路线

按照基面先行、先面后孔、先粗后精的原则确定加工顺序，如表 5-8 泵盖零件数控加工工序卡所示。外轮廓加工采用顺铣方式，刀具沿切线方向切入与切出。

5. 刀具选择

（1）零件上、下表面采用面铣刀加工，根据侧吃刀量选择面铣刀直径，使铣刀工作时有合理的切入／切出角；且铣刀直径应尽量包容工件整个加工宽度，以提高加工精度和效率，并减小相邻两次进给之间的接刀痕迹。

（2）台阶面及其轮廓采用立铣刀加工，铣刀半径 R 受轮廓最小曲率半径限制，$R=6mm$。

（3）孔加工各工步的刀具直径根据加工余量和孔径确定。该零件加工所选刀具见表 5-7 泵盖零件数控加工刀具卡片。

表 5-7　泵盖零件数控加工刀具卡片

产品名称或代号			零 件 名 称	泵　盖	零 件 图 号	
序号	刀具编号	刀具规格名称	数量		加 工 表 面	备注
1	T01	φ125mm 硬质合金面铣刀	1		铣削上、下表面	
2	T02	φ12mm 硬质合金立铣刀	1		铣削台阶面及其轮廓	
3	T03	φ3mm 中心钻	1		钻中心孔	
4	T04	φ27mm 钻头	1		钻 φ32H7 底孔	
5	T05	内孔镗刀	1		粗镗、半精镗和精镗 φ32H7 孔	
6	T06	φ11.8mm 钻头	1		钻 φ12H7 底孔	
7	T07	φ18mm×11mm 锪钻	1		锪 φ18mm 孔	
8	T08	φ12mm 铰刀	1		铰 φ12H7 孔	
9	T09	φ14mm 钻头	1		钻 2×M16 螺纹底孔	
10	T10	90°倒角铣刀	1		2×M16 螺孔倒角	
11	T11	M16 机用丝锥	1		攻 2×M16 螺纹孔	
12	T12	φ6.8mm 钻头	1		钻 6×φ7mm 底孔	
13	T13	φ10mm×5.5mm 锪钻	1		锪 6×φ10mm 孔	
14	T14	φ7mm 铰刀	1		铰 6×φ7mm 孔	
15	T15	φ5.8mm 钻头	1		钻 2×φ6H8 底孔	
16	T16	φ6mm 铰刀	1		铰 2×φ6H8 孔	
17	T17	φ35mm 硬质合金立铣刀	1		铣削外轮廓	
编制		审核	批准		年 月 日　共 页	第 页

6. 切削用量选择

该零件材料切削性能较好，铣削平面、台阶面及轮廓时，留 0.5mm 精加工余量；孔加工精镗余量留 0.2mm、精铰余量留 0.1mm。选择主轴转速与进给速度时，先查切削用量手册，确定切削速度与每齿进给量，然后按 $v_c = \pi dn/1000$、$v_f = nzf_z$ 计算主轴转速与进给速度（计算过程从略）。

7. 拟定数控铣削加工工序卡片

为更好地指导编程和加工操作，把该零件的加工顺序、所用刀具和切削用量等参数编入表 5-8 所示的泵盖零件数控加工工序卡片中。

表 5-8　泵盖零件数控加工工序卡片

单位名称		产品名称或代号		零件名称	零件图号
				泵盖	
工序号	程序编号	夹具名称		使用设备	车间
		机用平口虎钳和一面两销自制夹具		J1VMC40M	数控

工步号	工 步 内 容	刀具号	刀具规格	主轴转速 /r·min⁻¹	进给速度 /mm·min⁻¹	背吃刀量 /mm	备注
1	粗铣定位基准面 A	T01	φ125mm	200	50	2	自动
2	精铣定位基准面 A	T01	φ125mm	200	30	0.5	自动
3	粗铣上表面	T01	φ125mm	200	50	2	自动
4	精铣上表面	T01	φ125mm	200	30	0.5	自动
5	粗铣台阶面及其轮廓	T02	φ12mm	900	50	4	自动
6	精铣台阶面及其轮廓	T02	φ12mm	900	30	0.5	自动
7	钻所有孔的中心孔	T03	φ3mm	1000			自动
8	钻 φ32H7 底孔至 φ27mm	T04	φ27mm	200	50		自动
9	粗镗 φ32H7 孔至 φ30mm	T05		500	80	1.5	自动
10	半精镗 φ32H7 孔至 φ31.6mm	T05		700	70	0.8	自动
11	精镗 φ32H7 孔	T05		800	60	0.2	自动
12	钻 φ12H7 底孔至 φ11.8mm	T06	φ11.8mm	600	60		自动
13	锪 φ18mm 孔	T07	φ18mm×11mm	200	30		自动
14	粗铰 φ12H7 孔	T08	φ12mm	100	50	0.1	自动
15	精铰 φ12H7 孔	T08	φ12mm	100	50		自动
16	钻 2×M16 底孔至 φ14mm	T09	φ14mm	500	60		自动
17	2×M16 底孔倒角	T10	90°倒角铣刀	300	50		手动
18	攻 2×M16 螺纹孔	T11	M16	100	200		自动
19	钻 6×φ7mm 底孔至 φ6.8mm	T12	φ6.8mm	700	70		自动
20	锪 6×φ10mm 孔	T13	φ10mm×5.5mm	150	30		自动
21	铰 6×φ7mm 孔	T14	φ7mm	100	30	0.1	自动
22	钻 2×φ6H8 底孔至 φ5.8mm	T15	φ5.8mm	900	80		自动
23	铰 2×φ6H8 孔	T16	φ6mm	100	30	0.1	自动
24	一面两孔定位粗铣外轮廓	T17	φ35mm	600	50	2	自动
25	精铣外轮廓	T17	φ35mm	600	30	0.5	自动

编制		审核		批准		年　月　日	共　页	第　页

思 考 题

5-1 制订零件数控铣削加工工艺的目的是什么？其主要内容有哪些？

5-2 零件图工艺分析包括哪些内容？

5-3 确定铣刀进给路线时，应考虑哪些问题？

5-4 立铣刀和键槽铣刀有何区别？

5-5 数控铣削一个长 250mm、宽 100mm 的槽，铣刀直径为 $\phi25mm$，交迭量为 6mm，加工时，以槽的左下角为坐标原点，刀具从点(500,250)开始移动，试绘出刀具的最短加工路线，并列出刀具中心轨迹各段始点和终点的坐标。

5-6 预先对本章两个典型零件编制数控加工工艺文件，再与书中给出的工艺文件进行对比，分析存在不同的原因。

第六章 数控铣床(FANUC 0i)编程与操作

第一节 FANUC 0i 数控系统的基本功能

一、准备功能 G 指令

准备功能主要用来建立机床或数控系统的工作方式,跟在地址 G 后面的数字决定了该程序段的指令的意义。G 指令如表 6-1 所示。G 指令可分为模态 G 指令和非模态 G 指令两类,其中,模态 G 指令在同组其他 G 指令前一直有效,非模态 G 指令只在指令所在的程序段中有效。表 6-1 中用★标识模态 G 指令。

表 6-1 准备功能 G 指令列表

G 指令	组	功能		
★G00	01	定位		
★G01		直线插补		
G02		顺时针(CW)圆弧插补/螺旋线插补		
G03		逆时针(CCW)圆弧插补/螺旋线插补		
G04	00	停刀,准确停止		
G05.1		AI 先行控制		
G07.1(G107)		圆柱插补		
G08		先行控制		
G09		准确停止		
G10		可编程数据输入		
G11		取消可编程数据输入方式		
★G15	17	极坐标指令消除		
G16		极坐标指令		
★G17	02	选择 $X_P Y_P$ 平面	X_P:X 轴或其平行轴	
★G18		选择 $Z_P X_P$ 平面	Y_P:Y 轴或其平行轴	
★G19		选择 $Y_P Z_P$ 平面	Z_P:Z 轴或其平行轴	
G20	06	英寸输入		
G21		毫米输入		
★G22	04	存储行程检测功能接通		
G23		存储行程检测功能断开		
★G25		主轴速度检测功能无效		
G26		主轴速度检测功能有效		

（续）

G 指令	组	功　　能
G27		返回参考点检测
G28		返回参考点
G29	00	从参考点返回
G30		返回第 2、3、4 参考点
G31		跳转功能
G33	01	螺纹切削
G37	00	自动刀具长度测量
G39		拐角偏置圆弧插补
★ G40		取消刀具半径补偿
G41	07	刀具半径左侧补偿
G42		刀具半径右侧补偿
★ G40.1（G150）		法线方向控制取消方式
G41.1（G151）	18	法线方向控制左侧接通
G42.1（G152）		法线方向控制右侧接通
G43	08	正向刀具长度补偿
G44		负向刀具长度补偿
G45	00	刀具位置偏置增加
G46		刀具位置偏置减小
G47	00	2 倍刀具位置偏置
G48		1/2 倍刀具位置偏置
★ G49	08	取消刀具长度补偿
★ G50	11	取消比例缩放
G51		比例缩放有效
★ G50.1	22	取消可编程镜像
G51.1		可编程镜像有效
G52	00	局部坐标系设定
G53		选择机床坐标系
★ G54		选择工件坐标系 1
G54.1		选择附加工件坐标系
G55		选择工件坐标系 2
G56	14	选择工件坐标系 3
G57		选择工件坐标系 4
G58		选择工件坐标系 5
G59		选择工件坐标系 6
G60	00/01	单方向定位

（续）

G 指令	组	功　能
G61		准确停止方式
G62	15	自动拐角倍率
G63		攻螺纹方式
★G64		切削方式
G65	00	宏程序调用
G66	12	宏程序模态调用
★G67		取消宏程序模态调用
G68	16	坐标旋转有效
★G69		取消坐标旋转
G73	09	深孔钻循环
G74		左旋攻螺纹循环
G76	09	精镗循环
★G80		取消固定循环或取消外部操作功能
G81		钻孔循环、锪镗循环或外部操作功能
G82		钻孔循环或反镗循环
G83		深孔钻循环
G84		攻螺纹循环
G85	09	镗孔循环
G86		镗孔循环
G87		背镗循环
G88		镗孔循环
G89		镗孔循环
★G90	03	绝对值编程
★G91		增量值编程
G92	00	设定工件坐标系或最大主轴速度箝制
G92.1		工件坐标系预置
★G94	05	每分钟进给(mm/min、in/min、(°)/min)
G95		每转进给(mm/r、in/r、(°)/r)
G96	13	恒表面切削速度控制
★G97		取消恒表面切削速度控制
★G98	10	固定循环返回到初始点
G99		固定循环返回到 R 点

关于 G 指令说明如下：

（1）除了 G10 和 G11 以外的 00 组 G 指令都是非模态 G 指令。

（2）当指令了 G 指令表中未列的 G 指令或指令了未选择功能的 G 指令时，输出 P/S 报警 No. 010。

（3）不同组的 G 指令在同一程序段中可以指令多个。如果在同一程序段中指令了多个同组的 G 指令，仅执行最后指令的 G 指令。

（4）如果在固定循环中指令了 01 组的 G 指令则固定循环被取消，这与指令 G80 状态相同。01 组 G 指令不受固定循环 G 指令的影响。

（5）G 指令按组号显示。

二、辅助功能 M 指令

辅助功能有两种类型：辅助功能 M 代码用于指定主轴起动、主轴停止、切削液开关、程序结束等，而第二辅助功能 B 代码用于指定分度工作台定位。

当运动指令和辅助功能在同一程序段中指定时，指令有两种执行方法：①移动指令和辅助功能指令同时执行；②移动指令执行完成后执行辅助功能指令。

移动指令和辅助功能指令执行顺序的选择取决于机床制造厂的设定，详细情况请见机床制造厂的说明书。

当地址 M 之后指定数值时，代码信号和选通信号被送到机床，机床使用这些信号去接通或断开它的各种功能，通常在一个程序段中仅能指定一个 M 代码。在某些情况下可以最多指定三个 M 代码。哪个代码对应哪个机床功能由机床制造厂决定。除了 M98、M99、M198 或调用子程序的 M 代码外，其他 M 代码由机床厂处理，详细情况请见机床制造厂的说明书。

常用 M 代码的意义如下：

1）M02、M30。它们表示主程序结束，自动运行停止并且 CNC 装置复位。在指定程序结束的程序段执行之后，控制返回到程序的开头。

2）M00/M01。在包含 M00 的程序段执行之后，自动运行停止。当程序停止时，所有存在的模态信息保持不变，用循环起动使自动运行重新开始。M01 与 M00 类似，在包含 M01 的程序段执行以后，自动运行停止，只是当机床操作面板上的任选停机的开关置于 1 时，此代码才有效。

3）M03/M04/M05。M03：主轴正转（顺时针：CW）；M04：主轴反转（逆时针：CCW）；M05：主轴停止。

4）M06：换刀（加工中心用）。

5）M07：切削液开。

6）M09：切削液关。

7）M98：用于调用子程序，代码和选通信号不送出。

8）M99：表示子程序结束。执行 M99 使控制返回到主程序代码和选通信号不送出。

9）M198：用于在外部输入/输出功能中调用文件的子程序。

一般情况下，在一个程序段中仅能指定一个 M 代码。

三、F，S，T，D，H 指令

（1）进给功能代码 F。进给功能代码表示进给速度，用字母 F 及其后面的若干位数字来表示，单位为 mm/min（米制）或 in/min（英制）。例如，米制 F300 表示进给速度为 300mm/min。

（2）主轴功能代码 S。主轴功能代码表示主轴转速，用字母 S 及其后面的若干位数字来表示，单位为 r/min。例如，S1000 表示主轴转速为 1000r/min。

（3）刀具功能代码 T。刀具功能代码表示刀具选择功能。在地址 T 后指定数值用以选择机床上的刀具，在一个程序段中只能指定一个 T 代码。

（4）刀具半径补偿功能代码 D。该代码表示刀具补偿号，由字母 D 及其后面的数字来表示。该数字为存放刀具半径补偿量的寄存器地址字，能储存的刀具补偿值代码的最大号是 255。

（5）刀具长度补偿功能代码 H。H 代码为刀具长度补偿功能，用字母 H 及其后面的数字表示，该数字为存放刀具长度补偿量的寄存器地址字，能储存的刀具长度补偿值代码的最大号是 255。

第二节　FANUC 0i 数控系统的基本编程指令

一、工件坐标系设置

1. 设置工件坐标系

使用下列三种方法之一设置工件坐标系：

1）用 G92 设置：在程序中，在 G92 之后指定一个值来设定工件坐标系。

2）自动设置：执行手动参考点返回时，系统会自动设定工件坐标系。

当在参数 1250 号中设置了 α、β 和 γ 时，就确定了工件的坐标系。因此，当执行参考点返回时刀具夹头的基准点或者参考刀具的刀尖位置即为 $X = \alpha$、$Y = \beta$、$Z = \gamma$。这与执行指令 G92　$X\alpha$　$Y\beta$　$Z\gamma$ 进行参考点返回是一样的。预先将参数 No. 1201#0（SPR）设为 1，当执行手动返回参考点后，自动设定工件坐标系。

3）用 G54 ~ G59 设置：使用 CRT/MDI 面板可以设置 6 个工件坐标系。

用绝对值指令时必须用上述方法建立工件坐标系。

用 G92 设置工件坐标系的指令格式为：G90　G92　X __ Y __ Z __；

设定工件坐标系，使刀具上的点（例如刀尖）在指定的坐标值位置。如果在刀具长度偏置期间用 G92 设定工件坐标系，则 G92 用无偏置的坐标值设定工件坐标系。刀具半径补偿被 G92 临时删除。

举例说明。

1）刀尖位置是程序的起点。用 G92　X25.2　Z23.0；指令设置坐标系，如图 6-1 所示。

2）刀柄上的基准点是程序的起点。用 G92　X260.0　Z320.0；指令设置坐标系，如图 6-2 所示。如果发出绝对值指令，基准点移动到指令位置。为了把刀尖移动到指令位置，用刀具长度偏差来补偿。

2. 选择工件坐标系

用户可以从设定的工件坐标系中任意选择如下所述的坐标系：

1）用 G92 或自动设定工件坐标系方法设定了工件坐标系后，工件坐标系用绝对指令工作。

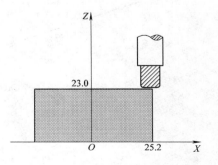

图 6-1　刀尖是程序的起点

2）用 MDI 面板可设定 6 个工件坐标系 G54 ~ G59，指定其中一个 G 指令可以选择 6 个坐标系中的一个。G 指令与工件坐标系的对应关系为：G54：工件坐标系 1；G55：工件坐标系 2；G56：工件坐标系 3；G57：工件坐标系 4；G58：工件坐标系 5；G59：工件坐标系 6。

在电源接通并返回参考点之后，建立工件坐标系 1 ~ 工件坐标系 6。当电源接通时，自动选择 G54 工件坐标系 1。

举例说明。G90 G55 G00 X40.0 Y100.0；刀具定位到工件坐标系 2 中的位置如图 6-3 所示。

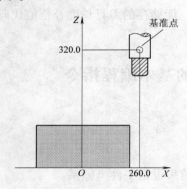

图 6-2 刀柄上的基准点是
程序的起点

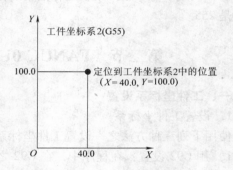

图 6-3 刀具定位到工件坐标
系 2 中的位置

3. 改变工件坐标系

（1）工件坐标系的改变。可以用外部工件零点偏移或工件零点偏移来改变用 G54 ~ G59 指定的 6 个工件坐标系位置。有 3 种改变外部工件零点偏移值或工件零点偏移值的方法，分别是：

1）从 MDI 面板输入。

2）用 G10 或 G92 编程。

3）用外部数据输入功能。用输入到 CNC 的信号可以改变外部工件零点偏移值。

改变外部工件零点偏移值或工件零点偏移值如图 6-4 所示。图中，EXOFS：外部工件零

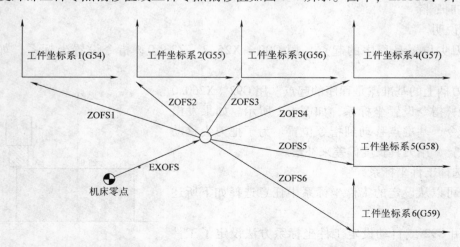

图 6-4 改变外部工件零点偏移值或工件零点偏移值

点偏移值；ZOFS1～ZOFS6：工件零点偏移值。

（2）指令格式

1）用 G10 改变：G10　L2　P　P_p　X＿Y＿Z＿；

① P＝0：外部工件零点偏移值。

② P＝1～6：工件坐标系 1～工件坐标系 6 的工件零点偏移。

③ X＿Y＿Z＿：对于绝对值指令（G90），为每个轴的工件零点偏移到的值。对于增量值指令（G91），为每轴加到设定的工件零点的偏移量（相加的结果为新的工件零点偏移值）。

2）用 G92 改变：G92　X＿Y＿Z＿；

（3）注意事项

1）用 G10 改变。用 G10 指令，各工件坐标系可以分别改变。

2）用 G92 改变。指定 G92　X＿Y＿Z＿；使工件坐标系（用代码从 G54 到 G59 选择）移动从而设定新的工件坐标系，使得刀具位置与指定的坐标值（X＿Y＿Z＿）一致。坐标系偏移量加到所有工件零点偏置值上，这意味着所有工件坐标系移动相同的量。

当外部工件零点偏移值设定后，用 G92 设定坐标系时，该坐标系不受外部工件零点偏置值影响。例如，当指令 G92　X100.0　Z80.0；时，刀具当前位置为 $X=100.0$，$Z=80.0$ 的坐标系被指定。

举例说明。

1）如图 6-5 所示，当刀具在 G54 方式中定位在（200,160）时，如果指令了"G92　X100　Y100;"，则移动了矢量 A 的工件坐标 1（$O'X'Y'$）被建立起来。

2）如图 6-6 所示，预先用 G54 和 G55 指令指定工件坐标系 OXZ，根据刀具上的黑圈位置用"G92　X600.0　Z1200.0;"指令设定新的坐标系 $O'X'Z'$，假设交换工作台位于两个不同位置，如果两个位置的交换工作台的坐标系间的相互关系被正确地设定，并把坐标

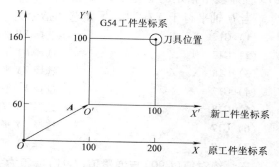

图 6-5　建立了移动矢量 A 的工件坐标 1（$O'X'Y'$）

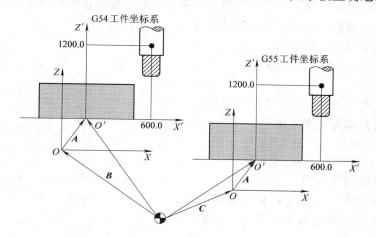

图 6-6　用相同的程序加工在两个工作台上的工件

系处理作为 G54 工件坐标系和 G55 工件坐标系的话，在一个交换工作台中用 G92 移动坐标，在另外的交换工作台中同样引起坐标系移动。这意味着用 G54 或 G55 指令可以用相同的程序加工在两个交换工作台上的工件。

图 6-6 中，$O'X'Z'$ 为新工件坐标系：OXZ 为原工件坐标系；A 为由 G92 建立的偏置值；B 为 G54 中工件零点偏置值；C 为 G55 中工件零点偏置值。

二、数控铣床的平面选择

对用 G 指令的圆弧插补、刀具半径补偿和钻孔，需要选择平面。表 6-2 列出了选择平面的 G 指令。

表 6-2　由 G 指令选择的平面

G 指令	选择的平面	X_p	Y_p	Z_p
G17	$X_p Y_p$ 平面			
G18	$Z_p X_p$ 平面	X 轴或它的平行轴	Y 轴或它的平行轴	Z 轴或它的平行轴
G19	$Y_p Z_p$ 平面			

由 G17、G18 或 G19 指令的程序段中出现的轴地址决定 X_p、Y_p、Z_p。当在 G17、G18 或 G19 程序段中指定的是基本 3 轴地址（如 X、Y、Z）时，则这些基本 3 轴地址可以被省略。

当 U 轴平行于 X 轴时，平面选择指令为

(1) G17　X __ Y __　　　　　　　选择 XY 平面
(2) G17　U __ Y __　　　　　　　选择 UY 平面
(3) G18　X __ Z __　　　　　　　选择 ZX 平面
(4) G17　　　　　　　　　　　　选择 XY 平面
(5) G18　　　　　　　　　　　　选择 ZX 平面
(6) G17　U __　　　　　　　　　选择 UY 平面
(7) G18　Y __　　　　　　　　　选择 ZX 平面，Y 轴移动，与平面没有任何关系

三、绝对值（G90）与增量值（G91）编程方式

指令刀具移动的方法有两种：绝对值指令和增量值指令。G90 和 G91 分别用于指令绝对值或增量值。在绝对值指令中，参数值为编程终点的坐标值；而在增量值指令中，参数值为编程终点相对于编程起点相应坐标值的增量。指令格式为：

(1) 绝对值指令：G90　X __ Y __ Z __；
(2) 增量值指令：G91　X __ Y __ Z __；

举例说明。

如图 6-7 所示，刀具从起点运动到终点可分别由以下两种编程方式来指定：

G90　X40.0　Y70.0；　　绝对值指令
G91　X－60.0　Y40.0；　　增量值指令

四、快速移动指令 G00

(1) G00 指令刀具以快速移动速度移动到用绝对值指令或增量值指令指定的工件坐标系中的位置。

(2) 指令格式为：G00　X __ Y __ Z __；

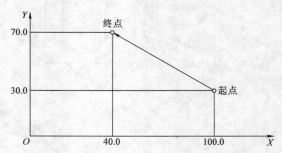

图 6-7　绝对值（G90）与增量值（G91）编程方式

其中，X __ Y __ Z __：用绝对值指令编程时，是刀具运动终点的坐标值；用增量值指令编程时，是刀具移动的距离。

用参数 No.1401 的第 1 位（LRP），可以选择下面两种刀具轨迹之一：

1）非直线插补定位。刀具分别以每轴的快速移动速度定位。刀具轨迹一般不是直线。

2）直线插补定位。刀具轨迹与直线插补（G01）相同，刀具以不超过每轴的快速移动速度，在最短的时间内定位。

直线插补定位和非直线插补定位如图 6-8 所示。

G00 指令中的快速移动速度由机床制造厂对每个轴单独设定到参数 No.1420 中。由 G00 指令的定位方式，在程序段的开始刀具加速到预定的速度，而在程序终点减速。在确认到位之后，执行下一个程序段。"到位"是指进给电动机将工作台拖至指定的位置范围内。这个范围由机床制造厂决定，并设置到参数 No.1826 中。通过设定参数 No.1601#5（NCI），可以不对各程序段进行到位检测。

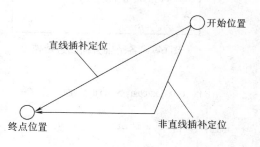

图 6-8 直线插补定位和非直线插补定位

快速移动速度不能在地址 F 中指定。即使指定了直线插补定位，但在下面两种情况下，仍然使用非直线插补定位。这两种情况是：

1）G28 指定在参考点和中间位置之间的定位。

2）G53 在机床坐标系中的定位。

因此，要确保刀具不损坏工件。

五、直线插补指令 G01

G01 指令刀具沿直线移动。

指令格式为：G01 X __ Y __ Z __ F __；其中，X __ Y __ Z __：用绝对值指令编程时，是刀具运动终点的坐标值；用增量值指令编程时，是刀具移动的距离。F __：刀具的进给速度（进给量）。

G01 指令刀具以 F 指定的进给速度沿直线移动到指定的位置。直到新的值被指定之前，F 指定的进给速度一直有效，因此，无需对每个程序段都指定 F 值。用 F 代码指令的进给速度是沿着直线轨迹测量的，如果不指令 F 代码，则认为进给速度为零。各个轴方向的进给速度如图 6-9 所示。旋转轴的进给速度，以（°）/min 为指令单位。

当直线轴 α（例如 X、Y 或 Z）和旋转轴（例如 A、B 或 C）进行直线插补时，由 F（mm/min）指令的速度是指 α 和 β 直角坐标系中的切线进给速度。

β 轴进给速度的计算：首先，要使用图 6-9 的公式计算分配需要的时间，然后，将 β 轴进给速度单位变换为（°）/min。例如，G91 G01 X20.0 B40.0 F300.0；

B 轴的单位从 40.0°变换为米制输入的 40mm。分配需要的时间计算如图 6-10 所示。在同时 3 轴控制中，进给速度的计算与 2 轴控制相同。

举例说明。

1）直线插补如图 6-11 所示。

2）旋转轴的进给速度如图 6-12 所示。

$$G01 \quad \alpha \underline{\alpha} \; \beta \underline{\beta} \; \gamma \underline{\gamma} \; \zeta \underline{\zeta} \; F \underline{f} \; ;$$

α 轴方向的进给速度：$F_{\alpha} = \dfrac{\alpha}{L} \times f$

β 轴方向的进给速度：$F_{\beta} = \dfrac{\beta}{L} \times f$

γ 轴方向的进给速度：$F_{\gamma} = \dfrac{\gamma}{L} \times f$

ζ 轴方向的进给速度：$F_{\zeta} = \dfrac{\zeta}{L} \times f$

$L = \sqrt{\alpha^2 + \beta^2 + \gamma^2 + \zeta^2}$

图 6-9　各个轴方向的进给速度

$$\frac{\sqrt{20^2 + 40^2}}{300} \min \approx 0.14907 \min$$

B 轴的进给速度是

$$\frac{40}{0.14907} \approx 268.3 (°)/\min$$

图 6-10　分配需要的时间计算

(G91)　G01　X200.0　Y100.0　F200.0;

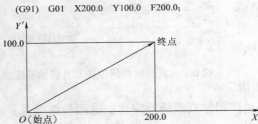

图 6-11　直线插补

G91　G01　C-90.0　F300.0;

图 6-12　旋转轴的进给速度

六、圆弧插补指令 G02/G03

G02/G03 指令刀具沿圆弧运动。

圆弧插补指令（G02/G03）格式如图 6-13 所示，指令格式说明见表 6-3。

表 6-3　圆弧插补指令 G02/G03 格式说明

指　令	说　明
G17	指定 $X_P Y_P$ 平面上的圆弧
G18	指定 $Z_P X_P$ 平面上的圆弧
G19	指定 $Y_P Z_P$ 平面上的圆弧
G02	顺时针方向（CW）圆弧插补
G03	逆时针方向（CCW）圆弧插补
X_P __	X 轴或它的平行轴的指令值（参照参数 No.1022）
Y_P __	Y 轴或它的平行轴的指令值（参照参数 No.1022）
Z_P __	Z 轴或它的平行轴的指令值（参照参数 No.1022）
I __	X_P 轴从起点到圆弧圆心的距离（带符号）
J __	Y_P 轴从起点到圆弧圆心的距离（带符号）
K __	Z_P 轴从起点到圆弧圆心的距离（带符号）
R __	圆弧半径（带符号）
F __	沿圆弧的进给速度

在 $X_P Y_P$ 平面上的圆弧

$$G17 \begin{Bmatrix} G02 \\ G03 \end{Bmatrix} X_P \_ \; Y_P \_ \begin{Bmatrix} I \_ J \_ \\ R \_ \end{Bmatrix} F \_ ;$$

在 $Z_P X_P$ 平面上的圆弧

$$G18 \begin{Bmatrix} G02 \\ G03 \end{Bmatrix} X_P \_ \; Z_P \_ \begin{Bmatrix} I \_ K \_ \\ R \_ \end{Bmatrix} F \_ ;$$

在 $Y_P Z_P$ 平面上的圆弧

$$G19 \begin{Bmatrix} G02 \\ G03 \end{Bmatrix} Y_P \_ \; Z_P \_ \begin{Bmatrix} J \_ K \_ \\ R \_ \end{Bmatrix} F \_ ;$$

图 6-13　圆弧插补指令（G02/G03）格式

有关圆弧插补指令 G02/G03 说明如下：

（1）圆弧插补的方向。在直角坐标系中，当从 Z_P 轴、Y_P 轴或 X_P 轴由正到负的方向看

$X_P Y_P$ 平面时，确定 $X_P Y_P$ 平面($Z_P X_P$ 平面或 $Y_P Z_P$ 平面)顺时针(G02)和逆时针(G03)的方向如图 6-14 所示。

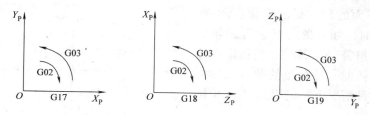

图 6-14　确定顺时针(G02)和逆时针(G03)的方向

（2）圆弧上的移动距离。用地址 X_P、Y_P 或 Z_P 指定圆弧的终点，并且根据 G90 或 G91 用绝对值或增量值表示。若为增量值指定，则该值为从圆弧起点向终点看的距离。

（3）从起点到圆弧中心的距离。用地址 I、J 和 K 指令 X_P、Y_P 和 Z_P 轴向的圆弧中心位置。I、J 或 K 后的数值是从起点向圆弧中心看的矢量分量，并且，不管指定 G90 还是指定 G91 总是增量值，表示如图 6-15 所示。I、J 和 K 必须根据方向指定其符号为正或负。

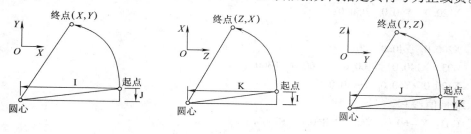

图 6-15　I、J 或 K 后的数值

I0、J0 和 K0 可以省略。当 X_P、Y_P 和 Z_P 省略(终点与起点相同)并且中心用 I、J 和 K 指定时，为 360°的圆弧(整圆)。G02　I ＿；指令一个整圆。如果在起点和终点之间的半径差在终点超过了参数(No. 3410)中的允许值时，则发生 P/S 报警(No. 020)。

（4）圆弧半径。在圆弧和包含该圆弧的圆的中心之间的距离用圆的半径 R 指定，以代替 I、J 和 K。在这种情况下，可以认为，一个圆弧小于 180°，而另一个大于 180°。当指定超过 180°的圆弧时，半径必须用负值指定。如果 X_P、Y_P 和 Z_P 全都省略，即终点和起点位于相同位置，并且用 R 指定时，程序编制出的圆弧为 0°，如图 6-16 所示，G02　R；(刀具不移动)。

（5）进给速度。圆弧插补的进给速度等于 F 代码指定的进给速度，并且沿圆弧的进给速度(圆弧的切向进给速度)为指定的进给速度。刀具的实际进给速度与指定的进给速度之间的误差在 ±2% 以内。这个进给速度是加上刀具半径补偿之后沿圆弧的进给速度。

圆弧①(小于180°)
G91　G02　X_P60.0　Y_P20.0　R50.0　F300.0;
圆弧②(大于180°)
G91　G02　X_P60.0　Y_P20.0　R-50.0　F300.0;

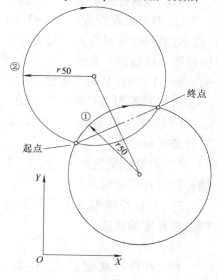

图 6-16　圆弧半径

如果同时指定地址 I、J、K 和 R，用地址 R 指定的圆弧优先，其他被忽略。如果指令了不在指定平面的轴，显示报警。例如，在指定 XY 平面时，如果指定 U 轴为 X 轴的平行轴，则显示报警（No.028）。当指定接近 180°圆心角的圆弧时，计算出的圆心坐标可能有误差。在这种情况下，请用 I、J 和 K 指定圆弧的中心。

举例说明。编制图 6-17 所示图形的刀具轨迹程序。

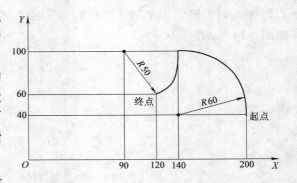

图 6-17 编制刀具轨迹程序

图 6-17 所示的刀具轨迹编程如下：

1）绝对值编程。

G92　X200.0　Y40.0　Z0；
G90　G03　X140.0　Y100.0　R60.0　F300.；
G02　X120.0　Y60.0　R50.0；
或
G92　X200.0　Y40.0　Z0；
G90　G03　X140.0　Y100.0　I—60.0　F300.；
G02　X120.0　Y60.0　I—50.0；

2）增量值编程。

G91　G03　X—60.0　Y60.0　R60.0　F3000.；
G02　X—20.0　Y—40.0　R50.0；
或
G91　G03　X—60.0　Y60.0　I—60.0　F300.；
G02　X—20.0　Y—40.0　I—50.0；

七、刀具补偿功能

1. 刀具长度偏置指令 G43/G44/G49

将编程时的刀具长度与实际使用的刀具长度之差设定于刀具偏置存储器中，用刀具长度偏置指令补偿这个差值，从而不用修改程序。用 G43 或 G44 指定偏置方向，由输入的相应地址号（H 代码）从偏置存储器中选择刀具长度偏置值，如图 6-18 所示。

（1）根据刀具长度的偏置轴，可以采用下面三种刀具偏置方法：

1）刀具长度偏置 A：沿 Z 轴补偿刀具长度偏置值。

2）刀具长度偏置 B：沿 X、Y 或 Z 轴补偿刀具长度偏置值。

3）刀具长度偏置 C：沿指定轴补偿刀具长度偏置值。

（2）指令格式

1）刀具长度偏置 A：G43　Z ＿＿ H ＿＿；G44　Z ＿＿ H ＿＿；

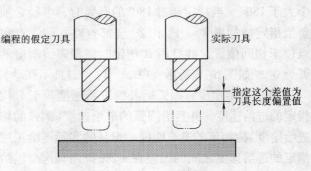

图 6-18 刀具长度偏置

2）刀具长度偏置 B：G17　G43　Z ＿H ＿；G17　G44　Z ＿H ＿；G18　G43　Y ＿ H ＿；G18　G44　Y ＿H ＿；G19　G43　X ＿H ＿；G19　G44　X ＿H ＿；

3）刀具长度偏置 C：G43　α ＿H ＿；G44　α ＿H ＿；

4）刀具长度偏置取消：G49；或 H0；

5）各地址的说明。G43：正向偏置；G44：负向偏置；G17：XY 平面选择；G18：ZX 平面选择；G19：YZ 平面选择；α：被选择轴的地址；H：指定刀具长度偏置值的地址。

（3）说明

1）刀具长度偏置的选择。用参数 No. 5001#0 和#1(TLC 和 TLB)选择刀具长度偏置 A、B 或 C。

2）偏置的方向。当指定 G43 时，用 H 代码指定的刀具长度偏置值(储存在偏置存储器中)加到在程序中由指令指定的终点位置坐标值上。当指定 G44 时，从终点位置减去补偿值。补偿后的坐标值表示补偿后的终点位置，无论选择的是绝对值还是增量值。

如果不指定轴的移动，假定系统指定了不引起移动的移动指令，当用 G43 对刀具长度偏置指定一个正值时，刀具按照正向移动；当用 G44 指定正值时，刀具按照负向移动。当指定负值时，刀具向相反方向移动。G43 和 G44 是模态 G 指令，一直有效，直到指定同组的 G 指令为止。

3）刀具长度偏置值的指定。从刀具偏置存储器中取出由 H 代码指定(偏置号)的刀具长度偏置值并与程序的移动指令相加(或减)。

① 刀具长度偏置 A/B。当指定或修改刀具长度偏置 A/B 的偏置号时，偏置号的有效顺序取决于下述条件：

当 OFH(参数 No. 5001#2)＝0 时，如图 6-19 所示。

当 OFH(参数 No. 5001#2)＝1 时，如图 6-20 所示。

```
O××××；
H01；
  :
G43　Z ＿；　　　(1)
  :
G44　Z ＿H02；(2)
  :                    (1) 偏置号 H01 有效
H03；                  (2) 偏置号 H02 有效
  :             (3)    (3) 偏置号 H03 有效
```

图 6-19　当 OFH(参数 No. 5001#2)＝ 0 时(A/B)

```
O××××；
H01；
  :
G43　Z ＿；　　　(1)
  :
G44　Z ＿H02；(2)
  :                    (1) 偏置号 H01 有效
H03；          (3)    (2) 偏置号 H02 有效
  :                    (3) 偏置号 H03 有效
```

图 6-20　当 OFH(参数 No. 5001#2)＝ 1 时(A/B)

② 刀具长度偏置 C。当指定和修改刀具长度偏置 C 的偏置号时，偏置号的有效顺序取决于下述条件：

当 OFH(参数 No. 5001#2)＝0 时，如图 6-21 所示。

当 OFH(参数 No. 5001#2)＝1 时，如图 6-22 所示。

```
O××××;
H01;
  :
G43  P__;          (1)
  :
G44  P__H02;        (2)
  :                        (1) 偏置号 H01 有效
H03;                       (2) 偏置号 H02 有效
  :                  (3)    (3) 偏置号 H03 只对最近应用的偏置轴有效
```

图 6-21　当 OFH（参数 No. 5001#2）= 0 时（C）

通过 CRT/MDI 面板，将刀具长度偏置值设置在刀具偏置存储器中。刀具长度偏置值的范围为：米制输入：0 ~ 999.999mm，英制输入：0 ~ 99.9999in。当由于偏置号改变使刀具偏置值改变时，偏置值变为新的刀具长度偏置值，新的刀具长度偏置值不加到旧的刀具偏置值上。

```
O××××;
H01;
  :
G43  P__;          (1)
  :
G44  P__H02;        (2)
  :                        (1) 偏置号 H01 有效
H03;                       (2) 偏置号 H02 有效
  :                  (3)    (3) 偏置号 H03 有效
                           （但是，显示的 H 号变为 03）
```

图 6-22　当 OFH（参数 No. 5001#2）= 1 时（C）

H1：刀具长度偏置值 20.0；H2：刀具长度偏置值 30.0。

G90　G43　Z100.0　H1；　Z 轴将移动到 120.0。

G90　G43　Z100.0　H2；　Z 轴将移动到 130.0。

注意：当使用刀具长度偏置和设置参数 OFH（No. 5001#2）为 0 时，用 H 代码指定刀具长度偏置，用 D 代码指定刀具半径补偿。

对应于偏置号 0 即 H0 的刀具长度偏置值为 0。不能对 H0 设置任何其他的刀具长度偏置值。

4）沿两个或更多的轴执行刀具长度偏置。当这些轴在两个或更多段指定时，刀具长度偏置 B 能沿两个或更多的轴执行。G19　G43　H__；沿 X 轴偏置。G18　G43　H__；沿 Y 轴偏置。如果 TAL 位（参数 No. 5001#3）设为 1，即使刀具偏置 C 同时沿两个或更多的轴执行，也不出现报警。

5）取消刀具长度偏置。指定 G49 或 H0 可以取消刀具长度偏置。在 G49 或 H0 指定之后，系统立即取消偏置方式。在刀具长度偏置 B 沿两个或更多轴执行之后，用指定 G49 取消沿所有轴的偏置。如果指定 H0，仅取消沿垂直于指定平面的轴的偏置。

举例说明。用刀具长度偏置编程，镗图 6-23 中 1#、2#、3#孔。H1 = 4.0mm（刀具长度偏置值）。

程序如下：

N1	G91　G00　X120.0　Y80.0;	(1)
N2	G43　Z-32.0　H1;	(2)
N3	G01　Z-21.0　F1000;	(3)
N4	G04　P2000;	(4)
N5	G00　Z21.0;	(5)

N6　X30.0　Y-50.0;　　　　　　　　　　(6)
N7　G01　Z-41.0;　　　　　　　　　　　(7)
N8　G00　Z41.0;　　　　　　　　　　　(8)
N9　X50.0　Y30.0;　　　　　　　　　　(9)
N10　G01　Z-25.0;　　　　　　　　　　(10)
N11　G04　P2000;　　　　　　　　　　(11)
N12　G00　Z57.0　H0;　　　　　　　　(12)
N13　X-200.0　Y-60.0;　　　　　　　　(13)
N14　M2;

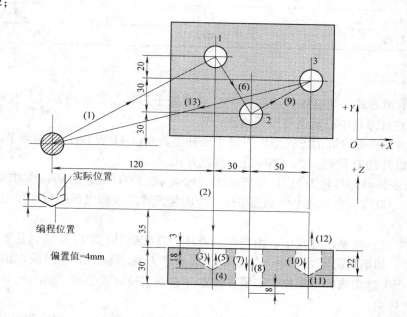

图6-23　刀具长度偏置编程

2. 刀具半径补偿 C(G40~G42)

（1）刀具移动时,刀具轨迹偏移一个刀具半径,如图6-24所示。要偏移一个刀具半径,CNC首先建立长度等于刀具半径的偏置矢量(起刀点)。偏置矢量垂直于刀具轨迹。矢量的尾部在工件上,头部指向刀具中心。如果在起刀之后指定直线插补或圆弧插补,在加工期间,刀具轨迹可以用偏置矢量的长度偏移。在加工结束时,为使刀具返回到开始位置,需取消刀具半径补偿方式。

（2）指令格式

1）起刀(刀具补偿开始)：G00(或 G01)G41(G42)IP __ D __;

其中,G41：左侧刀具半径补偿(07组);G42：右侧刀具半径补偿(07组);IP __：指令坐标轴移动;D __：指定刀具半径补偿值的代码

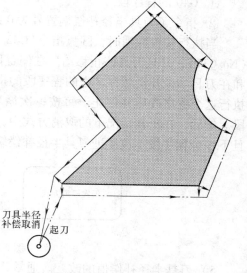

图6-24　刀具半径补偿 C

(1~3位)(D 代码)。

2）取消刀具半径补偿(取消偏置方式)：G00(或 G01)G40　IP＿；

其中，G40：刀具半径补偿取消(07 组)；IP＿：指令坐标轴移动。

平面选择指令与 IP＿选择的关系见表 6-4。

表 6-4　平面选择指令与 IP＿选择的关系

偏 置 平 面	平面选择指令	IP＿
$X_P Y_P$	G17；	X_P＿Y_P＿
$Z_P X_P$	G18；	Z_P＿X_P＿
$Y_P Z_P$	G19；	Y_P＿Z_P＿

（3）说明

1）偏置取消方式。当电源接通时，CNC 系统处于刀具偏置取消方式。在取消方式中，矢量总是 0，并且刀具中心轨迹与编程轨迹一致。

2）起刀。当在偏置取消方式指定刀具半径补偿指令(G41 或 G42,在偏置平面内,非零尺寸字和除 D0 以外的 D 代码)时，CNC 进入偏置方式。

用这个指令移动刀具称为起刀。起刀时应指令定位(G00)或直线插补(G01)。如果指令圆弧插补(G02、G03)，会出现 P/S 报警 034。处理起刀程序段和以后的程序段时，CNC 预读 2 个程序段。

3）偏置方式。在偏置方式中，由定位(G00)、直线插补(G01)或圆弧插补(G02、G03)指令实现补偿。如果在偏置方式中，处理 2 个或更多刀具不移动的程序段(辅助功能、暂停等)，刀具将产生过切或欠切现象。如果在偏置方式中切换偏置平面，则出现 P/S 报警 037，并且刀具停止移动。

4）偏置方式取消。在偏置方式中，当满足下面条件的任何一个程序段被执行时，CNC 进入偏置取消方式，这个程序段的动作称为偏置取消。

① G40 的程序段。

② 指令了刀具半径补偿偏置号为 0 的程序段。

当执行偏置取消时，圆弧指令(G02 和 G03)无效。如果指令圆弧指令，则产生 P/S 报警 (No. 034)，并且刀具停止移动。在偏置取消中，控制执行偏置取消指令所在的那个程序段和在刀具半径补偿缓存区中的程序段的指令。在单程序段方式下读完一个程序段之后，控制执行这个程序段后并停止。每按一次循环启动按扭，执行一个程序段，且不阅读下个程序段。然后，在正常情况下的取消方式中，下一个要执行的程序段将储存在缓冲寄存器中，并且下一个程序段不被读进刀具半径补偿缓存区。如图 6-25 所示。

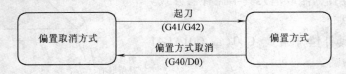

图 6-25　改变偏置方式

5）刀具半径补偿值的改变。通常，刀具半径补偿值应在取消方式即换刀时改变。如果在偏置方式中改变刀具半径补偿值,程序段终点的矢量将被计算作为新刀具半径补偿值,如图 6-26 所示。

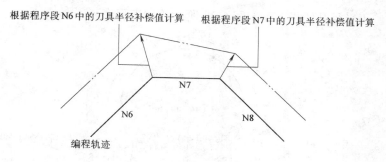

图 6-26　改变刀具半径补偿值

6) 正/负刀具半径补偿值和刀具中心轨迹。如果偏置量是负值(-),则 G41 和 G42 互换。即如果正的刀具补偿值为刀具中心围绕工件的外轮廓移动,那么负的刀具补偿值将为刀具中心绕着工件内侧移动,或者相反。一般情况下,偏置量是正值(+)。

当刀具轨迹编程如图 6-27a 所示时,如果偏置量改为负值(-),则刀具中心移动轨迹变成图 6-27b 所示。因此,同样的加工程序允许加工凸和凹两个形状,并且它们之间的间隙可以用偏置量的选择来调整。

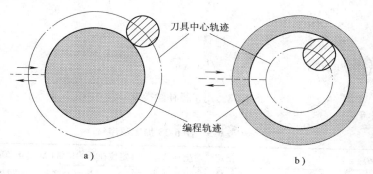

图 6-27　当指定正和负刀具半径补偿值时的刀心轨迹

7) 刀具半径补偿值设定。在 MDI 面板上,把刀具半径补偿值赋给 D 代码,表示刀具半径补偿值的指定范围,米制输入为 0 ~ ±999.999mm;英制输入为 0 ~ ±99.9999in。

对应于偏置号 0 即 D0 的刀具半径补偿值总是 0。不能设定任何其他偏置量。

当参数 OFH(No. 5001#2)设为 0 时,刀具半径补偿 C 可以用 H 代码指定。

8) 偏置矢量。偏置矢量是二维矢量,它等于由 D 代码赋值的刀具补偿值。偏置矢量在控制装置内部计算,方向根据每个程序段中刀具的前进方向而改变。偏置矢量用复位清除。

9) 指定刀具半径补偿值。对它赋给一个数来指定刀具半径补偿值。这个数由地址 D 后的 1~3 位数组成(D 代码)。D 代码一直有效,直到指定另一个 D 代码。D 代码用于指定刀具偏置值以及刀具半径补偿值。

10) 平面选择和矢量。偏置值计算是在 G17、G18 和 G19(平面选择 G 指令)决定的平面内实现的,这个平面称为偏置平面。不在指定平面内的位置坐标值不执行补偿。在 3 轴联动控制的情况下,对刀具轨迹在各平面上的投影进行补偿。只能在"偏置取消方式"下改变偏置平面。如果在"偏置方式"下改变偏置平面，则数控系统显示 P/S 报警（No.037）并且使机床停止运行。

举例说明。用半径补偿指令编制图 6-28 所示的加工程序。

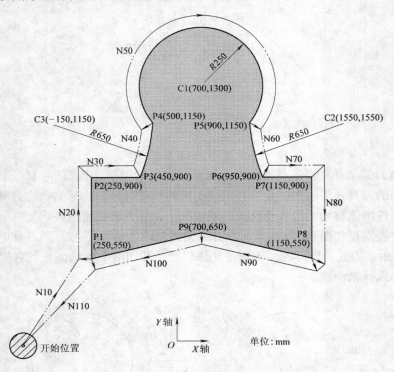

图 6-28　用半径补偿指令编程

程序见表 6-5。

表 6-5　图 6-28 加工程序

G92　X0　Y0　Z0；	指定绝对坐标值。刀具定位在开始位置（X0，Y0，Z0）
N10　G90　G17　G00　G41　D07　X250.0　Y550.0；	开始刀具半径补偿（起刀）。刀具用 D07 指定的距离偏移到编程轨迹的右边。换句话说，刀具轨迹有刀具半径偏移（偏置方式），因为 D07 已预先设定为 15（刀具半径为 15mm）
N20　G01　Y900.0　F150；	从 P1 到 P2 加工
N30　X450.0；	从 P2 到 P3 加工
N40　G03　X500.0　Y1150.0　R650.0；	从 P3 到 P4 加工
N50　G02　X900.0　R-250.0；	从 P4 到 P5 加工
N60　G03　X950.0　Y900.0　R650.0；	从 P5 到 P6 加工
N70　G01　X1150.0；	从 P6 到 P7 加工
N80　Y550.0；	从 P7 到 P8 加工
N90　X700.0　Y650.0；	从 P8 到 P9 加工
N100　X250.0　Y550.0；	从 P9 到 P1 加工
N110　G00　G40　X0　Y0；	取消偏置方式。刀具返回到开始位置（X0，Y0，Z0）

八、可编程镜像指令 G50.1/G51.1

用编程的镜像指令可实现坐标轴的对称加工，如图6-29所示。

图6-29中，(1)为程序编制的图像。

图像(2)的对称轴与 Y 轴平行，并与 X 轴在 $X=50$ 处相交。

图像(3)对称点为(50,50)。

图像(4)的对称轴与 X 轴平行，并与 Y 轴在 $Y=50$ 处相交。

指令格式见表6-6。

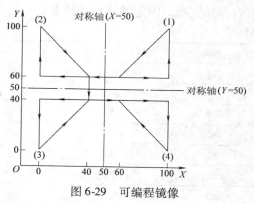

图6-29 可编程镜像

表6-6 可编程镜像指令格式

G51.1 IP __ ;	设置可编程镜像
: : :	根据 G51.1 IP __ ；指定的对称轴生成在这些程序段中指定的镜像
G50.1 IP __ ;	取消可编程镜像
IP __ ;	用 G51.1 指定镜像的对称点(位置)和对称轴，用 G50.1 指定镜像的对称轴，不指定对称点

注意事项：

(1) 设置镜像。如果指定可编程镜像功能，同时又用 CNC 外部开关或 CNC 的设置生成镜像时，则首先执行可编程镜像功能。

(2) 在指定平面对某个轴镜像时，会发生表6-7所示的指令变化。

表6-7 在指定平面内的一个轴上的镜像时发生的指令变化

指 令	说 明	指 令	说 明
圆弧指令	G02 和 G03 被互换	坐标旋转	CW 和 CCW(旋转方向)被互换
刀具半径补偿	G41 和 G42 被互换		

(3) 比例缩放和坐标旋转。CNC 的数据处理顺序是从程序镜像到比例缩放和坐标系旋转。应按该顺序指定指令，取消时，按相反顺序。在比例缩放或坐标系旋转方式中，不能指定 G50.1 或 G51.1。

(4) 与返回参考点和坐标系有关的指令。在可编程镜像方式中，与返回参考点(G27, G28, G29, G30)和改变坐标系(G52 ~ G59, G92)等有关的 G 指令不能指定。如果需要这些 G 指令中的任意一个，必须在取消可编程镜像方式之后再指定。

九、固定循环

1. 固定循环概述

固定循环使编程员编程变得容易了。有了固定循环功能，频繁使用的加工操作可以用 G 功能在单程序段中指令；没有固定循环，则要求多个程序段。另外，固定循环能缩短程序，节省存储空间。固定循环指令见表6-8。

表6-8　固定循环

G 指令	钻削（−Z 方向）	在孔底的动作	回退（+Z 方向）	应　用
G73	间歇进给	—	快速移动	高速深孔钻循环
G74	切削进给	停刀→主轴正转	切削进给	左旋攻螺纹循环
G76	切削进给	主轴定向停止	快速移动	精镗循环
G80	—	—	—	取消固定循环
G81	切削进给	—	快速移动	钻孔循环，点钻循环
G82	切削进给	停刀	快速移动	钻孔循环，锪镗循环
G83	间歇进给	—	快速移动	深孔钻循环
G84	切削进给	停刀→主轴正转	切削进给	攻螺纹循环
G85	切削进给	—	切削进给	镗孔循环
G86	切削进给	主轴停止	快速移动	镗孔循环
G87	切削进给	主轴正转	快速移动	背镗循环
G88	切削进给	停刀→主轴停止	手动移动	镗孔循环
G89	切削进给	停刀	切削进给	镗孔循环

固定循环由 6 个顺序的动作组成，如图6-30所示。

动作 1：X 轴和 Y 轴的定位（还可包括另一个轴）。

动作 2：快速移动到 R 平面。

动作 3：孔加工。

动作 4：在孔底的动作。

动作 5：返回到 R 平面。

动作 6：快速移动到初始平面。

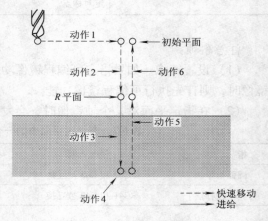

图 6-30　固定循环动作顺序

（1）定位平面和钻孔轴。定位平面由平面选择代码 G17、G18 或 G19 决定。定位轴是除了钻孔轴以外的轴。虽然固定循环包括攻螺纹、镗孔及钻孔循环，但本章中术语"钻孔"将用于说明固定循环执行的动作。"钻孔轴"是不用于定义定位平面的基本轴 X、Y 或 Z 或平行于基本轴的轴。钻孔轴根据 G 指令（G73～G89）程序段中指令的轴地址确定（基本轴或其平行轴）。如果没有对钻孔轴指定轴地址，则认为基本轴是钻孔轴，如表6-9 所示。

表6-9　定位平面和钻孔轴

G 指令	定 位 平 面	钻 孔 轴
G17	$X_P Y_P$ 平面	Z_P：Z 轴或它的平行轴
G18	$Z_P X_P$ 平面	Y_P：Y 轴或它的平行轴
G19	$Y_P Z_P$ 平面	X_P：X 轴或它的平行轴

例如，假定 U、V 和 W 轴分别平行于 X、Y 和 Z 轴。这个条件由参数 No. 1022 指定。

G17　G81···Z ___：Z 轴用作钻孔。

G17　G81···W ___：W 轴用作钻孔。

G18　G81···Y ___：Y 轴用作钻孔。

G18　G81···V ___：V 轴用作钻孔。

G19　G81···X ___：X 轴用作钻孔。

G19　G81···U ___：U 轴用作钻孔。

G17 ~ G19 可以在 G73 ~ G89 未指令的程序段中指定。

注意： 在取消固定循环以后，才能切换钻孔轴。参数 FXY(No. 6200#0) 可以设定 Z 轴总是用作钻孔轴。当 FXY $=0$ 时，Z 轴总是钻孔轴。

（2）沿着钻孔轴的移动距离(G90/G91)。沿着钻孔轴的移动距离，对 G90 和 G91 来说是不同的，如图 6-31 所示。

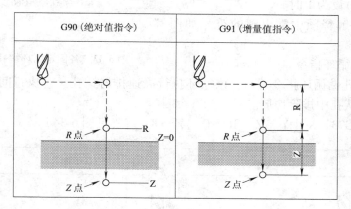

图 6-31　沿着钻孔轴的移动距离，对 G90 和 G91 变化

（3）钻孔方式。G73、G74、G76 和 G81 ~ G89 是模态 G 指令，直到被取消之前一直保持有效。有效时，当前状态是钻孔方式。钻孔方式中钻孔数据一旦被指定，数据则保持到被修改或清除为止。在固定循环的开始指定全部所需的钻孔数据；固定循环正在执行时，只指令修改数据。

（4）返回点平面(G98/G99)。当刀具到达孔底后，刀具可以返回到 R 点平面或初始位置平面，由 G98 和 G99 指定。图 6-32 所示为指定 G98 或 G99 时的刀具移动。一般情况下，

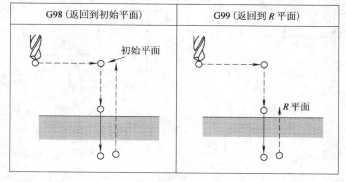

图 6-32　返回点平面(G98/G99)

G99 用于第一次钻孔，而 G98 用于最后一次钻孔。即使是在 G99 方式中执行钻孔，初始位置平面也不变。

（5）重复。在 K 中指定重复次数，对等间距孔进行重复钻孔。K 仅在被指定的程序段内有效。以增量方式（G91）指定第一孔位置。如果用绝对值方式（G90）指令的话，则在相同位置重复钻孔。重复次数 K 的最大指令值为 9999。如果指定 K0，钻孔数据被储存，不执行钻孔操作。

（6）取消。使用 G80 或 01 组 G 指令，可以取消固定循环。01 组 G 指令为：G00 为定位快速移动；G01 为直线插补；G02 为圆弧插补或螺旋线插补（CW）；G03 为圆弧插补或螺旋线插补（CCW）；G60 为单方向定位［当 MDL（参数 No. 5431#0）设为 1 时］。

各固定循环解释图中常出现的符号如图 6-33 所示。

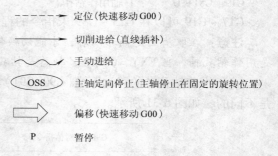

- - - →	定位（快速移动 G00）
—→	切削进给（直线插补）
∿→	手动进给
OSS	主轴定向停止（主轴停止在固定的旋转位置）
⇨	偏移（快速移动 G00）
P	暂停

图 6-33　各固定循环解释图中的符号

2. 常用固定循环指令

（1）高速深孔钻循环指令 G73。该循环执行高速排屑钻孔。它执行间歇切削进给直到孔的底部，同时从孔中排除切屑。

指令格式为 G73　X __ Y __ Z __ R __ Q __ F __ K __ ;（见图 6-34）。

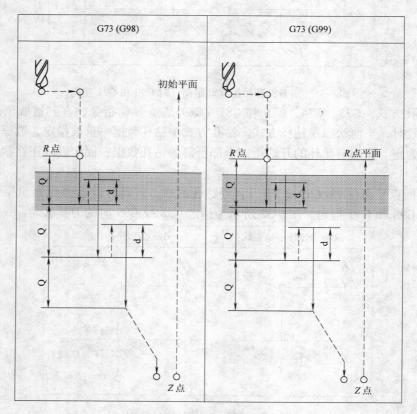

图 6-34　G73 指令动作图

其中，X __ Y __：孔位数据；Z __：从 R 点到孔底的距离；R __：从初始位置平面到 R 点的距离；Q __：每次切削进给的背吃刀量；F __：切削进给速度；K __：重复次数(视需要而定)。

（2）左旋攻螺纹循环 G74。该循环执行左旋攻螺纹。在左旋攻螺纹循环中，当到达孔底时，主轴顺时针旋转。

指令格式为 G74　X __ Y __ Z __ R __ P __ F __ K __；（见图 6-35）。

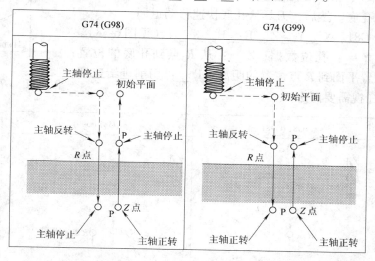

图 6-35　G74 指令动作图

其中，X __ Y __：孔位数据；Z __：从 R 点到孔底的位置；R __：从初始位置平面到 R 点位置的距离；P __：暂停时间；F __：切削进给速度；K __：重复次数(视需要而定)。

（3）精镗循环(G76)。精镗循环用于镗削精密孔。到达孔底时，主轴停止，切削刀具离开工件的被加工表面并返回。

指令格式为 G76　X __ Y __ Z __ R __ Q __ P __ F __ K __；（见图 6-36）。

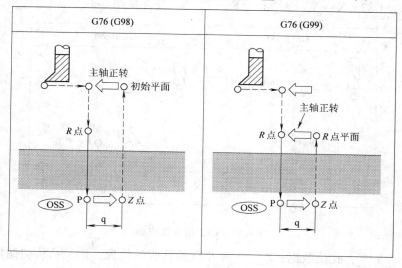

图 6-36　G76 指令动作图

其中，X __ Y __：孔位数据；Z __：从 R 点到孔底的位置；R __：从初始位置平面到 R 点位置的距离；Q __：孔底的偏移量；P __：在孔底的暂停时间；F __：切削进给速度；K __：重复次数（视需要而定）。

主轴定向停止如图 6-37 所示。

（4）钻孔循环、钻中心孔循环（G81）。该循环用作正常钻孔。切削进给执行到孔底。然后，刀具从孔底快速移动退回。

指令格式为 G81　X __ Y __ Z __ R __ F __ K __ ；（见图 6-38）。

其中，X __ Y __：孔位数据；Z __：从 R 点到孔底的位置；R __：从初始位置平面到 R 点位置的距离；F __：切削进给速度；K __：重复次数（视需要而定）。

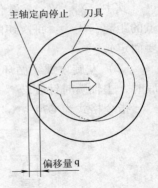

图 6-37　G76 主轴定向停止

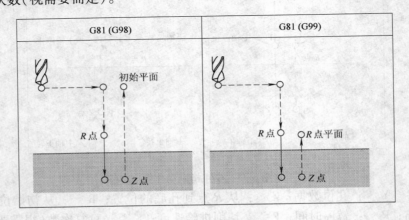

图 6-38　G81 指令动作图

（5）钻孔循环、逆镗孔循环（G82）。该循环用作正常钻孔。切削进给执行到孔底，再执行暂停，然后，刀具从孔底快速移动退回。

指令格式为 G82　X __ Y __ Z __ R __ P __ F __ K __ ；（见图 6-39）。

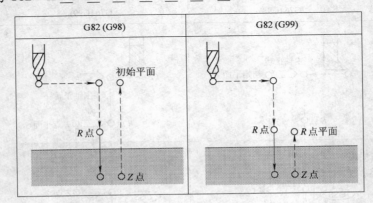

图 6-39　G82 指令动作图

其中，X __ Y __：孔位数据；Z __：从 R 点到孔底的位置；R __：从初始位置平面到 R 点位置的距离；P __：在孔底的暂停时间；F __：切削进给速度；K __：重复次数（视需要而定）。

（6）排屑钻孔循环（G83）。该循环执行深孔钻。执行间歇切削进给到孔的底部，钻孔过程中从孔中排除切屑。

指令格式为 G83　X＿Y＿Z＿R＿Q＿F＿K＿；（见图6-40）。

其中，X＿Y＿：孔位数据；Z＿：从 R 点到孔底的位置；R＿：从初始位置平面到 R 点位置的距离；Q＿：每次切削进给的背吃刀量；F＿：切削进给速度；K＿：重复次数（视需要而定）。

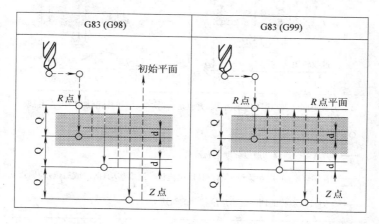

图6-40　排屑钻孔循环 G83 的指令动作图

（7）小孔排屑钻孔循环（G83）。在钻孔期间，当检测到过载转矩检测信号（跳转信号）时，有过载转矩检测功能的刀杆把刀具退回。在改变主轴速度和切削进给速度后，钻孔重新开始，在该小孔排屑钻孔循环中，重复这些动作。用参数 No.5163 中指定的 M 代码，可以选择小孔排屑钻孔循环方式。在指令中指定 G83 开始执行小孔排屑钻孔循环。用 G80 或复位取消该循环。

指令格式为 G83　X＿Y＿Z＿R＿Q＿F＿I＿K＿P＿；（见图6-41）。

其中，X＿Y＿：孔位数据；Z＿：从 R 点到孔底的位置；R＿：从初始位置平面到 R 点位置的距离；Q＿：每次切削进给的背吃刀量；F＿：切削进给速度；I＿：前进或后退的移动速度（与上面的 F 的格式相同，如果省略，参数 No.5172 和 No.5173 中的值作为默认值）；K＿：重复次数（视需要而定）；P＿：在孔底的暂停时间（如果省略，P0 为默认数值）。

（8）攻螺纹循环（G84）。该循环执行攻螺纹命令。攻螺纹循环中，刀具到达孔底时，主轴以反方向旋转。

指令格式为 G84　X＿Y＿Z＿R＿P＿F＿K＿；（见图6-42）。

其中，X＿Y＿：孔位数据；Z＿：从 R 点到孔底的位置；R＿：从初始位置平面到 R 点位置的距离；P＿：暂停时间；F＿：切削进给速度；K＿：重复次数（视需要而定）。

（9）镗孔循环（G85）。该循环用于镗孔。

指令格式为 G85　X＿Y＿Z＿R＿F＿K＿；（见图6-43）。

其中，X＿Y＿：孔位数据；Z＿：从 R 点到孔底的位置；R＿：从初始位置平面到 R

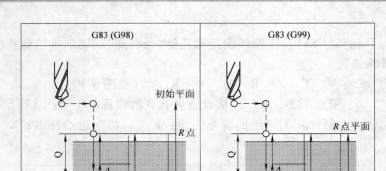

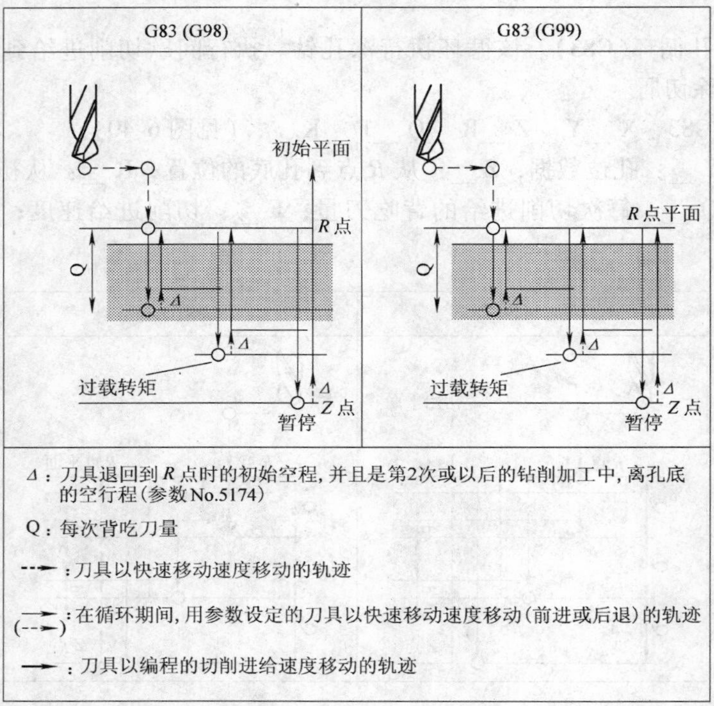

图 6-41　小孔排屑钻孔循环 G83 的指令动作图

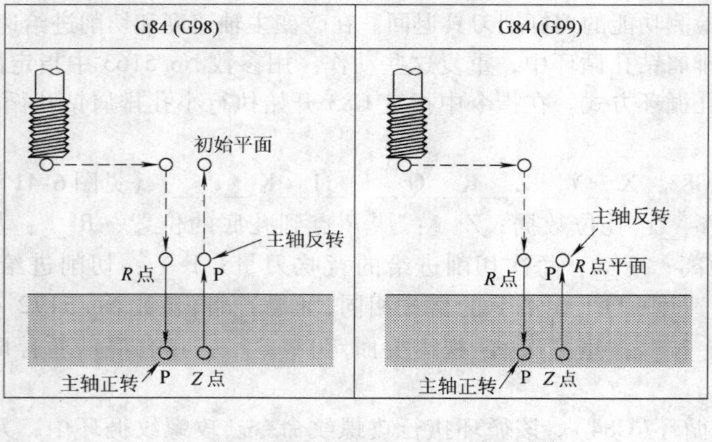

图 6-42　攻螺纹循环(G84)指令动作

点位置的距离；F ＿：切削进给速度；K ＿：重复次数(视需要而定)。

(10) 镗孔循环(G86)。该循环用于镗孔。

指令格式为 G86　X ＿Y ＿Z ＿R ＿F ＿K ＿；(见图6-44)。

其中，X ＿Y ＿：孔位数据；Z ＿：从 R 点到孔底的位置；R ＿：从初始位置平面到 R 点位置的距离；F ＿：切削进给速度；K ＿：重复次数(视需要而定)。

(11) 反镗孔循环(G87)。该循环执行精密镗孔。

指令格式为 G87　X ＿Y ＿Z ＿R ＿Q ＿P ＿F ＿K ＿；反镗孔循环(G87)指令的 G98 情

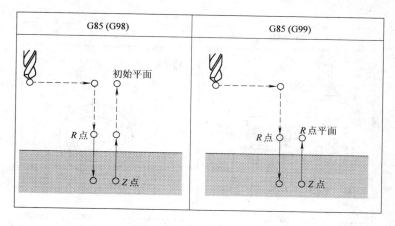

图 6-43 镗孔循环(G85)指令动作

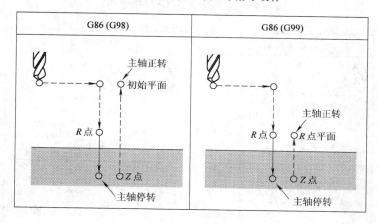

图 6-44 镗孔循环(G86)指令动作

况与主轴定向停止如图 6-45 所示,该指令不用 G99 的情况。

其中,X __ Y __:孔位数据;Z __:从 R 点到孔底的位置;R __:从初始位置平面到 R 点位置的距离;Q __:刀具偏移量;P __:暂停时间;F __:切削进给速度;K __:重复次数。

(12)镗孔循环(G88)。该循环用于镗孔。

指令格式为 G88 X __ Y __ Z __ R __ P __ F __ K __;(见图 6-46)。

其中,X __ Y __:孔位数据;Z __:从 R 点到孔底的位置;R __:从初始位置平面到 R 点位置的距离;P __:孔底的暂停时间;F __:切削进给速度;K __:重复次数(视需要而定)。

(13)镗孔循环(G89)。该循环用于镗孔。

指令格式为 G89 X __ Y __ Z __ R __ P __ F __ K __;(见图 6-47)。

其中,X __ Y __:孔位数据;Z __:从 R 点到孔底的位置;R __:从初始位置平面到 R 点位置的距离;P __:孔底的停刀时间;F __:切削进给速度;K __:重复次数(视需要而定)。

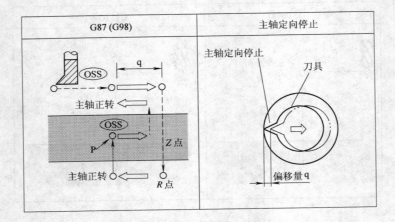

图 6-45 反镗孔循环(G87)指令动作

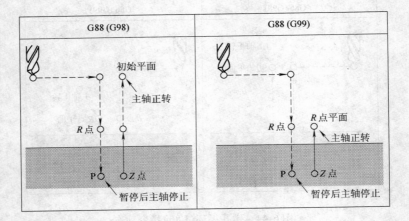

图 6-46 镗孔循环(G88)指令动作

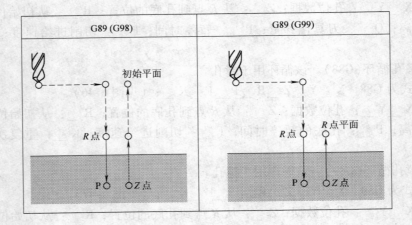

图 6-47 镗孔循环(G89)指令动作

第三节 编程实例

一、综合编程实例 1

1. 零件

平面凸轮如图 6-48 所示，材质为 45 钢，调质处理。工件平面部分及两小孔已经加工到尺寸，曲面轮廓经粗铣，留加工余量 2mm，现要求数控铣精加工曲面轮廓。

2. 工艺处理

（1）工件坐标系原点：凸轮设计基准在工件 $\phi15$mm 孔中心，所以工件原点定在 $\phi15$mm 轴线与工件上表面交点。

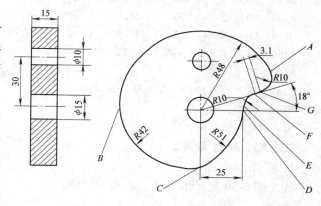

图 6-48 平面凸轮

（2）工件装夹：采用夹具，用工件的一面两孔定位，螺钉从两孔插过，用螺母把工件夹紧。也可把工件通过平行垫铁装在工作台上，以两孔连线找正机床 Y 轴方向，以 $\phi15$mm 孔找正零点，定位为编程原点，螺钉从两孔插过把工件夹紧在工作台上。

（3）刀具选择：采用 $\phi15$mm 高速钢立铣刀。

（4）切削用量：主轴转速 S 为 1000r/min，进给速度 F 为 60mm/min。

（5）刀补号：D01。

（6）确定工件加工方式及进给路线：由工件编程原点、坐标轴方向及图样尺寸进行数据转换，或采用 CAD 图形软件，通过绘制图样，查询所需坐标点。编程所需数据点位置如图 6-48 所示。

3. 数值处理

确定编程数据点：$A(-40.138, -26.323)$；$B(48.0, 0)$；$C(0, 36.0)$；$D(-23.547, 8.4)$；$E(-24.993, -0.61)$；$F(-31.899, -10.365)$；$G(-34.866, -11.329)$。铣削凸轮的进给路线如图 6-49 所示。

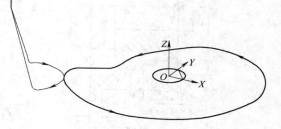

图 6-49 铣削凸轮进给路线

4. 数控铣削加工程序

O0001 ;	主程序名
N10 G90 G54 G00 Z60.000 ;	设定工件坐标系,快速到初始平面
N20 S1000 M03 ;	起动主轴
N30 X−100.0 Y25.0 Z60.000 ;	定位到下刀点
N40 Z2.000 ;	快速下刀,到慢速下刀高度
N50 G01 Z−16.0 F100 ;	切削下刀

N60	G42	D01	X-60.908	Y-22.006	F60;		建立刀具半径右补偿

N60　G42　D01　X-60.908　Y-22.006　F60；　　　　　建立刀具半径右补偿

N70　G02　X-40.138　Y-26.323　I8.226　J-12.543；　　以四分之一圆弧轨迹进刀,切入

N80　G03　X48.0　Y0　I40.138　J26.323；　　　　　　切削圆弧 *AB*

N90　G03　X0　Y36.0　I-41.636　J-5.515；　　　　　切削圆弧 *BC*

N100　G03　X-23.547　Y8.4　I24.488　J-44.736；　　切削圆弧 *CD*

N110　G03　X-24.993　Y-0.61　I23.547　J-8.4；　　切削圆弧 *DE*

N120　G02　X-31.899　Y-10.365　I-9.997　J-0.244；　切削圆弧 *EF*

N130　G01　X-34.866　Y-11.329；　　　　　　　　　切削直线 *FG*

N140　G03　X-40.138　Y-26.323　I3.090　J-9.511；　切削圆弧 *GA*

N150　G02　X-44.455　Y-47.093　I-12.543　J-8.226；　以 1/4 圆弧轨迹退刀,切出

N160　G40　G01　X-99.746　Y26.857；　　　　　　取消半径补偿

N170　Z2.0　F200；　　　　　　　　　　　　　　　退回到慢速下刀高度

N180　G00　X-100.0　Y25.0　Z60.0；　　　　　　快速回到起始点

N190　M05；　　　　　　　　　　　　　　　　　　主轴停

N200　M30；　　　　　　　　　　　　　　　　　　程序结束

二、综合编程实例 2

1. 零件

加工图 6-50 所示的零件,毛坯为铸钢。

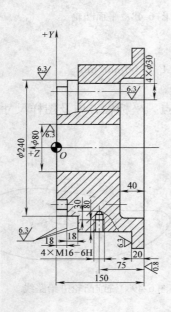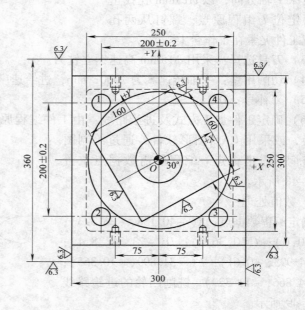

图 6-50　编程实例 2

2. 工艺内容及工序顺序的安排

(1) 用 ϕ20mm 的圆柱铣刀铣 ϕ80mm 的圆柱孔,铣 160mm × 160mm 的四方凸台,铣 ϕ240mm 外圆。

(2) 用 ϕ25mm 的麻花钻钻削 4 × ϕ30mm 底孔。

(3) 用 ϕ29.5mm 粗镗刀粗镗孔。

（4）用 φ30mm 精镗刀高速精镗孔。

3. 加工程序

O0001 ;	程序名
N10　G00　G40　G49　G80　G90 ;	取消刀具补偿和所有固定循环,装 1 号外圆铣刀
N30　G00　G90　G55　X0　Y0 ;	快进至 G55 的原点位置
N40　G43　Z50.0　H01 ;	快进至 Z50,刀具长度补偿
N50　G00　Z5.0 ;	快进至 Z5
N60　S450　M03 ;	主轴正转
N70　G01　Z−20.0　F60 ;	工进至 Z−20
N80　G01　G41　X40.0　Y0　D01 ;	工进至(X40,Y0),刀具半径左补偿
N90　G03　X40.0　Y0　I−40　J0 ;	铣削整圆
N100　G00　G40　X0　Y0 ;	返回原点,取消刀具半径补偿
N110　G00　Z50.0 ;	退刀至 Z50
N120　G68　X0　Y0　R30.0 ;	旋转工件坐标系30°
N130　G00　X−120.0　Y−120.0 ;	快进至(X−120,Y−120)
N140　G00　Z5.0 ;	快进至 Z5;
N150　G01　Z−18.0　F300 ;	工进至 Z−18
N160　G01　G41　X−81.5　Y−81.5　D01　F100 ;	工进至(X−81.5,Y−81.5),刀具半径补偿
N170　Y81.5 ;	四方轮廓加工
N180　X81.5 ;	
N190　Y−81.5 ;	
N200　X−90.0 ;	
N210　G01　G40　X−120.0 ;	取消刀具补偿
N220　G00　G69　Z50.0 ;	退刀至 Z50,取消坐标系旋转
N230　G00　X150.0　Y20.0 ;	快进至(X150,Y 20)
N240　Z5.0 ;	快进至 Z5
N250　G01　Z−36.0　F300 ;	工进至 Z−36
N260　G01　G41　X120.0　Y0　D01　F100 ;	工进至(X120,Y0),刀具半径补偿
N270　G02　X120.0　Y0　I−120.0　J0 ;	铣削整圆
N280　G01　Y−10.0 ;	工进至(X120,Y−10)
N290　G01　G40　X150.0　Y−30.0 ;	取消刀具补偿
N300　G00　Z5.0　M05 ;	快退至 Z5,主轴停转
N310　G91　G28　Z0　G49 ;	返回参考点,取消刀具长度补偿
/N320　M00 ;	程序暂停,换 2 号刀(麻花钻)
N340　G00　G55　G90　X−100.0　Y100.0 ;	快进至 G55 坐标系(X100,Y100)位置
N350　S380　M03 ;	主轴正转
N360　G43　H02　Z50.0 ;	快进至 Z50,刀具长度补偿
N370　G98　G81　Z−127　R−29.0　F100 ;	钻削#1 孔(回起始平面)
N380　K−100.0　Y−100.0 ;	钻削#2 孔(回起始平面)
N390　X100.0 ;	钻削#3 孔(回起始平面)
N400　X100.0　Y100.0 ;	钻削#4 孔(回起始平面)

N410	G80	M05 ;					取消固定循环,主轴停转
N420	G91	G00	G28	Z0	G49 ;		返回参考点,取消刀具长度补偿
/N430	M00 ;						程序暂停,换 3 号镗刀
N450	G49	G90	G55	G00	X－100.0	Y100.0 ;	快进至 G55 坐标系($X-100,Y-100$)位置
N460	G43	Z50.0	H3 ;				快进至 Z50,刀具长度补偿
N470	S580	M03 ;					主轴正转
N480	G98	G86	Z－64.0	R－29.0	F80 ;		镗削#1 孔(回起始平面)
N490	X－100.0	Y－100.0 ;					镗削#2 孔(回起始平面)
N500	X100.0 ;						镗削#3 孔(回起始平面)
N510	X100.0	Y100.0 ;					镗削#4 孔(回起始平面)
N520	G80	M05 ;					取消固定循环,主轴停转
N530	G91	G00	G28	Z0	G49 ;		返回参考点,取消刀具长度补偿
/N540	M00 ;						程序暂停,换 4 号精镗刀
N560	G00	G55	G90	X－100	Y－100 ;		快进至 G55($X-100,Y-100$)位置
N570	G43	Z50.0	H3 ;				快进至 Z50,刀具长度补偿
N580	S1000	M03 ;					主轴正转
N590	G98	G76	Z－64.0	R－29.0	F50 ;		高速精镗#1 孔(回起始平面)
N600	X－100.0	Y－100.0 ;					高速精镗#2 孔(回起始平面)
N610	X100.0 ;						高速精镗#3 孔(回起始平面)
N620	X100.0	Y100 ;					高速精镗#4 孔(回起始平面)
N630	G80	M05 ;					取消固定循环,主轴停转
N640	G91	G00	G28	Z0 ;			返回参考点,取消刀具长度补偿
N650	M30 ;						主程序结束

第四节　FANUC 0i 数控系统数控铣床的操作

一、数控铣床的 LCD/MDI 单元及控制面板

1. 数控铣床的 LCD/MDI 单元及控制面板总览

数控铣床的 LCD/MDI 单元及控制面板总览如图 6-51 所示。

2. 数控铣床的 LCD/MDI 单元

数控铣床的 LCD/MDI 单元详细情况如图 6-52 所示。MDI 面板上键的详细说明见表6-10。

3. 数控铣床的控制面板

数控铣床的控制面板如图 6-53 所示。有关控制面板上键和按钮的功能的详细说明见表 6-11。

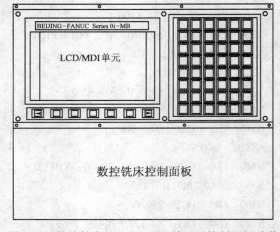

图 6-51　数控铣床的 LCD/MDI 单元及控制面板总览

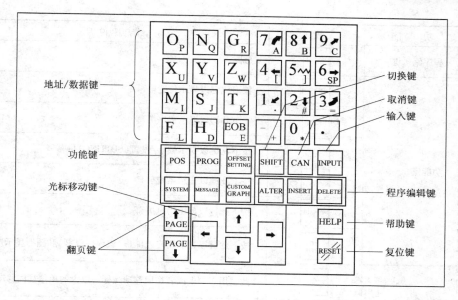

图 6-52　数控铣床的 LCD/MDI 单元

表 6-10　MDI 面板上键说明

序号	功能	键	详细说明
1	地址、数字和字符键	第24个键	按下这些键可以输入字母、数字或者其他字符
2	复位键	RESET	按下复位键可以使 CNC 复位或者取消报警等
3	软键		根据不同的画面，软键具有不同的功能，软键功能显示在屏幕的底端
4	帮助键	HELP	当对 MDI 键的操作不明白时按下此键可以获得帮助（帮助功能）
5	切换键	SHIFT	键盘上有些键具有两个功能，按下＜SHIFT＞键可以在这两个功能之间进行切换。当一个键右下脚的字母可被输入时，就会在屏幕上显示一个特殊的字符 $\hat{E}$
6	输入键	INPUT	当按下一个字母键或者数字键时，再按此键数据被输入到缓存区，并且显示在屏幕上。要将输入缓存区的数据复制到偏置寄存器中等，请按下此键。此键与软键上的［INPUT］键是等效的
7	取消键	CAN	按下此键删除最后一个进入输入缓存区的字符或符号。当键输入缓存区后显示为：＞N005X300Z ＿；按下该键时，Z 被取消并且显示为：＞N005X300 ＿
8	程序编辑键	ALTER	替换
		INSERT	插入

（续）

序　号	功　能	键	详　细　说　明
8	程序编辑键	DELETE	删除
9	功能键	POS	按下此键以显示位置屏幕
		PROG	按下此键以显示程序屏幕
		OFFSET SETTING	按下此键以显示偏置/设置（SETTING）屏幕
		SYSTEM	按下此键以显示系统屏幕
		MESSAGE	按下此键以显示信息屏幕
		CUSTOM GRAPH	按下此键以显示用户宏屏幕（宏程序屏幕）和图形显示屏幕
10	光标移动键	↑	此键用于向上或者往回移动光标，以大的单位往回移动
		↓	此键用于向下或者向前移动光标，以大的单位向前移动
		←	此键用于向左或者往回移动光标，以小的单位往回移动
		→	此键用于向右或者向前移动光标，以小的单位向前移动
11	翻页键	PAGE ↑	此键用于将屏幕显示的页面往回翻页
		PAGE ↓	此键用于将屏幕显示的页面向下翻页

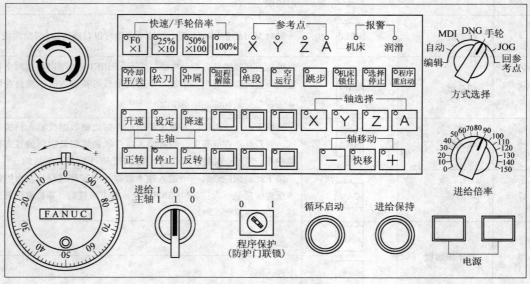

图 6-53　数控铣床的控制面板

表 6-11　控制面板上键和按钮的功能

序　号	键和按钮	功　能　说　明
1		急停按钮：紧急情况下按下此按钮，机床停止一切运动
2		手轮(手摇脉冲发生器)：方式选择处在手轮模式时，选择 ×1、×10、×100 任一方式后，再按坐标轴键，旋转手轮可将坐标轴移动到指定的位置
3		方式选择旋钮：用于选择一种机床工作方式 ① 编辑模式：用于通过微机接口输入、输出程序，编辑程序 ② 自动加工(CNC)模式：用于连续执行程序来加工工件 ③ MDI 录入模式：在 CRT 面板上，直接用键盘将程序输入到 MDI 存储器内，再在 MDI 模式下运行操作，其操作方法与自动循环操作相同。另外，该方式也用于输入系统参数 ④ DNG 计算机直接加工工式：用于在自动运行时，通过与微机的接口(RS-232 接口)读入程序，并执行程序进行加工 ⑤ 手轮模式：用手轮来移动坐标轴(X,Y,Z,A 等) ⑥ JOG 模式：按相应的坐标轴来移动坐标轴(X,Y,Z,A 等)，其移动速度取决于"进给倍率修调"值的大小 ⑦ 回参考点模式：使各坐标轴返回参考点位置并建立机床坐标系
4		进给倍率旋钮：加工或回零时选择进给倍率，可使执行指令以不同的速度进给 ① 修调率分度(%)：在自动操作方式下，在 0%~150% 的范围内，以 10% 递增，其修调后的进给率即坐标轴移动速度 ② 进给率分度(m/min、in/min)：在点动方式下，在 0~1260mm/min 或 0~50in/min 范围内调整坐标轴移动速度
5		进给与主轴有效开关：控制主轴旋转或工作台移动 ① 旋钮指向"0，0"位时，主轴与进给移动无效 ② 旋钮指向"0，1"位时，主轴有效而进给移动无效 ③ 旋钮指向"1，1"位时，主轴与进给移动都有效
6		快速/手轮倍率按键：快速倍率，在低速 F0、25%、50%、100% 范围内调整快速移动速度。低速设定为 400mm/min。手轮倍率，手轮每摇一格坐标轴移动量分别为：×1：1μm，×10：10μm，×100：100μm
7		参考点灯：当各个坐标轴回到机床零点时指示灯亮

（续）

序　号	键和按钮	功　能　说　明
8	报警 机床　润滑	机床报警：当 CRT 上出现 PLC 报警时，该指示灯亮。1000~1030 号报警属于机床报警，其报警内容如下： ① 1000：气压低。处理方法：调整气压 ② 1001：冷却电动机过载报警。处理方法：检查控制电路，接通保护开关 ③ 1004：刀具松开失败。处理方法：检查刀具松开确认开关 ④ 1005：刀具夹紧失败。处理方法：检查刀具夹紧确认开关 ⑤ 1008：机床没回参考点就指令了自动加工程序。处理方法：回参考点后再执行程序 ⑥ 1009：主轴刀具没夹紧就指定了主轴旋转指令。处理方法：先夹紧主轴再旋转 润滑报警：PLC 报警，报警号为 1010。当润滑泵中的润滑油低于最低液面时，该指示灯亮，需要注入润滑油，注入后，报警自动消除
9	升速　设定　降速 主轴 正转　停止　反转	按下任一按键，按键上相应的指示灯亮 ① 主轴正转按键：主轴正向旋转 ② 主轴反转按键：主轴反向旋转 ③ 主轴停止按键：立即停止主轴转动 ④ 主轴升速按键：主轴正在旋转时，按一下，转速升高 10%，最高到 120% ⑤ 主轴降速按键：主轴正在旋转时，按一下，转速降低 10%，最低到 50% ⑥ 主轴设定按键：主轴按所选择的方向以 100% 的速度旋转
10	轴选择 X　Y　Z　A	轴选择键：选择要移动的轴。指示灯亮表明已选择了相应的坐标轴；在手轮、JOG 方式和回参考点方式下，当前被选择的坐标轴有效
11	轴移动 −　快移　+	轴移动键：选择相应的坐标轴以后，以下操作在慢进给方式下有效 ① 在慢进给方式下，按下任一按钮，坐标轴就以进给率修调开关指定的进给率在相应轴的方向上移动 ② 按快速移动键，并按下任一按钮，坐标轴就以快速修调指定的速度在相应轴的方向上快速移动 注意：每次只能按下一个按钮，且按下时坐标轴就移动，松手即停止移动
12	超程 解除	超程解除按钮：（CRT 显示 NOT READY），机床压硬限位时。选择手摇方式（HAND）。按下此按键，同时旋转手轮移动相应的坐标轴使机床反向退出超程位置，再松开此键
13	单段	单段执行按钮：在自动方式下，使程序段单段执行。按下此按键，指示灯亮，指示目前处于单段状态，执行单段加工程序，按循环启动按钮继续执行下一个单段程序。再按此键，指示灯灭，程序可连续执行
14	冷却 开/关	冷却开/关：无论在何种方式，按下此按钮，切削液接通，指示灯亮，在此状态下再按一下此按钮，切削液断开，指示灯灭

（续）

序　号	键和按钮	功能说明
15	空运行	空运行按钮：按下此按钮，指示灯亮，表明程序校验有效。在空运行有效期间，如果程序段是快速进给程序段，则机床快速移动，如果程序段是以 F 指令的程序段，机床的进给率就变成了 JOG 进给率
16	跳步	跳步按键：用于执行程序时，不执行带有"/"的程序段。按下此键，指示灯亮，指示程序段跳步功能有效。再按此键，指示灯灭，程序段跳步功能无效
17	松刀	松刀按键：用于夹紧与松开刀具。指示灯亮，指示松刀状态。指示灯灭，指示刀具被夹紧
18	冲屑	冲屑按键：用于控制冲屑装置。指示灯亮，指示冲屑装置开。指示灯灭，指示冲屑装置关
19	机床锁住	机床锁住按键：按下此按键，指示灯亮，表明机床锁住功能有效。在机床锁住功能有效期间，自动运行时，仅进行脉冲分配，而不将脉冲输出到伺服电动机上。即位置显示与程序同步，但机床不移动，M、S、T 代码执行
20	选择停止	选择停止按键：有选择地暂停正在执行的程序。按下此键，指示灯亮，指示选择停止功能有效。在自动执行程序过程中，遇到 M01 时，程序暂停，冷却关断。按"循环启动"后，继续执行下段程序
21	程序重启动	程序重启动按键：程序可从有选择的程序段重新启动运行，也可用于快速检查程序。按此键，指示灯亮，指示程序重启动功能有效
22	电源	电源开关：左边绿色按键用于启动 NC 单元（即 NC 单元通电）。右边红色按键用于关闭 NC 系统电源
23	循环启动	循环启动按钮：用于自动方式下，自动操作的启动。选择好程序后，按此按钮执行加工程序。指示灯用于指定自动运行状态
24	进给保持	进给保持按钮：在自动运行状态下，停止进给（坐标轴停止运动）且指示灯指示其状态。在这种情况下，M、S、T 功能仍有效
25	0　1　程序保护（防护门联锁）	程序保护（防护门联锁） 程序保护：状态 1 可执行如下操作：①TV 检查；②选择 ISO/EIA 和 INCH/MM；③存储、编辑加工程序。状态 0 不能执行上述操作防护门联锁：状态 1：前防护门打开时，可进行主轴冷却和自动操作等。状态 0：前防护门打开时，不能进行主轴冷却和自动操作等

二、对刀操作及参数设置
1. 工件坐标系的设置

为使编程原点与加工原点重合，需要进行坐标系设定。当程序坐标用 G54 设定时，需要在机床内保证 G54 的机械坐标（即 G54 原点机械坐标）与编程原点重合。

程序原点在工件左上角上表面时坐标设定步骤如下：

（1）通过"方式选择"旋钮选择"手轮"方式。

（2）调整"快进/手轮倍率"按键。

（3）主轴进给保持打开。

旋转手轮分别移动工作台和主轴。

1）对 Z 轴：通过"轴选择"键选 Z 轴，使刀具与工件上表面接触，记下 Z 轴机械坐标值（例如，Z138.687）。

2）对 Y 轴：通过"轴选择"键选 Y 轴，旋转手轮，使刀具与工件 Y 原点所在侧面接触，记下 Y 轴机械坐标值（例如，Y253.386）。

3）对 X 轴：通过"轴选择"键选 X 轴，旋转手轮，使刀具与工件 X 原点所在侧面接触，记下 X 轴机械坐标值（例如，X-511.688）。

（4）按下"OFFSET"键，再按"坐标系"对应软键，把光标移到"（01）G54"，输入 X 坐标加刀具半径值、Y 坐标减去刀具半径后的数值。例如，刀具半径值为 5mm，则 G54 后面的 $X = (-511.688 + 5)$ mm $= -506.688$ mm，$Y = (253.386 - 5)$ mm $= 248.386$ mm，如图6-54 所示。此时，在 G54 坐标系下，当刀具回零并执行刀具补偿时，G54 原点、刀具中心与编程原点重合。

工件坐标系设定				O0020	N0020
(G54)					
番号	数据		番号	数据	
00	X	0.000	02	X	0.000
(EXT)	Y	0.000	(G55)	Y	0.000
	Z	0.000		Z	0.000
01	X	-506.688	04	X	0.000
(G54)	Y	248.386	(G56)	Y	0.000
	Z	138.687		Z	0.000
) _				S 0L 0%	

MDI STOP *** ***　　　　　　　　　　10：22：29
[捕正] [SETING] [坐标系] [　　] [操作]

图 6-54　在 G54 里工件坐标系的设定

回零后按"POS"键，"机械坐标"显示如图 6-55 所示。或者按下"OFFSET"键，再按"坐标系"，把光标移到"番号 00（EXT）"对应的坐标，X 输入刀具半径正值、Y 输入刀具半径负值，如图 6-56 所示。此时，在 G54 坐标系下，当刀具回零时，刀具中心与编程原点重合，而 G54 原点不与编程原点重合。采用如下方法判断加或减掉刀具半径值：对好刀后，根据右手定则来判断，为了保证刀具中心与编程原点重合，刀具需正向移动时，相应地输入半径正值；当刀具需负向移动时，相应地输入半径负值。回零后按 POS 键，"机械坐标"显示如图 6-57 所示。

现在位置化			O0020　N0020	
(相对坐标)			(绝对坐标)	
X	278.312		X	10.000
Y	-220.610		Y	20.000
Z	-290.911		Z	60.000
(机械坐标)			(余移动量)	
X	-506.688		X	0.000
Y	248.386		Y	0.000
Z	138.687		Z	0.000
JOG F　600			加工部件数 16	
运转时间 80H21M			切削时间 0H15M35S	
ACT：F　0MM/分			S 0L 0%	

MDI **** *** ***　　　　　　　　　　10：25：29
[绝对] [相对] [组合] [HWDL] [操作]

图 6-55　回零后按"POS"键"机械坐标"显示

```
┌─────────────────────────────────────────┐
│ 工件坐标系设定                 O0020  N0020 │
│ (G54)                                      │
│                                            │
│ 番号      数据          番号      数据       │
│ 00    X    5.000     02    X    0.000     │
│ (EXT) Y   -5.000     (G55) Y    0.000     │
│       Z    0.000           Z    0.000     │
│ 01    X  -511.688    04    X    0.000     │
│ (G54) Y   253.386    (G56) Y    0.000     │
│       Z   138.687          Z    0.000     │
│ ) _                            S  0L  0%  │
│                                            │
│ MDI STOP *** ***                           │
│ [ 捕正 ][ SETING ][ 坐标系 ][    ][ 操作 ] │
└─────────────────────────────────────────┘
```

图 6-56　"番号 00（EXT）"下刀具半径的处理

```
┌─────────────────────────────────────────┐
│ 现在位置化                      O0020  N0020 │
│  (相对坐标)                (绝对坐标)        │
│   X    278.312          X    10.000       │
│   Y   -220.610          Y    20.000       │
│   Z   -290.911          Z    60.000       │
│                                            │
│  (机械坐标)               (余移动量)         │
│   X   -511.688          X     0.000       │
│   Y    253.386          Y     0.000       │
│   Z    138.687          Z     0.000       │
│                                            │
│ JOG  F  600            加工部件数  16       │
│ 运转时间 80H21M         切削时间 0H15M35S   │
│ ACT：F   0MM/分                 S  0L  0%  │
│ MDI STOP **** *** ***                      │
│ [ 绝对 ][ 相对 ][ 组合 ][ HWDL ][ 操作 ]  │
└─────────────────────────────────────────┘
```

图 6-57　回零后"机械坐标"显示

2. 刀具直接补偿的设定

（1）按"OFFSET SETTING"键 若干次，出现图 6-58 所示的画面。

```
┌─────────────────────────────────────────────────┐
│ 刀具补正                            O0020  N0020   │
│ 番号   形状(H)    磨损(H)    形状(D)    磨损(D)     │
│ 001    0.000     0.000     0.000     0.000       │
│ 002    0.000     0.000     0.000     0.000       │
│ 003    0.000     0.000     0.000     0.000       │
│ 004    0.000     0.000     0.000     0.000       │
│ 005    0.000     0.000     0.000     0.000       │
│ 006    0.000     0.000     0.000     0.000       │
│ 007    0.000     0.000     0.000     0.000       │
│ 008    0.000     0.000     0.000     0.000       │
│ 现在位置   (相对坐标)                              │
│    X    -402.944            Y    -5.909          │
│    Z      61.113                                  │
│ ) _                                S  0L  0%     │
│ MDI STOP *** ***                                 │
│ [ 捕正 ][ SETING ][ 坐标系 ][    ][ 操作 ]      │
└─────────────────────────────────────────────────┘
```

图 6-58　刀具补偿画面

（2）按"光标移动"键，将光标移至需要设定刀补的相应位置。

（3）输入补偿量。

（4）按"INPUT"键。

如果要修改补偿值，输入一个要加到当前补偿值的值（负值将减小当前的值）并按下软键[+ 输入]。或者输入一个新值，并按下软键[INPUT]。

3. 刀具测量补偿的设定

（1）将"方式选择"旋钮旋至"手轮"或"JOG"方式。

（2）安装基准刀具。

（3）Z 向对刀。用手动操作移动基准刀具使其与工件上的一个指定点接触。

（4）按"POS"键若干次，直到显示具有相对坐标的现在位置画面，如图 6-59 所示。

（5）按地址键"Z"，按软键［起源］，将相对坐标系中闪亮的 Z 轴的相对坐标值复位为"0"。

（6）按下功能键"OFFSET SETTING"键 OFFSET SETTING 若干次，出现图 6-58 所示的刀具补偿画面。

（7）按屏幕下方右侧"扩展"软键 ▷，出现图 6-60 所示画面。

（8）安装要测量的刀具，手动操作移动对刀，使其与基准刀同一对刀点位置接触。两把刀的长度差显示在屏幕画面的相对坐标系中。

现在位置化 （相对坐标）		O0020 N0020
X	278.312	
Y	−220.610	
Z	−290.911	
JOG F 600		加工部件数 16
运转时间 80H21M		切削时间 0H15M35S
ACT：F 0MM/分		S 0L 0%
MDI STOP *** ***		10：25：29
［ 预定 ］ ［ 起源 ］ ［ 坐标系］［ 元件：0 ］［ 运转：0 ］		

图 6-59 "POS"画面

（9）按"光标移动"键，将光标移至需要设定刀补的相应位置。

（10）按地址键"Z"。

（11）按软键"［C. 输入］"，Z 轴的相对坐标被输入，并被显示为刀具长度偏置补偿。

4. 刀具长度补偿对刀举例

工件如图 6-61 所示，工件原点在工件中心上表面，加工用 3 把刀具分别为：$\phi 10 mm$ 立铣刀、$\phi 16 mm$ 立铣刀、$\phi 20 mm$ 立铣刀，长度分别为 L_1、L_2、L_3。现选择 $\phi 10 mm$ 立铣刀为基准刀，则 $\Delta L_1 = L_2 - L_1$、$\Delta L_2 = L_3 - L_1$ 分别为 $\phi 16 mm$ 和 $\phi 20 mm$ 立铣刀的长度补偿值。对刀并设定刀补，步骤如下：

刀具补正			O0020	N0020
番号	形状 (H)	磨损 (H)	形状 (D)	磨损 (D)
001	0.000	0.000	0.000	0.000
002	0.000	0.000	0.000	0.000
003	0.000	0.000	0.000	0.000
004	0.000	0.000	0.000	0.000
005	0.000	0.000	0.000	0.000
006	0.000	0.000	0.000	0.000
007	0.000	0.000	0.000	0.000
008	0.000	0.000	0.000	0.000

现在位置 （相对坐标）
  X   −402.944   Y −5.909
  Z   61.113
)_   S 0L 0%
MDI STOP *** ***   10：22：29
［ NO 检索 ］ ［ SETING ］ ［ C.输入 ］ ［ ＋输入 ］ ［ − 输入 ］

图 6-60 刀具补偿设置界面

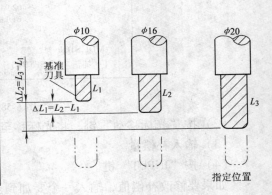

图 6-61 刀具长度补偿对刀示意图

（1）安装 $\phi 12 mm$ 立铣刀（基准刀）。

（2）刀具接触工件一侧。

（3）按"POS"键若干次，直至画面显示"现在位置（相对坐标）"。

（4）输入"X"，按"起源"，X 坐标显示为"0"。

（5）Z 向移动刀具至安全高度。

(6)刀具接触工件另一侧。

(7) Z 向移动刀至安全高度,记下 X 坐标值,移动工作台至 $X/2$ 坐标值处。

(8)输入该点机械坐标值为 G54 原点 X 值。

(9)以同样方式在 Y 轴方向对刀,输入 Y 轴 G54 原点值。

(10) Z 向移动刀具至安全高度。

(11)使刀具接触工件上表面。

(12)按"POS"键,直至画面显示"现在位置(相对坐标)"。

(13)输入"Z",按"起源",Z 坐标显示为"0"。

(14)输入该点机械坐标值为 G54 原点 Z 值。

(15) Z 向移动刀具至安全高度。

(16)安装 $\phi16\text{mm}$ 立铣刀。

(17)使刀具接触工件上表面。

(18)按"POS"键若干次,直至画面显示"现在位置(相对坐标)"。

(19)按屏幕下方右侧"画面转换软件"出现"工具补正"画面。

(20)按"光标移动"键,将光标移至需要设定刀补的相应位置。

(21)按地址键"Z"。

(22)按"[C. 输入]"软键,Z 轴的相对坐标被输入,并被显示为 $\phi16\text{mm}$ 立铣刀长度偏置补偿。

(23) Z 向移动刀具至安全高度。

(24)安装 $\phi20\text{mm}$ 立铣刀。

(25)重复步骤(16)~(22)。

注意:Z 向对刀时,3 把刀在工件上表面的接触点应一致。

三、自动加工

用编程程序运行 CNC 机床称为自动运行,下面讲解"存储器运行"、"DNC 运行"和"程序再启动"等自动运行方式。

1. 存储器运行

执行存储在 CNC 存储器中的程序的运行方式称为存储器运行。程序事先存储于存储器中,当选择了这些程序中的一个并按下机床操作面板上的"循环启动"按钮后,启动自动运行,并且"循环启动"指示灯点亮。在自动运行中,机床操作面板上的"进给保持"按钮被按下后,自动运行被临时中止。再次按下"循环启动"按钮后,自动运行又重新进行。

当 MDI 面板上的"RESET"键 被按下后,自动运行被终止并且进入复位状态。

(1)存储器运行步骤

1)把"方式选择"旋钮旋转到"自动"方式处。

2)从存储的程序中选择一个程序,其步骤为:①按下"PROG"键 PROG 以显示程序屏幕;②按下地址"O"键 OP;③使用数字键输入程序号;④按下"O SRH"软键。

3)按下操作面板上的"循环启动"按钮。启动自动运行,并且"循环启动"指示灯闪亮。自动运行结束时,指示灯熄灭。

4）要在中途停止或者取消存储器运行的步骤为：

① 停止存储器运行。按下机床操作面板上的"进给保持"按钮。"进给保持"指示灯亮，并且"循环启动"指示灯熄灭。机床响应如下：当机床移动时，进给减速直到停止；当程序在停刀状态时，停刀状态中止；当执行 M、S 或 T 时，执行完毕后运行停止。

当"进给保持"指示灯亮时，按下机床操作面板上的"循环启动"按钮会重新启动机床的自动运行功能。

② 终止存储器运行。按下 MDI 面板上的"RESET"键 RESET，自动运行被终止，并进入复位状态。当在机床移动过程中，执行复位操作时，机床会减速直到停止。

（2）注意事项

1）存储器运行。在存储器运行启动后，系统运行如下：①从指定程序中读取一段指令；②这一段指令被译码；③起动执行该段指令；④读取下一段指令；⑤执行缓冲，即指令被译码以便能够被立即执行；⑥前段程序执行后，立即启动下一段程序的执行，这是执行缓冲的缘故；⑦此后存储器运行按照④~⑥重复进行。

2）停止和结束存储器运行。可以采用下列两种方法停止存储器运行：

① 指定一个停止命令。停止命令包括 M00（程序停止）、M01（选择停止）及 M02 与 M30（程序结束）。

② 按下机床操作面板上的"进给保持"键或"RESET"键 RESET 可以停止存储器的操作。

3）程序停止（M00）。存储器运行在执行包含有 M00 指令的程序段后停止。程序停止后，所有存在的模态信息保持不变，与单段运行一样。按下"循环启动"按钮后自动运行重新启动。

4）选择停止（M01）。与 M00 一样，存储器运行在执行了含有 M01 指令的程序段后也会停止。这个代码仅在操作面板上的"选择停止"开关处于通的状态时有效。

5）程序结束（M02、M30）。当读到 M02 或 M30（在主程序结束）时，存储器运行结束并且进入复位状态。

6）进给暂停。存储器运行时，当操作面板上的"进给暂停"按钮被按下时，刀具会在减速后立即停止。

7）复位。自动运行可以通过 MDI 面板上的"RESET"键 RESET 或者外部的复位信号结束，并且立即进入复位状态。刀具移动时执行了复位操作后，运动会在减速后停止。

2. DNC 运行

从输入/输出设备读入程序使系统运行称为 DNC 运行。无法手工编制的复杂工件的加工程序，需要用专门的 CAM 软件来编制。这类程序的程序段往往很多，会占用很大的存储空间。由于机床存储空间有限，当加工程序比较大时，需要自动传输加工，程序由计算机输出，经机床 RS-232 接口传入，控制机床加工动作（DNC 加工）。对有些程序而言，虽然机床存储空间可以容纳，但程序录入很不方便，也可以先使用传输软件将程序传入机床，然后执行自动加工（CNC 加工）。采用这种程序传输方式，计算机必须安装好传输软件，并设置好各种参数，机床也应该进行必要的设置。传输软件（WINPCIN 传输软件）的设置与使用步骤如下：

（1）在计算机上启动 WINPCIN 软件，出现图 6-62 所示界面。

图 6-62　WINPCIN 传输软件界面

（2）单击"RS232Config"按钮，出现图 6-63 所示界面，通信设置如图所示。

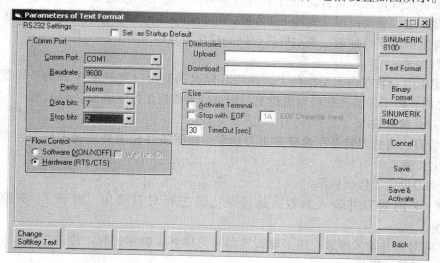

图 6-63　通信设置界面

（3）单击"Back"按钮，回到图 6-62 所示界面。

（4）单击"Send Data"按钮，出现图 6-64 所示界面，双击要传输的 NC 文件。

（5）工件对好刀后，将"方式选择"旋钮旋向"DNC"方式。

（6）按"循环启动"按钮，机床执行 DNC 加工。

四、数控铣床的操作

在做好零件加工准备工作之后，就可以用数控铣床进行加工了。具体操作步骤如下：

1. 开机

数控铣床在开机前，应先进行机床的开机前检查。确认没有异常情况后，先打开机床总电源，然后打开控制系统电源。显示屏上应出现机床的初始位置坐标。检查操作面板上的各指

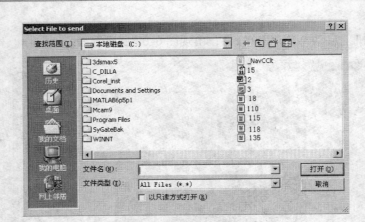

图 6-64 寻找传输 NC 文件界面

示灯是否正常，各按钮、开关是否处于正确位置；显示屏上是否有报警显示（若有问题应及时处理）；液压装置的压力表是否在要求的范围内。若一切正常，就可以进行下一步的操作。

2. 回参考点

开机正常之后，机床应首先进行手动回零操作。将主功能键设在"回零"位置，按下回零操作键，进行手动回零。先按下 +Z 键，再按下 +X、+Y 键，各轴回到机床的机械零点，显示屏上出现零点标志，表示机床已回到机床零点位置。

3. 工件装夹

将机用虎钳安装在机床工作台上，并用百分表调整钳口与机床 X 轴的平行度，控制在 0.01mm 之内。将工件装夹在机用虎钳上，用百分表检查工件上表面是否上翘。

4. 对刀及参数输入

（1）装刀。将铣刀装夹在弹簧夹头刀柄上，根据工件轮廓高度确定铣刀在弹簧夹头刀柄上的伸出长度。

（2）对刀设定工件坐标系

1）X、Y 向对刀并输入参数。通过寻边器进行对刀操作，得到 X、Y 值，并输入到 G54 中。

2）Z 向对刀并输入参数。用 Z 轴设定器对刀得到 Z 轴零偏值，并输入到 G54 中。

5. 输入刀具补偿值

根据刀具的实际尺寸和位置，将刀具长度补偿值和刀具半径补偿值输入到刀具补偿地址中。

6. 编辑并调用程序

按下主功能的程序键，进入加工程序编辑。在此状态下可通过手动数据输入方式或 RS-232 接口将加工程序输入机床，对程序进行编辑和修改，并调用加工用的程序。

7. 程序调试

把工件坐标系的 Z 值朝正方向平移 50mm，按下启动键，适当降低进给速度，检查刀具运动是否正确。

8. 自动加工

在以上操作完成后，可进行自动加工，加工步骤如下：

（1）把工件坐标系的 Z 值恢复原值，将进给速度置于低挡。

（2）选择主功能的自动执行状态。

（3）选择要执行的零件程序。

（4）显示工件坐标系。

（5）按下数控启动键。

（6）机床加工时适当调整主轴转速和进给速度，保证加工正常。

（7）在自动加工中如遇突发事件，应立即按下急停按钮。

9. 测量工件

程序执行完毕，返回到设定高度，机床自动停止。测量工件主要尺寸，如轮廓的长度尺寸和高度尺寸等。根据测量结果修改刀具补偿值，重新执行程序，加工工件，直到达到加工要求。加工完毕，取下工件，对照图样上的尺寸和技术要求进行测量，并对测量结果进行分析。如不合格，找出原因，并进行改进。

10. 结束加工、关机

关机，松开夹具，卸下工件。一天的加工结束后应清理加工现场。若全部零件都已加工完毕，还应对所有的工具、量具、工装、加工程序、工艺文件等进行整理。

第五节　数控铣床中、高级考工应会样题

一、数控铣床中级考工样题

1. 零件图

数控铣床中级考工样题的零件图如图 6-65 所示。

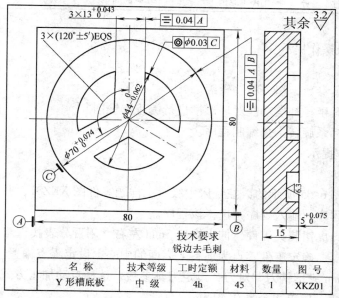

图 6-65　数控铣床中级考工样题零件图

2. 评分表

数控铣床中级考工样题评分表见表 6-12。

表6-12　数控铣床中级考工样题评分表

评分表			图号	XKZ01	检测编号		
考核项目		考核要求		配分	评分标准	检测结果	得分
主要项目	1	$\phi 44_{-0.062}^{0}$ mm $R_a 3.2\mu m$		10/2	超差不得分		
	2	$\phi 70_{0}^{+0.074}$ mm $R_a 3.2\mu m$		10/2	超差不得分		
	3	$3\times 13_{0}^{+0.043}$ mm $R_a 3.2\mu m$		30/6	超差不得分		
	4	$5_{0}^{+0.075}$ mm $R_a 3.2\mu m$		6/1	超差不得分		
一般项目	1	$3\times (120°\pm 5')$ 均布		3×4	超差一处扣4分		
	2	锐边去毛刺		1	不符无分		
形位公差	1	⟂ 0.04 A		5	超差不得分		
	2	⟂ 0.04 A B		5	超差不得分		
	3	◎ $\phi 0.03$ C		5	超差不得分		
其他	1	安全生产		3	违反有关规定扣1~3分		
	2	文明生产		2	违反有关规定扣1~2分		
	3	按时完成			超时≤15min：扣5分		
					超时>15~30min：扣10分		
					超时>30min：不计分		
总配分				100	总分		
工时定额			4h		监考		日期
加工开始： 时 分			停工时间		加工时间	检测	日期
加工结束： 时 分			停工原因		实际时间	评分	日期

3. 考核目标及操作提示

（1）考核目标

1）能调整刀具参数，粗、精铣轮廓。

2）能使用刀具半径补偿功能对环形槽进行编程和铣削。

3）能使用坐标系旋转指令编制程序。

（2）加工操作提示

1）加工准备

① 认真阅读图6-65所示的数控铣床中级考工样题零件图 XKZ01，并检查坯料的尺寸。

② 编制加工程序，输入程序并选择该程序。

③ 用机用平口虎钳装夹工件，伸出钳口5mm左右，用百分表找正。

④ 安装寻边器，确定工件零点为坯料上表面的中心，设定零点偏置。

⑤ 安装 $\phi 12$mm 键槽铣刀并对刀，设定刀具参数，选择自动加工方式。

2）粗铣环形槽，留单边余量0.40mm

3）铣 Y 形槽

① 安装 $\phi 12$mm 粗立铣刀并对刀，设定刀具参数，粗铣 Y 形槽，留单边余量0.40mm。

② 安装 $\phi 12$mm 精立铣刀并对刀，设定刀具参数，半精铣 Y 形槽，留 0.10mm 单

边余量。

③ 实测 Y 形槽尺寸，调整刀具参数，精铣各槽至要求尺寸。

4）半精铣和精铣环形槽

① 设定刀具参数，半精铣环形槽，留 0.10mm 单边余量。

② 实测环形槽尺寸，调整刀具参数，精铣环形槽至要求尺寸。

（3）注意事项

1）使用寻边器确定工件零点时应采用碰双边法。

2）精铣时应采用顺铣法，以提高尺寸精度和表面质量。

3）铣削加工后，需用锉刀或油石去除毛刺，才可进行下道工序的装夹和铣削。

（4）编程、操作时间

1）编程时间：90min（占总分 30%）。

2）操作时间：150min（占总分 70%）。

4. 工、量、刃具清单

数控铣床中级考工样题工、量、刃具清单见表 6-13。

表 6-13　数控铣床中级考工样题工、量、刃具清单

工、量、刃具清单					图号	XKZ01
序　号	名　　称	规　　格	精　度	单　位		数　量
1	Z 轴设定器	50mm	0.01mm	个		1
2	带表游标卡尺	1～150mm	0.01mm	把		1
3	深度游标卡尺	0～200mm	0.02mm	把		1
4	杠杆百分表	0～0.8mm	0.01mm	个		1
5	寻边器	ϕ10mm	0.002mm	个		1
6	粗糙度样板	N0～N1	12 级	副		1
7	塞规	ϕ13mm	H9	个		1
8	立铣刀	ϕ12mm		个		2
9	键槽铣刀	ϕ12mm		个		1
10	机用平口虎钳	QH125		个		各 1
11	磁性表座			个		1
12	平行垫铁			副		若干
13	固定扳手			把		若干
14	机用虎钳扳手			把		1
15	塑胶榔头			把		1
16	毛坯	尺寸为（80±0.023）mm×（80±0.023）mm×15mm，长度方向侧面对宽度方向侧面和底面的垂直度公差为 0.05mm，材料为 45 钢，表面粗糙度为 R_a1.6μm				
17	数控铣床	J1VMC40M				
18	数控系统	FANUC 0i				

5. 参考程序（FANUC 0i）

粗铣、半精铣和精铣时使用同一加工程序，只需调整刀具参数分三次调用相同的程序进

行加工即可。精加工时换 ϕ12mm 精立铣刀。

（1）铣环形槽主程序。

```
%
O0001 ;                                      程序名
N5   G54  G90  G17  G21  G94  G49  G40 ;     建立工件坐标系,选用 φ12mm 键槽铣刀
N10  S500  M03 ;
N15  G00  Z30 ;
N20  X28  Y2 ;
N25  Z1 ;
N30  G41  G00  X35  Y0  D1 ;                 N30～N60 铣环形槽至 5mm 深度
N35  G01  Z-5  F20 ;
N40  G03  I-35  F50 ;
N45  G00  Z1 ;
N50  G40  G00  X28.5  Y-2 ;
N55  G41  G01  X22  Y0  D1  F200 ;
N57  G01  Z-5  F20;
N60  G02  I-22  F50 ;
N65  G00  Z1 ;
N70  G40  G01  X2  Y28 ;
N75  G00  Z100  M05 ;
N80  M30 ;                                   程序结束
%
```

（2）铣 Y 形槽主程序。

```
%
O0002 ;                                      程序名
N5   G54  G90  G17  G21  G94  G49  G40 ;     建立工件坐标系,选用 φ12mm 立铣刀
N10  S500  M03 ;
N15  G00  Z30 ;
N20  X0  Y28 ;
N25  Z1 ;
N30  G01  Z-5  F100 ;                        N30～N100 铣 Y 形槽至 5mm 深度
N35  G41  G01  X-6.5  Y23  D1  F75 ;
N40  Y-6 ;
N45  X6.5 ;
N50  Y23 ;
N55  G00  Z1 ;
N60  G40  G00  X0  Y-28 ;
N65  G41  G00  X-21.452  Y-4.880  D1 ;
N70  G01  Z-5  F60 ;
N75  X0  Y7.506 ;
N80  X6.5  Y3.753 ;
N85  X21.452  Y-4.880 ;
N90  X14.952  Y-16.138 ;
```

N95　X0　Y − 7. 506 ；
N100　X − 14. 952　Y − 16. 138 ；
N105　G00　Z1 ；
N110　G40　G00　X0　Y28 ；
N115　G00　Z100　M05 ；
N120　M30 ；　　　　　　　　　　　　　　　　程序结束
%

二、数控铣床高级考工样题

1. 零件图

数控铣床高级考工样题的零件图如图 6-66 所示。

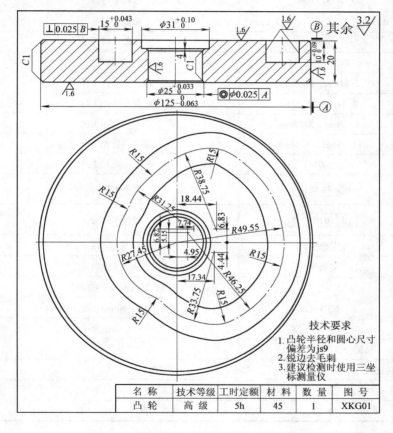

图 6-66　数控铣床高级考工样题零件图

2. 评分表

数控铣床高级考工样题评分表如表 6-14 所示。

表 6-14　数控铣床高级考工样题评分表

评分表		图号	XKG01	检测编号		
考核项目		考核要求	配分	评分标准	检测结果	得分
主要项目	1	$\phi 25 \,^{+0.033}_{0}$ mm　　　$R_a 3. 2\mu m$	8/2	超差不得分		
	2	$15 \,^{+0.043}_{0}$ mm　　　$R_a 3. 2\mu m$	30/6	超差不得分		

（续）

考核项目		考核要求	配分	评分标准	检测结果	得分
主要项目	3	$10^{+0.09}_{0}$ mm R_a3.2μm	5/1	超差不得分		
	4	R27.45mm	3	超差不得分		
	5	R31.25mm	3	超差不得分		
	6	R38.75mm	3	超差不得分		
	7	R49.55mm	3	超差不得分		
	8	R46.25mm	3	超差不得分		
	9	R33.75mm	3	超差不得分		
一般项目	1	$\phi31^{+0.10}_{0}$ mm R_a3.2μm	2/1	超差不得分		
	2	4mm	1	超差不得分		
	3	R15mm（6处）	6×0.5	超差一处扣0.5分		
	4	7.74mm、6.82mm	2×1	超差一处扣1分		
	5	18.44mm、6.83mm	2×1	超差一处扣1分		
	6	4.95mm、5.15mm	2×1	超差一处扣1分		
	7	17.34mm、4.44mm	2×1	超差一处扣1分		
	8	$C1$	2×1	超差一处扣1分		
形位公差	1	◎ ϕ0.025 A	4	超差不得分		
	2	⊥ 0.025 B	4	超差不得分		
其他	1	安全生产	3	违反有关规定扣1~3分		
	2	文明生产	2	违反有关规定扣1~2分		
	3	按时完成		超时≤15min：扣5分		
				超时>15~30min：扣10分		
				超时>30min：不计分		
总配分			100	总分		

工时定额			5h	监考			日期	
加工开始：	时	分	停工时间		加工时间	检测	日期	
加工结束：	时	分	停工原因		实际时间	评分	日期	

3. 考核目标及操作提示

（1）考核目标

1）能使用子程序编制凸轮轮廓槽加工程序。

2）能使用刀具半径补偿功能对凸轮轮廓槽进行编程。

3）能使用通信软件传输加工程序。

（2）加工操作提示

1）加工准备

① 详阅零件图 XKG01。

② 确定铣削工艺，合理选择刀具，编制程序。

③ 利用数控系统的通信功能传输程序。

④ 用三爪自定心卡盘装夹工件，用百分表校正中心，设定零点偏置。

2）加工 $\phi25mm$ 内孔和工艺孔。

3）铣凸轮轮廓。

（3）注意事项

1）使用杠杆百分表找正中心时，使磁性表座吸在主轴端面上。

2）铣凸轮轮廓槽时，应先在工件上预钻工艺孔，避免立铣刀中心垂直切削工件。

3）铣削凸轮轮廓时，应选择 G64 指令进行连续路径加工，以获得较高的表面质量。

4）$\phi25mm$ 孔的正下方不能放置垫铁，并应控制钻头进给的深度，以免损坏机用平口虎钳或刀具。

（4）编程、操作时间

1）编程时间：90min（占总分30%）。

2）操作时间：210min（占总分70%）。

4. 工、量、刃具清单

数控铣床高级考工样题工、量、刃具清单如表6-15所示。

表 6-15　数控铣床高级考工样题工、量、刃具清单

工、量、刃具清单				图号	XKG01
序 号	名 称	规 格	精 度	单 位	数 量
1	Z轴设定器	50mm	0.01mm	个	1
2	带表游标卡尺	1~150mm	0.01mm	把	1
3	深度游标卡尺	0~200mm	0.02mm	把	1
4	内径千分尺	0~25mm	0.01mm	把	1
5	杠杆百分表	0~0.8mm	0.01mm	个	1
6	磁性表座			个	1
7	粗糙度样板	N0~N1	12 级	副	1
8	塞规	$\phi15mm$	H9	个	1
9	三爪自定心卡盘	$\phi250mm$		套	1
10	立铣刀	$\phi20mm$		个	1
11	立铣刀	$\phi12mm$		个	2
12	中心钻	A2.5		个	1
13	麻花钻	$\phi12mm$、$\phi24mm$		个	各1
14	镗刀	$\phi22~\phi28mm$		把	1
15	90°锪刀	$\phi30mm$		个	1
16	毛坯	尺寸为 $\phi125^{\ 0}_{-0.063}mm \times 20mm$，上下底面平行度公差为 0.04mm，材料为 45 钢，表面粗糙度为 $R_a1.6\mu m$，锐边倒角 C1			
17	数控铣床	J1VMC40M5			
18	数控系统	FANUC 0i			

5. 参考程序(FANUC 0i)

粗铣、半精铣和精铣时使用同一加工程序，只需调整刀具参数分三次调用相同的程序进行加工即可。精加工时换 φ12mm 精立铣刀。

（1）加工 φ25mm 孔和工艺孔主程序。

```
%
O0001 ;                                        主程序名
N5   G54  G90  G17  G21  G94  G49  G40 ;        建立工件坐标系,选用 A2.5 中心钻
N10  G00  Z100  S1200  M03 ;
N15  G82  X0  Y0  Z - 4  R5  P2000  F60 ;
N20  X - 27. 45  Y0 ;
N25  G00  Z100  M05 ;
N30  Y - 80 ;
N35  M00 ;                                      程序暂停,手工换 φ12mm 钻头
N40  G00  Z5  S300  M03 ;
N45  G83  X0  Y0  Z - 24  R5  Q2  P1000  F30 ;
N50  G82  X - 27. 45  Y0  Z - 9. 9  R5  P2000  F30 ;
N55  G00  Z100  M05 ;
N60  Y - 80 ;
N65  M00 ;                                      程序暂停,手工换 φ24mm 钻头
N70  G00  Z30  S200  M03 ;
N75  G83  X0  Y0  Z - 27  R5  Q2  P1000  F30 ;
N80  G00  Z100  M05 ;
N85  Y - 80 ;
N90  M00 ;                                      程序暂停,手工换 φ22 ~ φ28mm 镗刀
N95  G00  Z30  S200  M03 ;
N100  G85  X0  Y0  Z - 21  R5  F30 ;
N105  G00  Z100  M05 ;
N110  Y - 80 ;
N115  M00 ;                                     程序暂停,手工换 φ20mm 立铣刀
N120  G00  Z10  S800  M03 ;
N125  G00  X25  Y0 ;
N130  G01  G42  X - 15. 5  Y0  D01  F100 ;
N135  G01  Z - 4  F30 ;
N140  G02  I15. 5  F50 ;
N145  G00  Z100  M05 ;
N150  Y80 ;
N155  M30 ;                                     程序结束
%
```

（2）铣削凸轮轮廓主程序。

```
%
O0002 ;                                         主程序名
N5  G54  G90  G17  G21  G94  G49  G40 ;         建立工件坐标系,选用 φ12mm 立铣刀
```

```
N10    G00    Z100    S800    M03 ;
N15    G00    Z30 ;
N20    G00    X - 27. 45    Y - 7 ;
N25    G01    Z - 2    F30 ;                              N25～N70 铣削凸轮轮廓至 10mm 深度
N30    M98    P0003 ;
N35    G01    Z - 4    F30 ;
N40    M98    P0003 ;
N45    G01    Z - 6    F30 ;
N50    M98    P0003 ;
N55    G01    Z - 8    F30 ;
N60    M98    P0003 ;
N65    G01    Z - 10    F30 ;
N70    M98    P0003 ;
N75    G00    Z100    M05 ;
N80    Y80 ;
N85    M30 ;                                              程序结束
%
```

(3) 铣削凸轮轮廓子程序(通过调整刀具半径补偿值来加工整个凸轮轮廓)。

```
%
O0003 ;                                                   子程序名
N2     G01    X - 27. 45    Y0    D01    F50 ;
N5     G02    G41    X - 22. 93    Y15. 09    R27. 45    D1    F50 ;
N10    G03    X - 21. 450    Y17. 979    R15 ;
N15    G02    X - 11. 738    Y31. 257    R31. 25 ;
N20    G03    X - 10. 020    Y32. 862    R15 ;
N25    G02    X15. 358    Y45. 277    R38. 75 ;
N30    G02    X23. 745    Y43. 490    R15 ;
N35    G02    X48. 647    Y - 9. 419    R49. 55 ;
N40    G02    X47. 826    Y - 12. 192    R15 ;
N45    G02    X24. 496    Y - 36. 767    R46. 25 ;
N50    G02    X18. 810    Y - 38. 158    R15 ;
N55    G02    X - 6. 614    Y - 28. 216    R33. 75 ;
N60    G03    X - 11. 161    Y - 25. 079    R15 ;
N65    G02    X - 22. 93    Y15. 09    R27. 45 ;
N70    G00    Z1 ;
N75    G00    G40    X - 27. 45    Y0 ;
N80    M99 ;                                              子程序结束
%
```

思 考 题

6-1 用 G92 指令与用 G54～G59 指令设定工件坐标系指令有何不同?

6-2 试述孔加工固定循环的六个基本动作。

6-3　数控铣削时为什么要进行对刀？

6-4　为什么要进行刀具长度补偿和刀具半径补偿？

6-5　如何建立工件坐标系？

6-6　刀具补偿功能有哪几个方面的应用？采用刀具半径补偿时需要注意什么问题？

6-7　读者自己预先编写本章例题的程序，然后再与书中程序进行对比，分析存在的问题并找出原因。

第七章　加工中心工艺设计

第一节　加工中心加工工艺分析

一、加工中心加工工艺概述

1. 加工中心的主要加工对象

加工中心适用于形状复杂、工序较多、精度要求较高、需用多种类型普通机床和众多刀具、工装，经过多次装夹和调整才能完成加工的零件。其主要加工对象有以下几类：

（1）既有平面又有孔系的零件。加工中心具有自动换刀装置，在一次安装中，可以完成零件上平面的铣削、孔系的钻削、镗削、铰削、铣削及攻螺纹等多工步加工。加工的部位可以在一个平面上，也可以不在一个平面上。五面体加工中心一次装夹可以完成除安装基面以外的其余五个面的加工。因此，加工中心的首选加工对象是既有平面又有孔系的零件，如箱体类零件和盘、套、板类零件。

1）箱体类零件。一般是指具有多个孔系，内部有型腔或空腔，在长、宽、高方向有一定比例的零件。这类零件在机床、汽车、飞机上用得较多，如汽车的发动机缸体、变速箱体、机床的床头箱、主轴箱、柴油机缸体以及齿轮泵壳体等。

箱体类零件一般都需要进行孔系、轮廓、平面的多工位加工，公差要求，特别是形位公差要求较为严格，通常要经过铣、镗、钻、扩、铰、锪、攻螺纹等工序，使用的刀具、工装较多，在普通机床上需多次装夹、找正，测量次数多，导致工艺复杂，加工周期长，成本高，更重要的是精度难以保证。这类零件若用加工中心加工，一次装夹就可以完成普通机床 $60\% \sim 95\%$ 的工序内容，零件各项精度一致性好，质量稳定，同时可缩短生产周期，降低生产成本。当加工工位较多、工作台需多次旋转才能完成的零件时，一般选用卧式加工中心。当加工的工位较少，且跨距不大时，可选立式加工中心，从一端进行加工。

2）盘、套、板类零件。是指带有键槽或径向孔，或端面有分布孔系或曲面的盘套或轴类零件。如带法兰盘的轴套、带有键槽或方头的轴类零件等；具有较多孔的板类零件，如各种电动机盖等。端面有分布孔系、曲面的盘、套、板类零件宜选用立式加工中心，有径向孔的可选用卧式加工中心。

（2）复杂曲面类零件。对于由复杂曲线、曲面组成的零件，如凸轮类、叶轮类和模具类等零件，加工中心是加工这类零件的最有效的设备。

1）凸轮类。凸轮类零件有图 7-1 所示的各种曲线的盘形凸轮、圆柱凸轮、圆锥凸轮和端面凸轮等，加工时，可根据凸轮表面的复杂程度，选用三轴、四轴或五轴联动的加工中心。

2）整体叶轮类。整体叶轮常见于航空发动机的压气机、空气压缩机、船舶水下推进器等，除具有一般曲面加工的特点外，还存在许多特殊的加工难点，如通道狭窄，刀具很容易与加工表面和邻近曲面发生干涉。如图 7-2 所示的叶轮，叶面是一个典型的三维空间曲面，加工这样的型面，可采用四轴以上联动的加工中心。

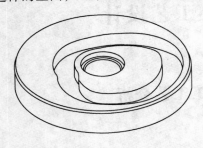

图 7-1　盘形凸轮　　　　　　　　　　　　　　　图 7-2　叶轮

3）模具类。常见的模具有锻压模具、铸造模具、注塑模具及橡胶模具等。图 7-3 所示为连杆及其凹模。采用加工中心加工模具，由于工序高度集中，动模、静模等关键件的精加工基本是在一次安装中完成全部机加工内容，尺寸累积误差及修配工作量小。同时，模具的可复制性强，互换性好。

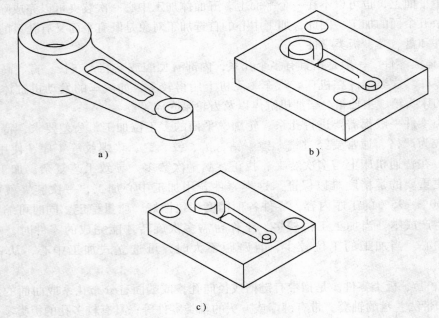

图 7-3　连杆锻压模具
a）发动机连杆　b）发动机连杆锻模的上模　c）发动机连杆锻模的下模

对于复杂曲面类零件，就加工的可能性而言，在不出现加工过切或加工盲区时，一般可以采用球头铣刀进行三坐标联动加工，加工精度较高，但效率较低。如果工件存在加工过切或加工盲区（如整体叶轮等），就必须考虑采用四坐标或五坐标联动机床。

仅仅加工复杂曲面并不能发挥加工中心自动换刀的优势，因为复杂曲面的加工一般经过粗铣、（半）精铣、清根等步骤，所用刀具较少，特别是像模具类的单件加工，所用刀具就更少。

（3）外形不规则零件。异形件是外形不规则的零件，大多需要进行点、线、面多工位混合加工，如支架、基座、样板、靠模支架等。由于异形件的外形不规则，刚性一般较差，夹紧及切削变形难以控制，加工精度难以保证，因此，在普通机床上只能采取工序分散的原则进行加工，需用较多的工装，周期较长。这时可充分发挥加工中心工序集中，多工位点、线、面混合加工的特点，采用合理的工艺措施，经过一次或两次装夹，完成异形件大部分甚至全部加工内容。

（4）周期性投产的零件。用加工中心加工零件时，所需工时主要包括基本时间和准备时间。其中，准备时间占很大比例，例如工艺准备、程序编制、零件首件试切等，这些时间往往是单件基本时间的几十倍。采用加工中心可以将这些准备时间的内容储存起来，供以后反复使用。这样，对周期性投产的零件，生产周期就可以大大缩短。

（5）加工精度要求较高的中小批量零件。针对加工中心加工精度高、尺寸稳定的特点，对加工精度要求较高的中小批量零件，选择加工中心进行加工，容易获得所要求的尺寸精度和形状位置精度，并可得到很好的互换性。

（6）新产品试制中的零件。新产品定型之前，需经反复试验和改进。选择加工中心试制，可省去许多用通用机床加工所需的试制工装。零件被修改时，只需修改相应的程序并适当地调整夹具、刀具即可，节省了费用，缩短了试制周期。

2. 加工中心的工艺特点

加工中心是一种功能较全的数控机床，它集铣削、钻削、铰削、镗削、攻螺纹和切螺纹等功能于一身，具有多种工艺手段，综合加工能力较强。与普通机床加工相比，加工中心具有如下的工艺特点：

（1）可减少工件装夹次数，消除因多次装夹带来的定位误差，提高加工精度。当零件各加工部位的位置精度要求较高时，采用加工中心加工能在一次装夹中将各个部位加工出来，避免了工件多次装夹所带来的定位误差，有利于保证各加工部位的位置精度要求。同时，由于加工中心具有半闭环，甚至全闭环的位置补偿功能，有较高的定位精度和重复定位精度，加工过程中产生的尺寸误差能及时得到补偿，与普通机床相比，能获得较高的尺寸精度。另外，采用加工中心加工，还可减少装卸工件的辅助时间，节省大量的专用和通用工艺装备，降低生产成本。

（2）可减少机床数量，并相应减少操作工人的数量，节省占用的车间面积。

（3）可减少周转次数和运输工作量，缩短生产周期。

（4）在制品数量少，简化生产调度和管理。

（5）使用各种刀具进行多工序集中加工。在进行工艺设计时要处理好刀具在换刀及加工时与工件、夹具及机床相关部位的干涉。

（6）若在加工中心上连续进行粗加工和精加工，夹具既要能适应粗加工时切削力大、刚度高、夹紧力大的要求，又要适应精加工时定位精度高、零件夹紧变形尽可能小的要求。

（7）由于采用自动换刀和自动回转工作台进行多工位加工，卧式加工中心只能进行悬臂加工。由于不能在加工中设置支架等辅助装置，应尽量使用刚性好的刀具，并解决刀具的振动和稳定性问题。另外，由于加工中心是通过自动换刀来实现工序或工步集中的，因此受刀库、机械手的限制，刀具的直径、长度、重量一般都不允许超过机床说明书规定的范围。

（8）多工序的集中加工，要及时处理切屑。

（9）在将毛坯加工为成品的过程中，零件不能进行时效处理，内应力难以消除。

（10）技术复杂，对使用、维修、管理要求较高，要求操作者具有较高的技术水平。

（11）一次性投资大，还需配置其他辅助装置，如刀具预调设备、数控工具系统或三坐标测量机等。机床的加工工时费用高，如果零件选择不当，会增加加工成本。

3. 加工中心加工内容的选择

分析了加工中心的主要加工对象，选定了适合加工中心加工的工件之后，需要进一步选择确定适合加工中心加工的零件表面。通常选择下列表面：

（1）尺寸精度要求较高的表面。

（2）相互位置精度要求较高的表面。

（3）不便于普通机床加工的复杂曲线、曲面。

（4）能够集中加工的表面。

二、数控加工工艺文件

加工中心数控加工工艺文件与第三章第二节中的有关内容基本相同，这里不再赘述。加工中心数控加工工序卡及加工中心加工刀具卡的格式见本章第五节。

三、零件的工艺分析

零件的工艺分析是制订加工工艺的首要工作。其任务是分析零件图的完整性、正确性和技术要求，分析零件的结构工艺性和定位基准等。其中，零件图的完整性、正确性和技术要求分析与数控铣削加工类似，这里不再赘述。

（1）零件的结构工艺性分析。从机械加工的角度考虑，在加工中心上加工的零件，其结构工艺性应具备以下几点要求：

1）零件的切削加工量要小，以减少加工中心的切削加工时间，降低零件的加工成本。

2）零件上孔和螺纹的尺寸规格应尽可能少，以减少加工时钻头、铰刀及丝锥等刀具的数量，防止刀库容量不够。

3）零件尺寸规格尽量标准化，以便采用标准刀具。

4）零件加工表面应具有加工的方便性和可能性。

5）零件结构应具有足够的刚度，以减少夹紧变形和切削变形。

（2）定位基准的选择。加工中心定位基准的选择，主要应遵循以下几方面原则：

1）尽量选择零件上的设计基准作为定位基准。

2）一次装夹就能够完成全部关键精度部位的加工。为了避免精加工后的零件再经过多次非重要尺寸的加工，多次周转，造成零件变形、磕碰划伤，在考虑一次尽可能多地完成加工内容（如螺孔、自由孔、倒角、非重要表面等）的同时，一般将需要加工中心完成的工序安排在最后。

3）当在加工中心上既加工基准又完成各工位的加工时，定位基准的选择需考虑完成尽可能多的加工内容。为此，要选择各个表面都便于被加工的定位方式，如对于箱体，最好采用一面两销的定位方式，以便于刀具对其他表面进行加工。

4）当零件的定位基准与设计基准难以重合时，应认真分析装配图，确定该零件设计基准的设计功能，通过尺寸链的计算，严格规定定位基准与设计基准间的公差范围，确保加工精度。对于带有自动测量功能的加工中心，可在工艺中安排坐标系测量检查工步，即每个工件加工前由程序自动控制测头检测其设计基准，系统自动计算并修正坐标系，从而确保各加工部位与设计基准间的几何关系。

四、零件数控加工工艺路线的拟定

1. 加工方法的选择

在加工中心上可以采用铣削、钻削、扩削、铰削、镗削和攻螺纹等加工方法，完成平面、平面轮廓、曲面、曲面轮廓、孔和螺纹等加工，所选加工方法要与零件的表面特征、所要达到的精度及表面粗糙度等要求相适应。

平面、平面轮廓及曲面在镗铣类加工中心上只能采用铣削方式加工。粗铣平面，尺寸精度可达 IT12 ~ IT14（指两平面之间的尺寸），表面粗糙度 R_a 值可达 12.5 ~ 50μm。粗、精铣平面，尺寸精度可达 IT7 ~ IT9，表面粗糙度 R_a 值可达 1.6 ~ 3.2μm。

孔加工方法比较多，有钻削、扩削、铰削和镗削等。大直径孔还可采用圆弧插补方式进行铣削加工。钻削、扩削、铰削及镗削所能达到的精度和表面粗糙度如图 7-4 所示。

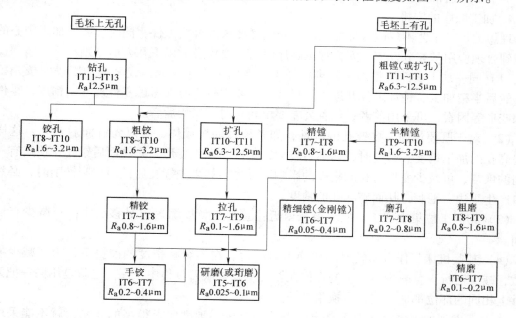

图 7-4　孔加工方案

对于直径大于 φ30mm 的已铸出或锻出毛坯孔的孔加工，一般采用粗镗→半精镗→孔口倒角→精镗加工方案；孔径较大时可采用立铣刀粗铣→精铣加工方案。有退刀槽时可用锯片铣刀在半精镗之后、精镗之前铣削完成，也可用镗刀进行单刀镗削，但镗削效率低。

对于直径小于 φ30mm 的无毛坯孔的孔加工，通常采用锪平端面→钻中心孔→钻→扩→孔口倒角→铰孔加工方案；有同轴度要求的小孔，需采用锪平端面→打中心孔→钻→半精镗→孔口倒角→精镗（或铰）加工方案。为提高孔的位置精度，在钻孔工步前需安排锪平端面和打中心孔工步。孔口倒角安排在半精加工之后、精加工之前，以防孔内产生毛刺。

加工螺纹时，通常是根据孔径大小选择不同的加工方法。一般情况下，M6 ~ M20 的螺纹，通常采用攻螺纹方法加工。M6 以下的螺纹，在加工中心上完成底孔加工，再通过其他手段攻螺纹，因为在加工中心上攻螺纹不能随机控制加工状态，小直径丝锥容易折断。M20 以上的螺纹，可采用镗刀片镗削加工。

2. 加工阶段的划分

一般情况下，在加工中心上加工的零件已在其他机床上进行粗加工，加工中心只是完成最后的精加工，所以不必划分加工阶段。但对加工质量要求较高的零件，若其主要表面在加工中心加工之前没有经过粗加工，则应尽量将粗、精加工分开进行，使零件在粗加工后有一段自然时效过程，以消除残余应力和恢复由切削力、夹紧力引起的弹性变形、由切削热引起的热变形，必要时还可以安排人工时效处理，最后通过精加工消除各种变形。

对加工精度要求不高，而毛坯质量较高、加工余量不大、生产批量很小的零件或新产品试制中的零件，由于加工中心有良好的冷却系统，因此可把粗、精加工合并进行。但粗、精加工应划分成两道工序分别完成。粗加工用较大的夹紧力，精加工用较小的夹紧力。

3. 加工工序的划分

加工中心通常按工序集中原则划分加工工序，主要从精度和效率两方面进行考虑。

4. 加工顺序的安排

理想的加工工艺不仅应保证加工出符合图样要求的合格工件，同时应能使加工中心的功能得到合理应用与充分发挥。安排加工顺序时，主要应遵循以下几方面原则：

（1）同一加工表面按粗加工、半精加工、精加工次序完成，或全部加工表面按先粗加工、然后半精加工、精加工分开进行。尺寸公差要求较高时，考虑零件尺寸、精度、零件刚性和变形等因素，可采用前者；位置公差要求较高时，采用后者。

（2）对于既要铣面又要镗孔的零件，如各种发动机箱体，可以先铣面后镗孔，这样可以提高孔的加工精度。铣削时，切削力较大，工件易发生变形。先铣面后镗孔，使其有一段时间的恢复，可减少变形对孔的精度的影响。反之，如果先镗孔后铣面，则铣削时，必然在孔口产生飞边、毛刺，从而破坏孔的精度。

（3）相同工位集中加工，应尽量按就近位置加工，以缩短刀具移动距离，减少空运行时间。

（4）某些机床工作台回转时间比换刀时间短，在不影响精度的前提下，为了减少换刀次数，减少空行程，减少不必要的定位误差，可以采取刀具集中工序。也就是用同一把刀把零件上相同的部位都加工完，再换第二把刀。

（5）考虑到加工中存在着重复定位误差，对于同轴度要求很高的孔系，就不能采取刀具集中原则，应该在一次定位后，通过顺序连续换刀，顺序连续加工完该同轴孔系的全部孔后，再加工其他坐标位置孔，以提高孔系同轴度。

（6）在一次定位装夹中，尽可能完成所有能够加工的表面。

实际生产中，应根据具体情况，综合运用以上原则，从而制定出较完善、合理的加工顺序。

5. 加工路线的确定

加工中心上刀具的进给路线包括孔加工进给路线和铣削加工进给路线。

（1）孔加工进给路线的确定。孔加工时，一般是先将刀具在 XY 平面内快速定位到孔中心线的位置上，然后再沿 Z 向（轴向）运动进行加工。

刀具在 XY 平面内的运动为点位运动，确定其进给路线时应重点考虑：

1）定位迅速，空行程路线要短。

2）定位准确，避免机械进给系统反向间隙对孔位置精度的影响。

3）当定位迅速与定位准确不能同时满足时，若按最短进给路线进给能保证定位精度，则取最短路线。反之，应取能保证定位准确的路线。

刀具在 Z 向的进给路线分为快速移动进给路线和工作进给路线。如图 7-5 所示，刀具先从初始平面快速移动到 R 平面（距工件加工表面一切入距离的平面）上，然后按工作进给速度加工。图 7-5a 所示为单孔加工时的进给路线。对多孔加工，为减少刀具空行程进给时间，加工后续孔时，刀具只要退回到 R 平面即可，如图 7-5b 所示。

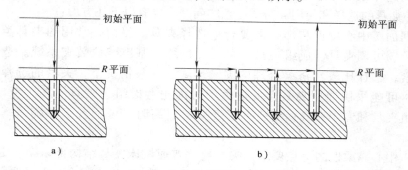

图 7-5 孔加工时刀具 Z 向进给路线示例（实线为快速移动进给路线，虚线为工作进给路线）
a）单孔加工 b）多孔加工

R 平面距工件表面的距离称为切入距离。加工通孔时，为保证全部孔深都加工到，应使刀具伸出工件底面一段距离（切出距离）。切入、切出距离的大小与工件表面状况和加工方式有关，一般可取 $2 \sim 5mm$。

（2）铣削加工进给路线的确定。铣削加工进给路线包括切削进给和 Z 向快速移动进给两种进给路线。加工中心是在数控铣床的基础上发展起来的，其加工工艺仍以数控铣削加工为基础，因此，铣削加工进给路线的选择原则对加工中心同样适用，此处不再重复。Z 向快速移动进给常采用下列进给路线：

1）铣削开口不通槽时，铣刀在 Z 向可直接快速移动到位，不需工作进给，如图 7-6a 所示。

2）铣削封闭槽（如键槽）时，铣刀需要有一切入距离 Z_a，先快速移动到距工件加工表面一切入距离 Z_a 的位置上（R 平面），然后以工作进给速度进给至铣削深度 H，如图 7-6b 所示。

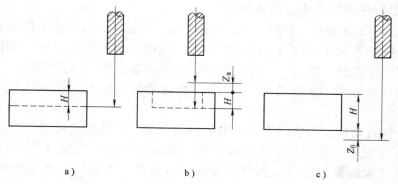

图 7-6 铣削加工时刀具 Z 向进给路线

ᵒ

3）铣削轮廓及通槽时，铣刀应有一段切出距离 Z_0，可直接快速移动到距工件表面 Z_0 处，如图 7-6c 所示。

第二节　加工中心常用的工装夹具

1. 夹具的选择原则与方法

加工中心夹具的选择和使用，需要注意的问题主要有以下几方面：

（1）根据加工中心特点和加工需要合理选择夹具。目前，常用的夹具类型有专用夹具、组合夹具、可调夹具、成组夹具，以及工件统一基准定位装夹系统。选择时要综合考虑各种因素，选择比较经济、合理的夹具形式。一般情况下，夹具的选择原则是：在单件生产中尽可能采用通用夹具；批量生产时优先考虑组合夹具，其次考虑可调夹具，最后考虑成组夹具和专用夹具；当装夹精度要求很高时，可配置工件统一基准定位装夹系统。

（2）加工中心高柔性的特点要求其夹具要比普通机床夹具结构更紧凑、更简单，夹紧动作更迅速、更准确，尽量减少辅助时间，操作更方便、省力、安全，而且要保证足够的刚度，灵活多变。因此，常采用气动、液压夹紧装置。

（3）为保证工件在一次定位装夹中所有需要完成的待加工面都充分暴露在外，夹具要尽量敞开，夹紧元件的空间位置尽可能低，必须给刀具运动轨迹留有足够的空间。夹具不能与各工步刀具运动轨迹发生干涉。当箱体外部没有合适的夹紧位置时，可以利用内部空间来安排夹紧装置。

（4）考虑机床主轴与工作台面之间的最小距离与刀具的装夹长度，夹具在机床工作台上的安装位置应确保在主轴的行程范围内能完成工件全部的加工内容。

（5）自动换刀和交换工作台时不能与夹具或工件发生干涉。

（6）有些时候，夹具上的定位块是供安装工件使用的，在加工过程中，为满足前后左右各个工位的加工，防止干涉，工件夹紧后即可拆去。对此，要考虑拆除定位元件后，工件定位精度的保持问题。

（7）尽量不要在加工中途更换夹紧点。若必须更换夹紧点时，要特别注意不能因更换夹紧点而破坏定位精度，必要时应在工艺文件中注明。

2. 确定工件在机床工作台上的最佳位置

在卧式加工中心上加工工件时，工作台要带着工件旋转，进行多工位加工，这时应考虑工件（包括夹具）在机床工作台上的最佳位置，该位置是在技术准备过程中根据机床行程，考虑各种干涉情况，优化匹配各部位刀具长度而确定的。如果考虑不周，会造成机床超程，需要更换刀具，重新试切，影响加工精度和加工效率，也增大了出现废品的可能性。

加工中心的自动换刀功能决定了其最大的弱点是刀具悬臂式加工，在加工过程中不能设置镗模、支架等。因此，在进行多工位工件的加工时，应综合计算各工位的各加工表面到机床主轴端面的距离以选择最佳的刀具长度，提高工艺系统的刚度，从而保证加工精度。

第三节 加工中心用刀具的类型及选用

加工中心使用的刀具由刃具和刀柄两部分组成。刃具部分和通用刃具一样，如钻头、铣刀、铰刀、丝锥等。加工中心有自动换刀功能，刀柄要满足机床主轴自动松开和拉紧定位，并能准确地安装各种切削刃具，适应机械手的夹持和搬运，适应在刀库中储存和识别等要求。

1. 对刀具的要求

正确选择和使用刀具是决定工件加工质量的重要因素，对昂贵的加工中心更要强调选用高性能刀具，以利于充分发挥机床效率，降低加工成本，提高加工精度。

为了提高生产率，加工中心正向着高速、高刚性和大功率方向发展。这就要求刀具必须具有能够承受高速切削和强力切削的性能，而且要稳定。同一批刀具在切削性能和刀具寿命方面不得有较大差异。选择刀具材料时，一般尽可能选用硬质合金刀具，精密镗孔等还可以选用性能更好、更耐磨的立方氮化硼和金刚石刀具。

2. 刀具的种类

加工中心加工内容的多样性决定了其所使用刀具的种类很多，除铣刀以外，加工中心使用比较多的是孔加工刀具，包括加工各种大小孔径的麻花钻、扩孔钻、锪孔钻、铰刀、镗刀、丝锥以及螺纹铣刀等。为了适应加工要求，这些孔加工刀具一般都采用硬质合金材料且带有各种涂层，分为整体式和机夹可转位式两类。

3. 刀柄

刀柄分为整体式和模块式两类。整体式刀柄是针对不同的刀具配备的，品种、规格繁多，给生产、管理带来不便。模块式刀柄克服了上述缺点，但对连接精度、刚度、强度等都有很高的要求。刀柄的形式主要有以下几种：

（1）ER 弹簧夹头刀柄：采用 ER 型卡簧，夹紧力不大，适用于夹持 $\phi16mm$ 以下的铣刀。

（2）强力夹头刀柄：其外形与 ER 弹簧夹头刀柄相似，但采用 KM 型卡簧，可以提供较大夹紧力，适用于夹持 $\phi16mm$ 以上的铣刀进行强力铣削。

（3）莫氏锥度刀柄：适用于莫氏锥度刀杆的钻头、铣刀等。

（4）侧固式刀柄：采用侧向夹紧，适用于切削力较大时的加工，但一种尺寸的刀具需对应配备一种刀柄，规格较多。

（5）面铣刀刀柄：与面铣刀刀盘配套使用。

（6）钻夹头刀柄：有整体式和分离式两种，用于装夹 $\phi13mm$ 以下的中心钻、直柄麻花钻等。

（7）丝锥夹头刀柄：适用于自动攻螺纹时装夹丝锥，一般具有切削力限制功能。

（8）镗刀刀柄：适用于各种尺寸孔的镗削加工，有单刃、双刃及重切削等类型，在孔加工刀具中占有较大的比例，是孔精加工的主要手段，其性能要求也很高。

（9）增速刀柄：当加工所需的转速超过了机床主轴的最高转速时，可以采用这种刀柄将刀具转速增大 4~5 倍，扩大机床的加工范围。

（10）中心冷却刀柄：为了改善切削液的冷却效果，特别是在孔加工时，采用这种刀柄可以将切削液从刀具中心喷到切削区域，极大地提高了冷却效果，并有利于排屑。使用这种刀柄，要求机床具有相应的功能。

（11）转角刀柄：除了使用回转工作台进行五面加工以外，采用转角刀柄可以达到同样的目的。转角一般有30°、45°、60°、90°等。

（12）多轴刀柄：当同一方向的加工内容较多时，如位置靠近的孔系，采用多轴刀柄可以有效地提高加工效率。

4. 刀具尺寸的确定

刀具尺寸包括直径尺寸和长度尺寸。孔加工刀具的直径尺寸一般根据被加工孔直径确定，特别是定尺寸刀具（如钻头、铰刀）的直径，完全取决于被加工孔直径。面铣刀与立铣刀直径的选择在第六章中已经述及，此处不再重复。

在加工中心上，刀具长度一般是指主轴端面到刀尖的距离。其选择原则是：在满足各个部位加工要求的前提下，尽可能减小刀具长度，以提高工艺系统刚性。制定工艺时一般不需要准确确定刀具长度，只需初步估算出刀具长度范围即可，以方便刀具准备。

第四节　选择切削用量

切削用量一般是在数控机床说明书允许的范围内，通过查阅手册并结合实践经验来确定。表7-1～表7-5列出了部分孔加工的切削用量，供选择参考。

表7-1　高速钢钻头加工铸铁时的切削用量参考值

| 钻头直径/mm | 工件材料硬度 | | | | | |
| | 160～200HBW | | 200～400HBW | | 300～400HBW | |
	$v_c/\text{m} \cdot \text{min}^{-1}$	$f/\text{mm} \cdot \text{r}^{-1}$	$v_c/\text{m} \cdot \text{min}^{-1}$	$f/\text{mm} \cdot \text{r}^{-1}$	$v_c/\text{m} \cdot \text{min}^{-1}$	$f/\text{mm} \cdot \text{r}^{-1}$
1～6	16～24	0.07～0.12	10～18	0.05～0.1	5～12	0.03～0.08
6～12	16～24	0.12～0.2	10～18	0.1～0.18	5～12	0.08～0.15
12～22	16～24	0.2～0.4	10～18	0.18～0.25	5～12	0.15～0.2
22～50	16～24	0.4～0.8	10～18	0.25～0.4	5～12	0.2～0.3

注：采用硬质合金钻头加工铸铁时，取 $v_c = 20 \sim 30\text{m/min}$。

表7-2　高速钢钻头加工钢件时的切削用量参考值

| 钻头直径/mm | 工件材料强度 | | | | | |
| | $\sigma_b = 520 \sim 700\text{MPa}$ （35钢,45钢） | | $\sigma_b = 700 \sim 900\text{MPa}$ （15Cr,20Cr） | | $\sigma_b = 1000 \sim 1100\text{MPa}$ （合金钢） | |
	$v_c/\text{m} \cdot \text{min}^{-1}$	$f/\text{mm} \cdot \text{r}^{-1}$	$v_c/\text{m} \cdot \text{min}^{-1}$	$f/\text{mm} \cdot \text{r}^{-1}$	$v_c/\text{m} \cdot \text{min}^{-1}$	$f/\text{mm} \cdot \text{r}^{-1}$
1～6	8～25	0.05～0.1	12～30	0.05～0.1	8～15	0.03～0.08
6～12	8～25	0.1～0.2	12～30	0.1～0.2	8～15	0.08～0.15
12～22	8～25	0.2～0.3	12～30	0.2～0.3	8～15	0.15～0.25
22～50	8～25	0.3～0.45	12～30	0.3～0.45	8～15	0.25～0.35

表7-3 高速钢铰刀铰孔时的切削用量参考值

钻头直径/mm	工件材料					
	铸 铁		钢及合金钢		铝、铜及其合金	
	$v_c/\text{m} \cdot \text{min}^{-1}$	$f/\text{mm} \cdot \text{r}^{-1}$	$v_c/\text{m} \cdot \text{min}^{-1}$	$f/\text{mm} \cdot \text{r}^{-1}$	$v_c/\text{m} \cdot \text{min}^{-1}$	$f/\text{mm} \cdot \text{r}^{-1}$
6 ~ 10	2 ~ 6	0.3 ~ 0.5	1.2 ~ 5	0.3 ~ 0.4	8 ~ 12	0.3 ~ 0.5
10 ~ 15	2 ~ 6	0.5 ~ 1	1.2 ~ 5	0.4 ~ 0.5	8 ~ 12	0.5 ~ 1
15 ~ 25	2 ~ 6	0.8 ~ 1.5	1.2 ~ 5	0.5 ~ 0.6	8 ~ 12	0.8 ~ 1.5
25 ~ 40	2 ~ 6	0.8 ~ 1.5	1.2 ~ 5	0.4 ~ 0.6	8 ~ 12	0.8 ~ 1.5
40 ~ 60	2 ~ 6	1.2 ~ 1.8	1.2 ~ 5	0.5 ~ 0.6	8 ~ 12	1.5 ~ 2

注：采用硬质合金铰刀铰铸铁时 $v_c = 8 \sim 10\text{m/min}$，铰铝时 $v_c = 12 \sim 15\text{m/min}$。

表7-4 攻螺纹切削用量参考值

工件材料	铸 铁	钢及其合金	铝及其合金
$v_c/\text{m} \cdot \text{min}^{-1}$	2.5 ~ 5	1.5 ~ 5	5 ~ 15

表7-5 镗孔切削用量参考值

工序	刀具材料	工件材料					
		铸 铁		钢		铝及其合金	
		$v_c/\text{m} \cdot \text{min}^{-1}$	$f/\text{mm} \cdot \text{r}^{-1}$	$v_c/\text{m} \cdot \text{min}^{-1}$	$f/\text{mm} \cdot \text{r}^{-1}$	$v_c/\text{m} \cdot \text{min}^{-1}$	$f/\text{mm} \cdot \text{r}^{-1}$
粗镗	高速钢	20 ~ 25	0.4 ~ 1.5	15 ~ 30	0.35 ~ 0.7	100 ~ 150	0.5 ~ 1.5
	硬质合金	35 ~ 0		50 ~ 70		100 ~ 250	
半精镗	高速钢	20 ~ 35	0.15 ~ 0.45	15 ~ 50	0.15 ~ 0.45	100 ~ 200	0.2 ~ 0.5
	硬质合金	50 ~ 70		95 ~ 135			
精镗	高速钢	70 ~ 90	<0.08	100 ~ 135	0.12 ~ 0.15	150 ~ 400	0.06 ~ 0.1
	硬质合金		0.12 ~ 0.15				

注：当采用高精度镗头镗孔时，由于余量较小，直径余量不大于0.2mm，切削速度可提高一些，铸铁件为100 ~ 150m/min，钢件为150 ~ 250m/min，铝合金为200 ~ 400m/min，巴氏合金为250 ~ 500m/min。进给量可取0.03 ~ 0.1mm/r。

第五节 典型零件的加工中心加工工艺分析

一、箱体类零件

图7-7所示为一座盒零件图，零件材料为2A12，毛坯尺寸（长×宽×高）为190mm×110mm×35mm，采用TH5660A立式加工中心加工，单件生产，其加工工艺分析如下：

1. 零件图工艺分析

该零件主要由平面、型腔及孔系组成。零件尺寸较小，上表面有4处大小不同的矩形槽，深度均为20mm，右侧有2个 ϕ10mm、1个 ϕ8mm 的通孔，下表面有1个176mm×94mm、深3mm的矩形槽。该零件结构并不复杂，尺寸精度要求也不是很高，但有多处转接圆角，使用的刀具较多，要求保证壁厚均匀，中小批量加工零件的一致性高。零件材料为2A12，切削加工性较好，可以采用高速钢刀具。该零件比较适合采用加工中心加工。

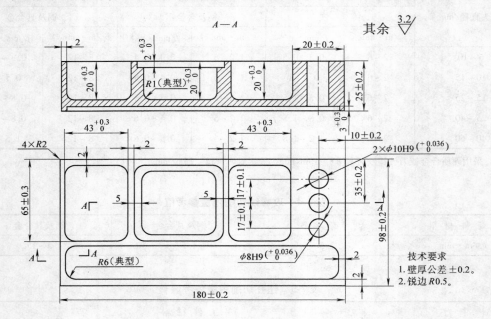

图 7-7　座盒零件图

该零件主要的加工内容有平面、四周外形、正面四个矩形槽、下表面一个矩形槽以及三个通孔。该零件壁厚只有 2mm，加工时除了保证形状和尺寸要求外，主要是要控制加工中的变形，因此外形和矩形槽要采用依次分层铣削的方法，并控制每次切削的深度。孔加工采用钻、铰即可达到要求。

2. 确定装夹方案

由于零件的长宽外形上有 4 处 R2mm 的圆角，所以最好一次连续铣削出来，同时为方便加工上、下表面时零件的定位装夹，并保证上、下表面加工内容的位置关系，在毛坯的长度方向两侧设置宽度为 30mm 左右的工艺凸台和 2 个 $\phi8mm$ 的工艺孔（宽度方向正中，长度方向相距 220mm）。

3. 确定加工顺序及进给路线

根据先面后孔的原则，安排加工顺序为：铣上、下表面→打工艺孔→铣下表面矩形槽→钻、铰 $\phi8mm$、$\phi10mm$ 孔→依次分层铣上表面矩形槽和外形→钳工去除工艺凸台。

由于是单件生产，铣削上、下表面矩形槽（型腔）时，可采用环形进给路线。

4. 刀具的选择

铣削上、下平面时，为提高切削效率和加工精度，减少接刀刀痕，选用 $\phi125mm$ 硬质合金可转位铣刀。根据零件的结构特点，铣削矩形槽时，铣刀直径受矩形槽拐角圆弧半径 R6mm 限制，选择 $\phi10mm$ 高速钢立铣刀，刀尖圆弧半径 r_ε 受矩形槽底圆弧半径 R_1 限制，取 $r_\varepsilon = 1mm$。加工 $\phi8mm$、$\phi10mm$ 孔时，先用 $\phi7.8mm$、$\phi9.8mm$ 钻头钻削底孔，然后用 $\phi8mm$、$\phi10mm$ 铰刀铰孔。所选刀具及加工表面见表 7-6 座盒零件数控加工刀具卡片。

表 7-6　座盒零件数控加工刀具卡片

产品名称或代号			零件名称	座　盒	零件图号	
序号	刀具号	刀　具			加工表面	备　注
		规格名称	数量	刀长/mm		
1	T01	ϕ125mm 可转位面铣刀	1		铣上、下表面	
2	T02	ϕ4mm 中心钻	1		钻中心孔	
3	T03	ϕ7.8mm 钻头	1	50	钻 ϕ8H9 孔和工艺孔底孔	
4	T04	ϕ9.8mm 钻头	1	50	钻 2×ϕ10H9 孔底孔	
5	T05	ϕ8mm 铰刀	1	50	铰 ϕ8H9 孔和工艺孔	
6	T06	ϕ6.10mm 铰刀	1	50	铰 2×ϕ10H9 孔	
7	T07	ϕ10mm 高速钢立铣刀	1	50	铣削矩形槽、外形	$r_\varepsilon = 1$mm
编制		审核		批准	年　月　共　页	第　页

5. 切削用量的选择

精铣上、下表面时留 0.1mm 铣削余量，铰 ϕ8mm、ϕ10mm 两个孔时留 0.1mm 铰削余量。选择主轴转速与进给速度时，先查切削用量手册，确定切削速度 v_c 与每齿进给量 f_z（或进给量 f），然后按式 $v_c = \pi dn/1000$、$v_f = nZf_z$ 计算主轴转速与进给速度（计算过程从略）。注意：铣削外形时，应使工件与工艺凸台之间留有 1mm 左右的材料连接，最后由钳工去除工艺凸台。

6. 填写数控加工工序卡片

将各工步的加工内容、所用刀具和切削用量填入表 7-7 座盒零件数控加工工序卡片。

表 7-7　座盒零件数控加工工序卡片

单位名称		产品名称或代号		零件名称	零件图号
				座盒	
工序号	程序编号	夹具名称	使用设备	车间	
		螺旋压板	TH5660A	数控	

工步号	工步内容	刀具号	刀具规格尺寸/mm	主轴转速/r·min⁻¹	进给速度/mm·min⁻¹	背吃刀量/mm	备注
1	粗铣上表面	T01	ϕ125	200	100		自动
2	精铣上表面	T01	ϕ125	300	50	0.1	自动
3	粗铣下表面	T01	ϕ125	200	100		自动
4	精铣下表面	T01	ϕ125	300	50	0.1	自动
5	钻工艺孔的中心孔(2个)	T02	ϕ4	900	40		自动
6	钻工艺孔底孔至 ϕ7.8mm	T03	ϕ7.8	400	60		自动
7	铰工艺孔	T05	ϕ8	100	40		自动
8	粗铣底面矩形槽	T07	ϕ10	800	100	0.5	自动
9	精铣底面矩形槽	T07	ϕ10	1000	50	0.2	自动
10	底面及工艺孔定位，钻 ϕ8mm、ϕ10mm 中心孔	T02	ϕ4	900	40		自动

（续）

工步号	工 步 内 容	刀具号	刀具规格尺寸/mm	主轴转速/r·min⁻¹	进给速度/mm·min⁻¹	背吃刀量/mm	备注
11	钻 φ8H9 底孔至 φ7.8mm	T03	φ7.8	400	60		自动
12	铰 φ8H9 孔	T05	φ8	100	40		自动
13	钻 2×φ10H9 底孔至 φ9.8mm	T04	φ9.8	400	60		自动
14	铰 2×φ10H9 孔	T06	φ10	100	40		自动
15	粗铣正面矩形槽及外形(分层)	T07	φ10	800	100	0.5	自动
16	精铣正面矩形槽及外形	T07	φ10	1000	50	0.1	自动
编制		审核		批准		年　月　日	共　页　第　页

二、盖板零件

在立式加工中心上加工图 7-8 所示的盖板零件，零件材料为 HT200，铸件毛坯尺寸（长×宽×高）为 170mm×170mm×23mm，其加工中心加工工艺分析如下：

1. 分析零件图，选择加工内容

该盖板的材料为铸铁，故毛坯为铸件。由图 7-8 可知，盖板的四个侧面为不加工表面，全部加工表面都集中在 A、B 面上。最高精度为 IT7。从工序集中和便于定位两方面考虑，选择 B 面及位于 B 面上的全部孔在加工中心上加工，将 A 面作为主要定位基准，并在前道工序中先加工好。

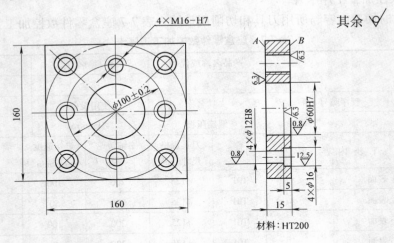

图 7-8　盖板零件简图

2. 选择加工中心

由于 B 面及位于 B 面上的全部孔，只需单工位加工即可完成，故选择立式加工中心。加工表面不多，只有粗铣、精铣、粗镗、半精镗、精镗、钻、扩、锪、铰及攻螺纹等工步，所需刀具不超过 20 把。选用国产 TH5660A 型立式加工中心即可满足上述要求。该机床工作台尺寸为 1220mm×600mm，X 轴行程为 1000mm，Y 轴行程为 600mm，Z 轴行程为 1000mm，主轴端面至工作台台面距离为 270～840mm，定位精度和重复定位精度分别为 0.02mm 和 0.01mm，刀库容量为 24，工件一次装夹后可自动完成铣、钻、镗、铰及攻螺纹等工步的加工。

3. 设计工艺

（1）选择加工方法。平面 B 用铣削方法加工，因其表面粗糙度 R_a 为 6.3μm，故采用粗铣→精铣方案。ϕ60H7 孔为已铸出毛坯孔，为达到 IT7 精度和 R_a0.8μm 的表面粗糙度，需经三次镗削，即采用粗镗→半精镗→精镗方案。对 ϕ12H8 孔，为防止钻偏和达到 IT8 精度，按钻中心孔→钻孔→扩孔→铰孔方案进行。ϕ16mm 孔在 ϕ12mm 孔基础上镗至尺寸即可。M16 螺纹孔采用先钻底孔后攻螺纹的加工方法，即按钻中心孔→钻底孔→倒角→攻螺纹方案加工。

（2）确定加工顺序。按照先面后孔、先粗后精的原则确定加工顺序。具体加工顺序为粗、精铣 B 面→粗、半精、精镗 ϕ60H7 孔→钻各光孔和螺纹孔的中心孔→钻、扩、镗、铰 ϕ12H8 及 ϕ16mm 孔→M16 螺孔钻底孔、倒角和攻螺纹。加工工序卡见表7-8所示。

表7-8 盖板零件数控加工工序卡片

单位名称		产品名称或代号		零件名称		零件图号	
				盖板			
工序号	程序编号	夹具名称		使用设备		车间	
		机用平口虎钳		TH5660A		数控	
工步号	工 步 内 容	刀具号	刀具规格 尺寸/mm	主轴转速 /r·min⁻¹	进给速度 /mm·min⁻¹	背吃刀量 /mm	备注
1	粗铣 A 面	T01	ϕ100	250	80	3.8	自动
2	精铣 A 面	T01	ϕ100	320	40	0.2	自动
3	粗铣 B 面	T01	ϕ100	250	80	3.8	自动
4	精铣 B 面，保证尺寸15mm	T01	ϕ100	320	40	0.2	自动
5	钻各孔和螺纹孔的中心孔	T02	ϕ3	1000	40		自动
6	粗镗 ϕ60H7 孔至 ϕ58mm	T03	ϕ58	400	60		自动
7	半精镗 ϕ60H7 孔至 ϕ59.9mm	T04	ϕ59.9	460	50		自动
8	精镗 ϕ60H7 孔	T05	ϕ60H7	520	30		自动
9	钻 4×ϕ12H8 底孔至 ϕ11.9mm	T06	ϕ11.9	500	60		自动
10	镗 4×ϕ16mm 阶梯孔	T07	ϕ16	200	30		自动
11	铰 4×ϕ12H8 孔	T08	ϕ12H8	100	30		自动
12	钻 4×M16 螺纹底孔至 ϕ14mm	T09	ϕ14	350	50		自动
13	4×M16 螺纹孔端倒角	T10	ϕ16	300	40		自动
14	攻 4×M16 螺纹孔	T11	M16	100	200		自动
编制		审核		批准		年 月 日 共 页	第 页

（3）确定装夹方案和选择夹具。该盖板零件形状简单，四个侧面较光整，加工面与不加工面之间的位置精度要求不高，故可选用通用机用虎钳。但应先加工 A 面，然后以盖板底面 A（主要定位基面）和两个侧面定位，用机用虎钳钳口从侧面夹紧。

（4）选择刀具。所需刀具有面铣刀、镗刀、中心钻、麻花钻、铰刀、立铣刀（锪 ϕ16mm孔）及丝锥等，其规格根据加工尺寸选择。B面粗铣铣刀直径应选小一些，以减小切削力矩，但也不能太小，以免影响加工效率；B面精铣铣刀直径应选大一些，以减少接刀痕迹，但要考虑刀库允许装刀直径，也不能太大。刀柄柄部根据主轴锥孔和拉紧机构选择。所选刀具及刀柄如表7-9所示。

表7-9　盖板零件数控加工刀具卡片

产品名称或代号			零件名称	盖　板		零件图号	
序号	刀具号	刀　具				加工表面	备　注
		规格名称	数量	刀长/mm			
1	T01	ϕ100mm 可转位面铣刀	1			铣 A、B 表面	
2	T02	ϕ3mm 中心钻	1			钻中心孔	
3	T03	ϕ58mm 镗刀	1			粗镗 ϕ60H7 孔	
4	T04	ϕ59.9mm 镗刀	1			半精镗 ϕ60H7 孔	
5	T05	ϕ60H7 镗刀	1			精镗 ϕ60H7 孔	
6	T06	ϕ11.9mm 麻花钻	1			钻 4×ϕ12H8 底孔	
7	T07	ϕ16mm 阶梯铣刀	1			锪 4×ϕ16mm 阶梯孔	$r_\varepsilon = 1$mm
8	T08	ϕ12H8 铰刀	1			铰 4×ϕ12H8 孔	
9	T09	ϕ14mm 麻花钻	1			钻 4×M16 螺纹底孔	
10	T10	90°　ϕ16mm 铣刀	1			4×M16 螺纹孔倒角	
11	T11	机用丝锥 M16	1			攻 4×M16 螺纹孔	
编制		审核		批准		年　月　共　页	第　页

（5）确定进给路线。B面的粗、精铣削加工进给路线根据铣刀直径确定，因所选铣刀直径为 ϕ100mm，故安排沿 Z 方向两次进给。所有孔加工进给路线均按最短路线确定，因为孔的位置精度要求不高，机床的定位精度完全能够保证，图7-9～图7-13所示即为各孔加工工步的进给路线。

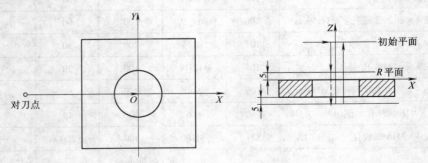

图7-9　镗 ϕ60H7 孔进给路线

（6）选择切削用量。查表确定切削速度和进给量，然后计算出机床主轴转速和机床进给速度，如表7-8所示。

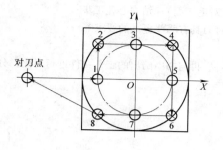 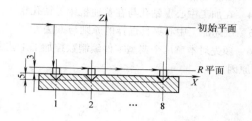

图 7-10　钻中心孔进给路线

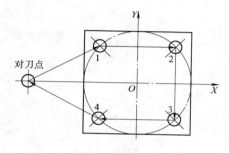 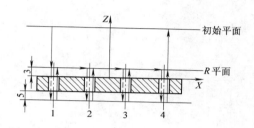

图 7-11　钻、铰 4×φ12H8 孔进给路线

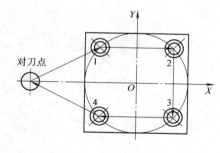 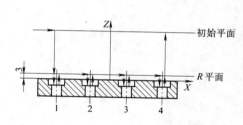

图 7-12　锪 4×φ16mm 孔进给路线

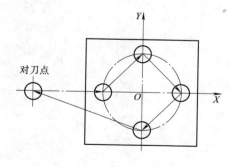 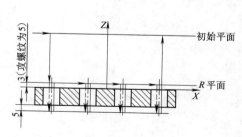

图 7-13　钻螺纹底孔、攻螺纹进给路线

思　考　题

7-1　加工中心的加工工艺有哪些特点？

7-2　适合加工中心加工的对象有哪些？

7-3　在加工中心上钻孔，为什么通常要安排锪平面(对毛坯面)和钻中心孔工步？

7-4　在加工中心上钻孔与在普通机床上钻孔相比，对刀具有哪些更高的要求？

7-5　试述加工中心夹具选择的原则与方法。

7-6　预先对本章两个典型零件编制数控加工工艺文件，再与书中给出的工艺文件进行对比，分析存在不同的原因。

第八章　加工中心（SIEMENS 810D）编程与操作

第一节　SIEMENS 810D 数控系统的基本功能

一、准备功能 G 代码

准备功能代码是用地址字 G 和后面的数字来表示的，主要用来建立加工中心工作方式。系统常用的准备功能 G 代码如表 8-1 所示。

表 8-1　准备功能 G 代码

G 指 令	功　　　能	M/N	Def
G0	快速移动	M	
G1	带 F 的直线插补	M	Def
G2	顺时针圆弧插补	M	
G3	逆时针圆弧插补	M	
G4	停顿，时间预置	N	
G5	通过中间点的圆弧插补	M	
G9	减速，准确定位	N	
G17	平面选择 X/Y	M	Def
G18	平面选择 Z/X	M	
G19	平面选择 Y/Z	M	
G25	工作区极限/主轴速度极限取最小值	N	
G26	工作区极限/主轴速度极限取最大值	N	
G33	固定导程的螺纹切削	M	
G40	无刀具半径补偿	M	Def
G41	刀具在轮廓左侧的半径补偿	M	
G42	刀具在轮廓右侧的半径补偿	M	
G53	取消当前构架	N	
G54	第一可设定零点偏置	M	
G55	第二可设定零点偏置	M	
G56	第三可设定零点偏置	M	
G57	第四可设定零点偏置	M	
G60	减速、准确定位	M	Def
G63	攻螺纹，无同步	N	
G64	连续路径方式	M	
G70	英制	M	
G71	米制	M	Def
G74	自动返回参考点	N	
G75	返回固定点	N	
G90	用绝对坐标编程	M	Def
G91	用相对坐标编程	M	
G94	直线进给 F(mm/min, in/min, °/min)	M	
G95	每转进给 F(mm/r, in/r)	M	

（续）

G 指　令	功　　能	M/N	Def
G110	与上次设定点有关的极坐标编程	N	
G111	与当前 WCS 的零点有关的极坐标编程	N	
G112	与最后一次有效的极点有关的极坐标编程	N	

G 代码按其功能不同分为若干组。G 代码有两种模态：模态式 G 代码和非模态式 G 代码。标号 M 的 G 代码属于模态式 G 代码，具有延续性，在后续程序段中，在同组其他 G 代码未出现之前一直有效。标号 N 的 G 代码属于非模态式 G 代码，只限定在被指定的程序段中有效。后面注有 Def 的是默认的。

在同一程序段中，同一组的 G 代码只能出现一次，不同组的 G 代码在同一程序段中可以指令多个。如果同一个程序段中指令了两个或两个以上属于同一组的 G 代码时，则只有最后一个 G 代码有效。如果在程序中指令了 G 代码表中没有列出的 G 代码，则显示报警信息。

二、辅助功能 M 代码

辅助功能代码是用地址字 M 及其后的两位数字来表示的，主要用作机床加工操作时的工艺性指令，如主轴的起停、切削液的开关等。M 功能代码常因机床生产厂家不同、机床结构的差异和规格的不同而不同，配有 SIEMENS 810D 系统的加工中心 5660A 涉及的 M 指令如表 8-2 所示。

表 8-2　辅助功能（M）代码表

M 指令	功　　能	M 指令	功　　能
M0	程序停止	M63	排屑正转
M1	选择停止	M64	排屑停
M2	程序结束（主程序）	M65	排屑反转
M3	主轴正转（顺时针）	M66	主轴定位检测，换刀子程序专用
M4	主轴反转（逆时针）	M70	变换轴方式
M5	主轴停止	M80	取消 Z 轴正向第二软件极限，Z 轴可上升至换刀区
M6[①]	换刀	M81	恢复 Z 轴正向第二软件极限，Z 轴脱离换刀区
M7	切削液开	M83	读变量，换刀子程序专用
M9	切削液关	M84	读变量，换刀子程序专用
M17	子程序结束	M85	刀号错误报警，换刀子程序专用
M30	程序结束（同 M2）	M90	刀具松开
M40	自动齿轮变换	M91	刀具夹紧
M41	齿轮 1 级	M92	吹气
M42	齿轮 2 级	M95	停止吹气
M43	齿轮 3 级	M96	刀库向前
M44	齿轮 4 级	M97	刀库向后
M45	齿轮 5 级	M98	4 轴夹紧
M60	净水箱电动机开	M99	4 轴松开
M61	净水箱电动机关		

① 本加工中心换刀指令为子程序 L6，功能更强，使用更方便。

三、F、S、T、D 代码

（1）进给功能代码 F。进给功能代码表示进给速度，用字母 F 及其后面的若干位数字来表示，单位为 mm/min（米制）或 in/min（英制）。例如，米制 F150 表示进给速度为 150mm/min。

（2）主轴功能代码 S。主轴功能代码表示主轴转速，用字母 S 及其后面的若干位数字来表示，单位为 r/min。例如，S250 表示主轴转速为 250r/min。

（3）刀具功能代码 T。在进行多道工序加工时，必须选取合适的刀具。每把刀具应安排一个刀号，刀号在程序中指定。刀具功能代码表示换刀功能，用字母 T 及其后面的两位数字来表示，即 T1～T24，因此，最多可换 24 把刀。例如，T6 表示第 6 号刀具。

（4）刀具补偿功能代码 D。刀具补偿功能代码表示刀具补偿号，用字母 D 及其后面的数字来表示。该数字为存放刀具补偿量的寄存器地址字。例如，D6 表示刀具补偿量用第 6 号。

四、SIEMENS 810D 系统固定循环指令

（1）钻削，钻中心孔：CYCLE 81。
（2）钻削，顺时针镗孔：CYCLE 82。
（3）深孔钻削：CYCLE 83。
（4）刚性攻螺纹：CYCLE 84。
（5）柔性（带起锥器）攻螺纹：CYCLE 840。
（6）镗孔 1：CYCLE 85。
（7）镗孔 2：CYCLE 86。
（8）镗孔 3：CYCLE 87。
（9）镗孔 4：CYCLE 88。
（10）镗孔 5：CYCLE 89。

第二节　SIEMENS 810D 数控系统的基本编程指令

1. 绝对/增量尺寸编程指令 G90/G91

绝对/增量尺寸编程指令 G90/G91/AC/IC 的编程格式为

G90　（模态）或 X = AC（__）　Y = AC（__）　Z = AC（__）（非模态）

G91　（模态）或 X = IC（__）　Y = IC（__）　Z = IC（__）（非模态）

G90 是绝对尺寸输入，所有数据对应于实际工件坐标系原点。G91 是增量尺寸输入，每一尺寸对应于上一个刀具位置点。

当 G91 有效时，AC 可以在某一特殊段内使某些轴是绝对编程。当 G90 有效时，IC 可以在某一特殊段内使某些轴是增量编程。图 8-1 所示为 G90/G91 示

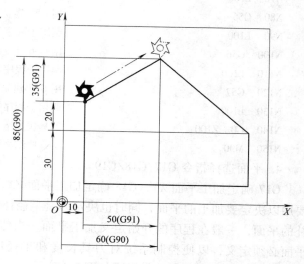

图 8-1　G90/G91 示意图

意图。

2. 英制/米制编程指令 G70/G71

G71、G70 分别指令程序段中输入数据为米制或英制，G71、G70 指令是两个可以互相取代的 G 指令。一般机床出厂时，将米制 G71 指令设置为默认状态，在编制加工程序时，可以不再指定 G71 指令。若要在程序中使用英制数据，则必须在程序设定工件坐标系之前指定 G70 指令。根据零件图样的需要，在编制零件加工程序时，可以在英制和米制之间切换。

3. 设置零点偏移，建立工件坐标系指令 G54 ~ G599

G54/G55/G56/G57：调用第 1 至第 4 可设置零点偏置。

G505 ~ G599：调用第 5 至第 99 可设置零点偏置。

G500：取消可设置零点偏置。

G53：非模态取消可设置零点偏置。

在 NC 程序中，执行 G54 ~ G57 指令可使零点从机床坐标系转移到工件坐标系。

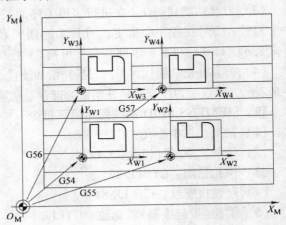

图 8-2　G54 ~ G57 示意图

例 8-1　G53/G54/G55/G56/G57 指令应用举例，如图 8-2 所示。

程序如下：

N10	G53　G17　G90　G40　D0	程序初始化
N20	T3	选 3 号刀
N30	L6	换刀
N40	S700	主轴转速 700r/min
N50	M3	主轴正转
N60	G54	用 G54 建立工件坐标系
N70	L100	调用子程序 L100 加工左下角的零件
N80	G55	用 G55 建立工件坐标系
N90	L100	调用子程序 L100 加工右下角的零件
N100	G56	用 G56 建立工件坐标系
N110	L100	调用子程序 L100 加工左上角的零件
N120	G57	用 G57 建立工件坐标系
N130	L100	调用子程序 L100 加工右上角的零件
N140	G0　Z100	刀具快速运动到距离工件表面上方 100mm 位置处
N150	M30	主程序结束

4. 平面选择指令 G17/G18/G19

G17 确定加工平面 XY，G18 确定加工平面 ZX，G19 确定加工平面 YZ。划分加工平面主要用以决定要加工的平面，同时也决定刀具半径补偿的平面、刀具长度补偿的方向和圆弧插补的平面，一般在程序的开始定义加工平面。当使用刀具半径补偿命令 G41/G42 时，加工平面必须定义，以便控制系统对刀具长度和半径进行修正，一般设置为 G17（XY）。G17/G18/G19 三个平面选择的示意图如图 8-3 所示。

5. 可编程的加工范围限制指令 G25/G26

G25　X __ Y __ Z __为下加工区域限制，G26　X __ Y __ Z __为上加工区域限制；WALI-MON 工作区域限制有效（默认设置）；WALIMOF 工作区域限制无效。G25/G26 的功能示意图如图 8-4 所示，这个功能可以让用户在工作区域内为刀具运动设置一个保护区。G25/G26 限制所有的轴，所确定的值立即生效，复位和重新启动时，该功能也不会丢失。

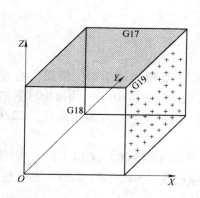

图 8-3　G17/G18/G19 三个平面选择的示意图

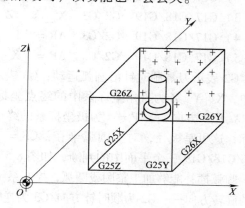

图 8-4　G25/G26 的功能示意图

6. 快速移动指令 G0

G0 快速移动指令编程格式为

G0　X __ Y __ Z __（直角坐标系编程）

G0　AP = __ RP = __（极坐标系编程）

其中，X、Y、Z 为直角坐标系内的终点坐标；AP = __ 为极坐标系的终点坐标，这里是极角；RP = __ 为极坐标系的终点坐标，这里是极径。

G0 指令用于将刀具快速移动到工件表面或换刀点，不适合工件的加工。执行 G0 指令时刀具以尽可能快的速度（快速）运动，这个快速移动速度已在机床参数内为每个轴定义好。对于本加工中心来说，X、Y、Z 轴以 15000mm/min 的默认速度移动，但受进给速度修调开关的倍率调节。G0 指令要慎用，以免刀具撞到工件和夹具。

7. 直线插补指令 G1

直线插补指令 G1 的编程格式为

G1　X __ Y __ Z __ F __（直角坐标系编程）

G1　AP = __ RP = __ F __（极坐标系编程）

其中，X、Y、Z 为直角坐标系内的终点坐标；AP = __ 为极坐标系的终点坐标，这里是极角；RP = __ 为极坐标系的终点坐标，这里是极径；F 为进给速度（mm/min）。

G1 指令可以沿平行于坐标轴、倾斜于坐标轴或空间的任意直线运动，直线插补可以加工 3D 曲面及槽等。可以用直角坐标系或极坐标系输入目标点，刀具以进给速度 F 沿直线从目前的起刀点运动到编程目标点，沿这样的路径工件就被加工出来。例如，G1　G94　X100　Y20　Z30　A40　F100　LF。以速度 100mm/min 到达 X、Y、Z 的终点，旋转轴 A 作为同步轴转动，四个轴的运动在同时完成。G1 是模态指令，主轴转速 S 及主轴转向 M3/M4 必须在加工之前被指定。

LF 为程序段结束符，手工输入程序，换行时数控系统会自动加上，不需要专门输入。本章有些程序的程序段结束处有 LF，有些没有 LF，不影响数控系统的正常执行，请读者注意。

8. 圆弧插补指令 G2/G3

（1）圆弧插补指令 G2/G3 的编程格式为

1）G17/G18/G19　G2/G3　X＿Y＿Z＿I＿J＿K＿F＿

2）G17/G18/G19　G2/G3　AP＝＿RP＝＿F＿

3）G17/G18/G19　G2/G3　X＿Y＿Z＿CR＝＿F＿

4）G17/G18/G19　G2/G3　AR＝＿I＿J＿K＿F＿

5）G17/G18/G19　G2/G3　AR＝＿X＿Y＿Z＿F＿

G2 表示刀具顺时针沿圆弧运动；G3 表示刀具逆时针沿圆弧运动。

其中，X、Y、Z 为直角坐标系中的终点坐标；I、J、K 为直角坐标系中的圆弧中心点坐标（在 X、Y、Z 方向）；AP＝＿为极坐标系的终点坐标，这里是极角；RP＝＿为极坐标系的终点坐标，这里是极径，对应圆弧半径；CR＝＿为圆弧半径；AR＝＿为圆弧角度。G2/G3 在 G17/G18/G19 三个平面中的判断，如图 8-5 所示。

圆弧插补能够加工整圆或圆弧，控制系统需要加工平面的参数（G17，G18，G19），以便计算圆的旋转方向——G2 为顺时针方向/G3 为逆时针方向（螺旋线插步除外）。G2/G3 是模态指令。

（2）带圆心和终点的圆弧编程格式为

1）G17　G2/G3　X＿Y＿I＿J＿ 或 G17　G2/G3　X＿Y＿I＝AC（＿）J＝AC（＿）

2）G18　G2/G3　X＿Z＿I＿K＿ 或 G18　G2/G3　X＿Z＿I＝AC（＿）K＝AC（＿）

3）G19　G2/G3　Y＿Z＿J＿K＿ 或 G17　G2/G3　Y＿Z＿J＝AC（＿）K＝AC（＿）

圆弧的插补运动由直角坐标系中 X、Y、Z 的终点坐标和圆弧中心点坐标 I、J、K 决定。如果只有圆心坐标而无终点坐标，结果是一个完整的圆。G90/G91 只对圆弧终点坐标有效，而默认的 I、J、K 是以相对于圆弧起点的增量坐标输入，可以在非模态下以相对于工件原点的绝对坐标对圆弧中心点编程：I＝AC（＿），J＝AC（＿），K＝AC（＿），如图 8-6 所示。

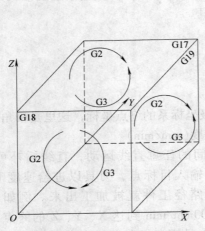

图 8-5　G2/G3 在 G17/G18/G19
三个平面中的判断

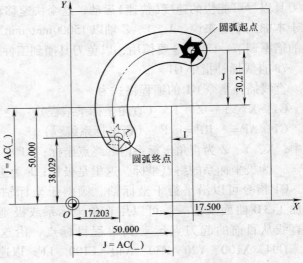

图 8-6　圆心 I、J 及 I＝AC（＿），J＝AC（＿）的关系

例8-2　带圆心和终点的圆弧编程如图8-6所示。

N10　G53　G17　G90　G40　D0	程序初始化
N20　T8	选8号刀
N30　L6	换刀
N40　S600	主轴转速600r/min
N50　M3	主轴正转
N60　G54	建立工件坐标系
N70　Z2	刀具快速运动到距工件表面上方2mm位置
N80　G0　X67.5　Y80.211	快速运动到点（67.5，80.211）
N90　G1　Z–5　F50	刀具直线插补到达距离工件表面下方5mm位置
N100　G3　X17.203　Y38.029 I–17.5　J–30.211　或	逆时针插补圆弧，圆心用相对尺寸编程，相对于圆弧起点
N100　G3　X17.203　Y38.029 I=AC(50)　J=AC(50)	逆时针插补圆弧，圆心用绝对尺寸编程，相对于工件原点，而不是圆弧起点
N110　G0　Z200	刀具快速运动到距离工件表面上方200mm位置处
N120　M30	主程序结束

（3）带半径和终点的圆弧编程格式及含义为

1）G17　G2/G3　X＿Y＿CR=＿
2）G18　G2/G3　X＿Z＿CR=＿
3）G19　G2/G3　Y＿Z＿CR=＿

圆弧的运动由直角坐标系中X、Y、Z的终点坐标和圆弧半径CR=＿来决定。当圆弧角度≤180°时，CR=+＿；当圆弧角度>180°时，CR=–＿。

例8-3　带终点和半径的圆弧编程如图8-7所示。这种编程不需要给出圆心坐标，完整的圆弧不能通过CR=＿来编程，而是通过圆弧终点坐标和插补参数来实现。

程序如下：

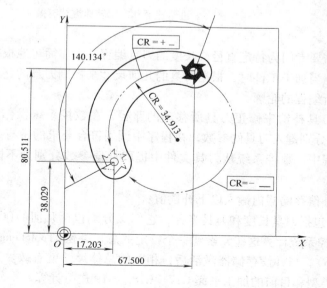

图8-7　带终点和半径的圆弧编程

N10	G53	G17	G90	G40	D0	程序初始化

N20	T9	选 9 号刀

N30	L6	换刀

N40　S600　　　　　　　　　　　　　主轴转速 600r/min

N50　M3　　　　　　　　　　　　　　主轴正转

N60　G54　　　　　　　　　　　　　用 G54 建立工件坐标系

N70　Z2　　　　　　　　　　　　　　刀具快速运动到距离工件表面上方 2mm 位置

N80　G0　X67.5　Y80.511　　　　　快速运动到点(67.5,80.511)

N90　G1　Z-5　F50　　　　　　　　刀具直线插补到距离工件表面下方 5mm 位置

N100　G3　X17.203　Y38.029　　　逆时针插补圆弧，半径 $R = 34.913$mm

CR = 34.913

N110　G0　Z200　　　　　　　　　　刀具快速运动到距工件表面上方 200mm 位置处

N120　M30　　　　　　　　　　　　　主程序结束

9. 暂停指令 G4

暂停指令编程格式为 G4　F ＿ 和 G4　S ＿

其中，G4 为激活暂停时间功能指令；F ＿ 指令时间单位为 s；S ＿ 指令时间单位由主轴的转速确定。

可以用 G4 以编程的时间长度打断两个程序段之间的切削加工。字 F ＿ 和 S ＿ 只用于在 G4 程序段内确定暂停时间的长度，前面程序中的进给速度 F 和主轴转速 S 仍然有效。

例 8-4　G4 编程实例。

N10　G1　F200　Z-5　S300　M3　LF　　进给速度 F,主轴转速 S = 300r/min,切削到 -5mm

N20　G4　F3　LF　　　　　　　　　　　暂停时间 3s

N30　X40　Y10　LF　　　　　　　　　　加工到(40,10)

N40　G4　S30　LF　　　　　　　　　　暂停时间为主轴 30r,相当于 S = 300r/min,主轴速度修调 100% ,$t = 60s \times (30/300) = 6s$

N50　X…　　　　　　　　　　　　　　进给速度和主轴转速继续有效

10. 刀具补偿指令

编程时，并不需要专门为特定直径或长度的刀具编程，只需简单地根据零件图样上的工件尺寸来编程即可。当加工工件时，根据刀具的几何尺寸来控制刀具的路径，因而可以用不同尺寸的刀加工出所编程的轮廓。

控制系统通过刀具补偿来修正刀具所移动的路径，在数控系统操作界面(见本章第四节)的刀具序列表中分别键入刀具的参数，在程序中调用符合要求的带有刀具补偿参数的刀具号。程序执行过程中，数控系统从刀具文件中提取补偿参数分别为不同的刀具修正刀具路径。

在数控系统的补偿存储器内键入以下补偿值:

1) 几何尺寸:包括刀具长度和刀具半径，它们又分别包括几何的(Geometry)和磨损的(Wear)等元素。数控系统计算这些元素到一个特定的总长补偿(Tool Length comp)和总的半径补偿(Radius comp)。当补偿存储器激活后，相关的总体尺寸就有效。这些数值在相应的坐标轴里根据刀具类型和目前的加工平面 G17、G18、G19 进行计算。

2) 刀具类型:刀具类型决定加工时需要对哪个几何轴进行刀具补偿，以及如何计算刀具补偿值，如钻头、铣刀、车刀等。

（1）刀具调用指令 T。

编程格式为 T×× 或 T=××。刀库选择哪些刀进行切削加工，刀库定位号码 X=1～32000（本加工中心为 1～24）。

T0 表示取消选择刀具或没有刀具被选上。

M6 表示在某把刀 T×× 被激活后，换刀（本加工中心为 L6，是子程序，比 M6 更方便）。

通过编程 T 字号码，由刀库的定位来实现刀具选刀。

T 号码用来预选刀具，也就是将刀库定位到换刀位置，刀具交换由指令 M6（L6）完成，这个用于换刀的 M 号码通过机床参数设定，只有这样刀具补偿才有效。

在执行刀具调用指令之前，必须确保①储存在 D 号码里的刀具长度补偿值已被激活；②切削平面（G17/G18/G19）已经选择好，以保证刀具长度补偿值被赋予正确的轴。

（2）刀具补偿号指令 D。

编程格式为 D×；表示刀具偏置号，偏置号范围为 1～9。D0 表示无偏置有效。

刀具补偿号指令将特定的刀具通过不同的刀具补偿程序段确定在 1～9 刀端之间。当 D 被调用时，特定刀端的刀具补偿被激活。当用 D0 编程时，刀具补偿无效。如果没有 D 字被编程，对换刀来说，机床参数里的默认设置（一般为 D1）有效。

如果 D 号码被编程后刀具长度补偿立即生效，以 T 编程的刀具就被激活，在沿相关刀具长度补偿轴（如对于 G17 来说就是 Z 轴）的第一次编程运动中就执行了长度补偿功能。

刀具半径补偿功能只有在 G41/G42 被激活后才有效。在刀具长度补偿功能可以被选择之前，所需要 D 号码必须已经被编程了。如果补偿已经在机床参数里设置好了，刀具长度补偿也就有效了。

下面介绍不带刀具补偿和带刀具补偿的编程加工。

① 不带 T 号码和 D 号码的加工，可以在机床参数中设置默认的 T 号码和 D 号码，在开机/复位后不需要编程即生效。例如，所有的切削都用砂轮来进行，可以通过设置系统参数 $MC\_RESET\_MODE\_MASK2$ 来实现，每次复位后都为激活的刀具。

② 带有不同刀具补偿段号 D1～D9 的加工，可以为一个 T 号码赋予多达 9 个补偿段号 D1～D9，为一把刀定义不同的刀沿号（No. of c. edges），可以在 NC 程序段中根据需要来调用，可以被赋予不同的补偿值，例如，为切槽刀定义左刀沿和右刀沿。当 T 号码有效时只有一个对应的 D 号码有效。换刀后，默认状态为 D1。D0 为不带刀具补偿的加工，是数控系统启动后的默认设置。如果不输入 D 号码，将在没有刀具补偿状态下工作。修改后的值直到 T 号码或 D 号码在下一次被编程后才有效。

如图 8-8 所示，不同的刀具有不同的长度，而在加工中心上加工工件是在一次装夹后建立一个工件坐标系后用不同的刀具来进行，不同的刀具要共用同一工件坐标系，而这个坐标系是利用一把刀（这里是立铣刀）对刀得出的参数建立的。这就需要引入刀具长

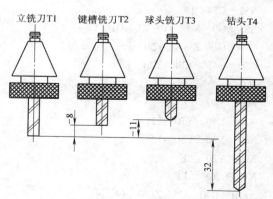

图 8-8　不同刀具具有不同的长度

度补偿来实现不同刀具之间的切换，否则无法编程加工工件。在 T1，T2，T3，T4 相应的 D 号码（如 D1）的 Length1 后面分别输入 0，－8，－11，32 即可。

例 8-5 T 号码/D 号码编程举例。

N10	T1		刀具 1 及其相关的 D1 被激活
N20	G0	X __ Z __	引入刀具长度补偿
N50	T4	D2	确定 4 号刀,T4 的 D2 被激活
……			
N70	G0	Z __ D1	T4 的 D1 被激活,只有刀端发生变化

（3）刀具半径补偿指令 G41/G42/G40。

G40：取消刀具半径补偿。

G41：刀具半径补偿被激活，沿切削方向看，刀具在工件轮廓的左边。

G42：刀具半径补偿被激活，沿切削方向看，刀具在工件轮廓的右边。

OFFN = __：正常的轮廓补偿。

刀具半径补偿被激活时，数控系统自动为不同的刀具计算出等距离的刀具路径。例如，为了便于粗、精加工，可以用 OFFN 指令等距离的刀具路径，如图 8-9 所示。

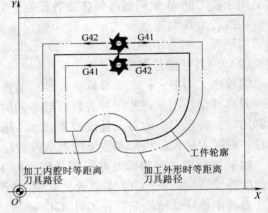

图 8-9 G41/G42 及等距离刀具路径

例 8-6 T××/D×/G41/G42 编程举例，如图 8-10 所示。常用的方法是：调用刀具，定位刀具，激活加工平面和刀具长度/半径补偿。

程序如下：

N10	G17 G53 G90 G40 D0 LF	程序初始化
N20	G0 Z100 LF	返回换刀点
N21	T1 LF	选刀 1
N22	L6 LF	换刀
N30	S300 LF	主轴转速 300r/min
N31	M3 LF	主轴正转
N32	G54 LF	建立工件坐标系
N33	G0 X0 Y0 Z1 D1 LF	调刀具偏置值,选择刀具长度补偿
N40	G1 Z－8 F50 LF	刀具切入
N50	G41 X20 Y20 LF	引入刀具半径补偿,刀具在工件轮廓的左边运动,到达点 A
N60	Y40 LF	铣削轮廓,到达点 B
N70	X40 Y70 LF	到达点 C
N80	X80 Y50 LF	到达点 D
N90	Y20 LF	到达点 E
N100	X20 LF	到达点 A
N110	G40 G0 Z100 LF	刀具返回
N120	M30 LF	程序结束

11. 算术参数

程序中的参数代表一个可变数值，通过给这些参数赋值使一个程序能用于多种用途(例如,不同材料和不同工作循环中的进给速度用 R 参数进行改变等)。

如果一个 NC 程序不仅对一次赋值有效或需要计算坐标值，那么算术参数就有用了。在程序执行过程中数控系统可以设置或计算所需要的值，也可以通过操作来设定算术参数。如果数值已经赋给算术参数，那么它们就可以被赋给程序中其他的地址字，这些地址字的数值将是可变的。

算术参数的编程格式为 R0 = __ ~ R249 = __。

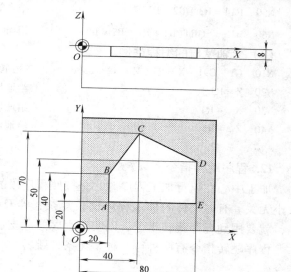

图 8-10 T××/D×/G41/G42 编程举例

250 个算术参数被分为两类：R0 ~ R99 未指定；R100 ~ R249 为加工循环的传输参数。如果不用加工循环，可以给这些算术参数指定其他功能。

可以在 ±(0.0000001 ~ 99999999)(8 个十进制数位、符号和小数点)范围内给算术参数赋值，具体赋值范围因机床大小而异。整数值的小数点可以省略，正号也可以省略。例如，R0 = 3.5678，R1 = -37.3，R2 = 2，R3 = -7，R4 = -478.1234。

可以通过指数符号以扩展的数值范围来赋值，例如，±(10^{-300} ~ 10^{+300})。指数的值书写在 EX 字符后面；最大的总的字符个数为 10(包括符号和小数点)。EX 的取值范围为 -300 ~ +300。例如，R0 = -0.1EX-5 或 R0 = -0.000001；R1 = 1.874EX8 或 R1 = 187400000。

在一个程序段内可以有多个赋值或用多个表达式赋值。必须在一单独的程序段内赋值。

NC 程序的柔性是依靠用算术参数或带算术参数的表达式给其他地址字赋值来实现的，数值、表达式和算术参数可以给除 N、G 和 L 以外的所有地址字赋值。赋值时，在地址字后面书写字符 "=", 也可以赋一个带负号的值，给轴地址字(移动指令)赋值时必须在一个单独的程序段内。例如，N10 G0 X = R2 给 X 轴赋 R2 值。

使用算术参数功能时，要用到一些常用的算术符号(如加减乘除以及括号等)，数控系统运行时，是按先括号、后乘除、然后再加减的顺序计算的。对于三角函数来说，数值为度数。

例 8-7 R 参数编程举例。

(1) R 参数编程举例。

N10　R1 = R1 + 1	旧的 R1 加 1 后赋给新的 R1
N20　R1 = R2 + R3　R4 = R5 - R6	R 参数加减乘除后再赋给 R 参数
R7 = R8 * R9　R10 = R11/R12	
N30　R13 = SIN(25.3)	sin25.3 赋给 R13
N40　R14 = R1 * R2 + R3	乘除先于加减，相当于 R14 = (R1 * R2) + R3

N50　　R14 = R3 + R2 * R1　　　　　　　　　　结果等同于 N40

N60　　R15 = SQRT(R1 * R1 + R2 * R2)　　　相当于 R15 = $\sqrt{R1^2 + R2^2}$

（2）给轴赋值的编程举例。

N10　G1　G91　X = R1　Z = R2　F300　　　分别给地址字 X、Z 赋值 R1、R2

N20　　Z = R3　　　　　　　　　　　　　　给地址字 Z 赋值 R3

N30　　X = − R4　　　　　　　　　　　　　给地址字 X 赋值 − R4

N40　　Z = − R5　　　　　　　　　　　　　给地址字 Z 赋值 − R5

……

12. 程序跳转指令

加工中心在执行加工程序时，是按照程序段的输入顺序来运行的，与所写的程序段号的大小无关。有时工件的加工程序比较复杂，涉及一些逻辑关系，这时程序需要改变执行顺序，就要用到程序跳转指令，以实现程序的分支运行。

程序跳转指令有两种：一种是无条件跳转，另一种是有条件跳转，常用的是有条件跳转指令。

（1）无条件跳转的编程格式

1）GOTO　B　AA（标识符）。无条件向程序上方（或后方 BACK）跳转到标识符 AA 处执行程序。

2）GOTO　F　AA（标识符）。无条件向程序下方（或前方 RORWARD）跳转到标识符 AA 处执行程序。

（2）有条件跳转的编程格式

1）IF 条件 GOTO　B　AA（标识符）。如果程序运行到满足程序段中所列条件，则向程序上方（或后方 BACK）跳转到标识符 AA 处执行程序。

2）IF 条件 GOTO　F　AA（标识符）。如果程序运行到满足程序段中所列条件，则向程序下方（或前方 RORWARD）跳转到标识符 AA 处执行程序。

标识符用于确定要跳转到的程序段（称此程序段为跳转目标）位置，跳转目标必须位于该程序内，标识符必须由两个以上字母或数字组成，其中开始两个符号必须是字母或下划线。跳转目标处的标识符后面必须为冒号（:），标识符位于程序段段首，如果程序段有段号，则标识符紧跟着段号。

在条件表达式中常用的逻辑关系符号见表 8-3。

表 8-3　逻辑关系符号及其说明

逻辑关系符号	说　明	逻辑关系符号	说　明	逻辑关系符号	说　明
==	等于	>	大于	>=	大于或等于
<>	不等于	<	小于	<=	小于或等于

13. 子程序

（1）使用子程序。子程序原则上与工件加工程序具有相同的结构，也由具有运动和切换命令的 NC 程序段构成。子程序和主程序之间基本没有什么不同，子程序包括需要多次执行的加工过程和操作顺序。

经常重复出现的加工程序在子程序中只需编程一次，例如，经常出现的轮廓形状和加工循环。子程序可以在任意主程序中调用和执行。

1）子程序的结构。子程序的结构与主程序相同，子程序以 M17 结尾，意为返回调用子程序的主程序程序段处。在机床数据里有可能删除了以 M17 结尾的功能（如为了获得较好的运行时间）。

2）带 RET 的子程序。在子程序中，程序结尾符 RET 可以替换 M17，RET 必须单段编程。RET 一般用于 G64 连续切削状态在返回时不被打断的情况下，而 M17 打断 G64 的连续切削状态并产生一个准确定位。

3）子程序的命名。给子程序命名是为了与其他程序区别开来，以便选择和调用。子程序名字可以在编程时自由选择确定，但要考虑以下几个方面因素：①第一个字符必须是字母；②其他可以是字母、数字或下画线；③最多可以用 31 个字符；④不能用分隔符。

这些要求同样适用于主程序，例如：N10 POCKET1。也可以用地址字 L×××× 表示子程序，值可以占 7 个十进制数的位置（只能是整数）。

4）子程序嵌套的深度。子程序不仅可以从主程序也可以从子程序开始调用，总的来说包括主程序可以嵌套 12 层，也就是说，从主程序开始可以调用 11 层子程序。

（2）调用子程序。可以在主程序中通过地址字 L 和子程序数目或特定的子程序名字来调用子程序，用 P 后的数字表示调用次数。详细使用情况请参看编程实例。

14. 极坐标系指令 G110/G111/G112/AP/RP

（1）定义极坐标的编程格式

1）在直角坐标系中定义极点：G110/G111/G112　X __ Y __ Z __。

2）在极坐标系中定义极点：G110/G111/G112　AP = __ RP = __。

用 G110/G111/G112 定义极点如图 8-11 所示，用 G111 定义极点 1，用 G110 定义极点 2，用 G112 定义极点 3。

极坐标参数 G110，相对于刀具最近到达的位置点定义极点。

极坐标参数 G111，相对于当前工件坐标系的原点定义极点。

极坐标参数 G112，相对于上一个有效极点定义极点。

AP = __ 极角是指极点和目标点之间连线与角度参考方向线之间的夹角，取值范围为 $\pm(0° \sim 360°)$。当用绝对坐标编程时，角度为相对于加工平面的水平轴方向。例如，G17 平面内是相对于 X 轴，正方向为逆时针方向。当用相对坐标编程时（AP = IC __），上一个被编程的角度为参考位置。极角一直保持到新的极角被定义或工件坐标系被改变。

RP = __ 极半径是指极点与目标点之间的距离。单位为 mm 或 in。RP 一直保持到新的极半

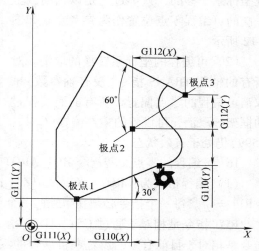

图 8-11　用 G110/G111/G112 定义极点

径被定义。所有与极坐标有关的输入必须在单个程序段内编程。用极坐标定义的位置都可以用 G0、G1、G2 和 G3 设定。极坐标系在由 G17/G18/G19 所定义的加工平面内都有效。

（2）极坐标系中位移指令的编程格式

1）极坐标系中的快速移动指令编程格式：G0　AP = __RP = __。

2）极坐标系中的直线插补指令编程格式：G1　AP = __RP = __。

3）极坐标系中的顺圆插补指令编程格式：G2　AP = __RP = __。

4）极坐标系中的逆圆插补指令编程格式：G3　AP = __RP = __。

新的终点定义在相关的极坐标系内。

15. 坐标系平移指令 TRANS/ATRANS

（1）坐标系平移指令编程格式为：TRANS　X __Y __Z __（在单独的 NC 程序段内编程），ATRANS　X __Y __Z __（在单独的 NC 程序段内编程）。

TRANS 指令为绝对坐标系转换，相对于目前用 G54 ~ G599 设置的有效工件坐标系原点；ATRANS 是附加的坐标系转换指令，相对于已经存在的坐标系；X、Y、Z 为特定轴方向上的零点平移值。

TRANS/ATRANS 可以用于特定轴方向的所有路径和位置轴的平移编程，这可以让用户在不同的工件原点进行加工。例如，在不同工件位置对重复的加工工艺过程进行编程。

替换指令 TRANS　X __Y __Z __是通过在特定轴方向上编写的偏置值来实现坐标系平移的，它是以最后指定的可设置零点偏置（G54 到 G599）的位置作为参考点。

相对指令 ATRANS　X __Y __Z __也是通过在特定轴方向上编写的偏置值来实现坐标系平移的，只不过它是以当前或上一次的可编程零点位置作为参考点。如图8-12 所示。

（2）可编程的坐标系转换的取消。对所有的轴用 TRANS 指令（没有轴参数）来取消可编程的零点偏置，所有前面编程过的框架被取消，可设置的零点偏置（G54 ~ G599）仍处于有效状态。

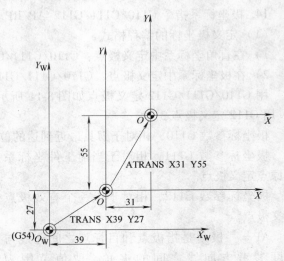

图 8-12　TRANS/ATRANS 的关系

16. 可编程的零点旋转指令 ROT/AROT

（1）编程格式为：ROT　X __Y __Z __；ROT　RPL = __；AROT　X __Y __Z __；AROT RPL = __。每一个指令必须在单独的一个 NC 程序段内编程。

ROT 指令是相对于通过 G54 ~ G599 指令建立的工件坐标系的零点的绝对旋转；AROT 指令是相对于目前有效的设置或可编程的零点的相对旋转；X、Y、Z 为在空间的旋转所绕的几何轴；RPL 为在平面内的旋转，坐标系转过的角度。

（2）ROT/AROT 可以围绕几何轴(X,Y,Z)中的一个旋转坐标系，也可以在给定的平面内（G17～G19）（或围绕垂直于它们的进给轴）旋转一定的角度得到旋转后的坐标系。这使得倾斜的表面或几个工件边在一次设置中被加工出来。

（3）在空间的旋转。替代指令 ROT X__Y__Z__ 通过围绕特定轴旋转一个编程的角度来实现坐标系的绝对旋转，旋转基点是上一次通过 G54～G599 设置的一个工件坐标系原点。指令 ROT 取消前面设置的所有的可编程的构架（frame），AROT 指令围绕已经存在的构架（frame）设置新的旋转。

相对指令 AROT X__Y__Z__ 也是通过围绕特定轴旋转一个编程的角度来实现坐标系的相对旋转，只不过它是以当前或上一次的可编程零点位置作为旋转参考点。ROT/AROT 之间的关系如图8-13 所示。

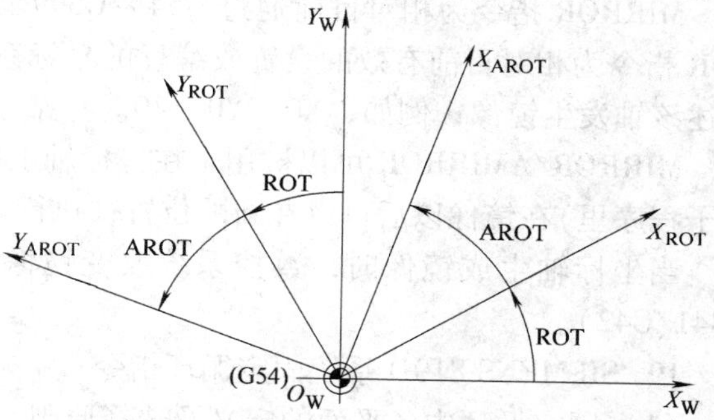

这两个指令在编程旋转的时候需要注意旋转的方向和次序。旋转方向沿着坐标轴的正向看，顺时针方向为正，逆时针方向为负。

图 8-13 ROT/AROT 之间的关系

在一个 NC 程序段内可以同时旋转三根坐标轴，旋转次序为：围绕第三几何轴 Z 旋转，围绕第二几何轴 Y 旋转，围绕第一几何轴 X 旋转。这个次序适用于在单个程序段内编程的几何轴。如果只有两个轴需要旋转，第三轴的参数（值为零）可以省略。

围绕第一几何轴旋转，旋转角度的取值范围为 $-180°～+180°$；围绕第二几何轴旋转，旋转角度的取值范围为 $-89.999°～+90°$；围绕第三几何轴旋转，旋转角度的取值范围为 $-180°～+180°$。这个取值范围适用于所有的构架（frame）变量，如果取值超过以上范围，数控系统将自动规范在以上的范围内。如果用户要分别定义旋转次序，可以用 AROT 指令为每一个轴进行编程。

（4）在工作平面内旋转。坐标系在 G17～G19 所确定的平面内旋转。替代指令格式为 ROT RPL=__，相对指令格式为 AROT RPL=__。坐标系在目前的平面内旋转通过编程角度"RPL=__"来确定。可参看"（3）在空间的旋转"部分。

（5）平面的改变。如果在旋转以后想改变平面（G17～G19），为某坐标轴所编程的旋转角度仍然存在且继续适用于新的加工平面。一般是在改变平面之前先取消旋转。

（6）坐标系旋转的取消指令 ROT（没有轴参数）对所有的轴都适用。所有前面编程的构架（frame）都被取消。

17. 可编程的坐标缩放指令 SCALE/ASCALE

可编程的坐标缩放指令的编程格式为 SCALE X__Y__Z__（在自己的 NC 程序段内编程），ASCALE X__Y__Z__（在自己的 NC 程序段内编程）。

SCALE 相对于目前通过 G54～G599 设置的有效的坐标系来绝对缩放；ASCALE 相对于目前有效的设置或编程的坐标系统相对缩放；X、Y、Z 为带有比例因子的坐标轴，在该坐标轴方向，轮廓尺寸进行放大或缩小。SCALE/ASCALE 可以为在特定轴的方向来编程缩放的大小，以使形状的大小发生改变，给相同形状但大小不同的零件编程。需要缩放尺寸的轮廓最好编在子程序中，可以为每一个轴单独定义比例因子。若在 ATRANS 指令之后进行缩放，则偏置值也被缩放。

在所有情况下，取消 SCALE(不定义坐标轴)，整个构架被删除！

18. 可编程的零点镜像指令 MIRROR/AMIRROR

可编程的零点镜像指令编程格式为 MIRROR　X0　Y0　Z0(在自己的 NC 程序段内编程)，AMIRROR　X0　Y0　Z0(在自己的 NC 程序段内编程)。

MIRROR 指令为相对目前通过 G54～G599 设置的有效的坐标系统来绝对镜像；AMIRROR 指令为相对目前有效的设置或编程的坐标系统来相对镜像；X、Y、Z 用该坐标轴为零描述该轴发生镜像，例如，X0　Y0　Z0。

MIRROR/AMIRROR 可以被用来在坐标轴上镜像工件形状，所有编程的平移运动(例如在子程序里)在镜像以后可以在新的位置被执行。

当坐标轴生成镜像时，数控系统改变镜像坐标的符号；圆弧插补的走向；加工方向(G41/G42)。

19. SIEMENS 810D 系统固定循环指令

(1) 固定循环中各平面的定义及选择原则

1) 固定循环中各平面的定义

① 加工开始平面。加工开始平面为固定循环加工时 Z 向由快进转变为进给的位置。不管刀具在 Z 轴方向的起始位置如何，固定循环执行时的第一个动作总是将刀具沿 Z 向快速移动到加工开始平面上，因此，必须选择加工开始平面高于加工表面。

② 加工底平面。加工底平面的选择决定了最终孔深，因此，加工底平面所在 Z 向的坐标值即可作为加工底平面的位置。在立式加工中心上，由于规定刀具离开工件为 Z 正向，因此，加工底平面必须低于加工开始平面！

③ 加工返回平面。加工返回平面规定了在固定循环中 Z 轴加工至底面后，返回到哪一位置，在这一位置上工作台在 XY 平面应可以作定位运动，因此，加工返回平面必须等于或高于加工开始平面。

2) 平面选择原则。按 1) 中的三条基本原则，考虑到实际加工的需要对这三个平面一般选择如下：

① 对于毛坯加工，加工开始平面一般高于加工表面 5mm 左右，对于粗加工完成后的加工，加工开始平面一般高于加工表面 2mm。

② 加工返回平面要求高于加工开始平面，并且保证在下次在 XY 面定位过程中不会碰撞工作台上的任何工件或夹具。同时，即使加工表面为平面也必须遵循以下原则：对于毛坯，使用刚性攻螺纹循环(CYCLE 84)时，返回平面必须高于加工表面 8～10mm；柔性攻螺纹(CYCLE 840)时，返回平面必须高于加工表面 5mm 以上。

③ 加工底平面选择应考虑到加工通孔时的情况，因此在这种情况下选择加工底平面时应在加工底面再加上一个钻头的半径，以确保能够钻通。

(2) SIEMENS 810D 固定循环功能代码

1) 钻削，钻中心孔：CYCLE 81(RTP,RFP,SDIS,DP,DPR)。

2) 钻削，顺时针镗孔：CYCLE 82 (RTP,RFP,SDIS,DP,DPR,DTB)。

3）深孔钻削：CYCLE 83（RTP，RFP，SDIS，DP，DPR，FDEP，FDPR，DAM，DTB，DTS，FRF，VARI）。

4）刚性攻螺纹：CYCLE 84（RTP，RFP，SDIS，DP，DPR，DTB，SDAC，MPIT，PIT，POSS，SST，SSTI）。

5）柔性（带起锥器）攻螺纹：CYCLE 840（RTP，RFP，SDIS，DP，DPR，DTB，SDR，SDAC，ENC，MPIT，PIT）。

6）镗孔 1：CYCLE 85（RTP，RFP，SDIS，DP，DPR，DTB，FFR，REF）。

7）镗孔 2：CYCLE 86（RTP，RFP，SDIS，DP，DPR，DTB，SDIR，RPA，RPO，RPAP，POSS）。

8）镗孔 3：CYCLE 87（RTP，RFP，SDIS，DP，DPR，SDIR）。

9）镗孔 4：CYCLE 88（RTP，RFP，SDIS，DP，DPR，DTB，SDIR）。

10）镗孔 5：CYCLE 89（RTP，RFP，SDIS，DP，DPR，DTB）。

上述 10 个固定循环指令中涉及的参数意义如表 8-4 所示。

表 8-4　10 个固定循环指令中涉及的参数意义

参数	意　义
RTP	返回平面
RFP	参考平面
SDIS	安全距离（无符号，参考平面到工件加工开始平面的距离）
DP	最终的深度（相对于工件坐标系原点的 Z 轴坐标值）
DPR	孔的深度（无符号，参考平面到孔底平面的距离）
FDEP	第一次钻孔深度（绝对值，**F**IRST **D**RILLING **DEP**TH）
FDPR	相对于参考平面的第一次钻孔深度（无符号，增量值）
DAM	相对于第一次钻孔深度的每次递减量（无符号，当 FDPR $- n \times$ DAM $\leqslant$ DAM，从 $n + 1$ 次开始以 DAM 进给）
DTB	暂停时间（每次进给到指定深度处的停留时间）
DTS	暂停时间（每次退回到加工返回平面处的停留时间）
FRF	第一次钻孔深度的进给速度调节系数（无符号，取值范围为 0.001 ~ 1）
VARI	整数，决定加工类型，0——断屑，每次进给完毕仅回退 1mm 而后立即开始下次进给；1——排屑，每次进给完毕回退至加工开始平面
SDAC	主轴的旋转方向，取值范围为 3，4，5，分别对应于 M3，M4，M5
MPIT	标准螺距，取值范围为 3（M3）~ 48（M48）
PIT	螺距，取值范围为 0.001 ~ 2000.000mm
POSS	主轴的准停角度
SST	攻螺纹进给速度
SSTI	返回进给速度
SDR	返回时主轴的旋转方向，取值范围为 3，4，5，分别对应于 M3，M4，M5
ENC	整数，0——带编码器攻螺纹，1——不带编码器攻螺纹
FFR	进给速度
REF	返回速度（工进工退）
SDIR	主轴旋转方向，整数，3 = M3，4 = M4
RPA	横坐标让刀量，增量，无符号
RPO	激活平面纵坐标的返回路径，增量，无符号
RPAP	应用平面的返回路径，增量，无符号

第三节 编程实例

一、用 ASCALE/AROT/TRANS 指令和子程序综合编程实例

在图 8-14 所示的零件中，两个尺寸不同、形状相同的槽以不同的角度出现两次，加工程序储存在子程序里，通过平移和旋转来设置每一个工件坐标系原点，通过缩放来缩小轮廓，然后再调用子程序。1 号刀为键槽铣刀，加工深度为 5mm。

程序如下：

N10 G53 G17 G90 G40 D0 LF	程序初始化
N20 T1 D1 LF	选 1 号刀
N30 L6 LF	换刀
N40 S800 LF	主轴转速 800r/min
N50 M3 LF	主轴正转
N60 G54 LF	用 G54 建立工件坐标系
N70 G0 X100 Y100 LF	刀具到达任意一点
N80 Z100 LF	运动到距离工件表面上方 100mm
N90 TRANS X15 Y15 LF	将工件坐标系 G54 平移到点($X15, Y15$)处
N100 L55 LF	调用子程序 L55 加工图 8-14 所示形状轮廓
N110 TRANS LF	取消坐标系平移
N120 TRANS X52 Y16 LF	将工件坐标系 G54 平移到点($X52, Y16$)处
N130 AROT RPL = 35 LF	坐标系在上一段 NC 程序平移基础上在 G17 平面内旋转 35°
N140 ASCALE X0.5 Y0.5 LF	在以上 NC 程序段的可编程构架基础上再沿 X、Y 轴分别缩小为原来的 50%
N150 L55 LF	调用子程序 L55 加工图 8-14 所示形状轮廓
N160 TRANS LF	取消坐标系平移
N170 AROT LF	取消坐标系旋转
N180 ASCALE LF	取消坐标系缩放
N190 M30 LF	主程序结束
L55	子程序名
G42 G0 X0 Y0 D1 LF	快速运动到点 A，并引入刀具半径右补偿
G01 Z – 5 F50 LF	刀具向下切入到 $Z – 5$mm 处
X100 LF	切到点 B
Y52 LF	切到点 C
G3 X84 Y68 CR = 16 LF	逆圆插补切到点 D
G2 X68 Y84 CR = 16 LF	顺圆插补切到点 E
G3 X52 Y100 CR = 16 LF	逆圆插补切到点 F
G1 X16 LF	切到点 G
G3 X0 Y84 CR = 16 LF	逆圆插补切到点 H
G1 Y0 LF	切到点 A
G0 Z150 LF	返回到 150mm 处
G40 X100 Y100 LF	取消刀具半径补偿功能
RET LF	子程序结束并返回主程序

二、带程序跳转指令、算术参数的子程序综合编程实例

椭圆轮廓的铣削加工如图 8-15 所示。

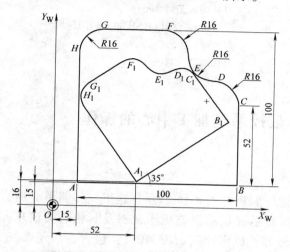

图 8-14　用 ASCALE/AROT/TRANS 指令编程实例

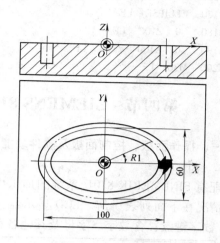

图 8-15　椭圆轮廓的铣削加工

将椭圆轮廓用参数方程表示为

$$\frac{x^2}{a^2}+\frac{y^2}{b^2}=1,\quad \begin{cases} x=a\cos\theta \\ y=b\sin\theta \end{cases}$$

其中，$a=100/2=50$，$b=60/2=30$，$\theta=R1$。

1. 子程序 ELLIPSE（椭圆）

N10　R1 = 0　LF	给 R1 赋初值，刀具处于起始位置
N20　ABC：LF	标识符
N30　G64　G1　X = 50 * COS（R1）　Y = 30 * SIN（R1）　LF	用直线插补拟合椭圆曲线
N40　R1 = R1 + 0.1　LF	每次增加 0.1°，该值决定拟合精度
N50　IF R1 < 359.99　GOTO B　ABC　LF	条件跳转语句，直至一个椭圆加工完为止
N60　M17　LF	子程序结束

2. 主程序

N10　G53　G17　G90　G40　D0　LF	程序初始化
N20　T3　D1　LF	选 3 号刀
N30　L6　LF	换刀
N40　S600　LF	主轴转速 600r/min
N50　M3　LF	主轴正转
N60　G54　LF	用 G54 建立工件坐标系
N70　G0　X100　Y100　LF	刀具到达任意一点
N80　Z10　LF	运动到距离工件表面上方 10mm
N90　X50　Y0　LF	刀具到达起刀点
N100　G1　Z − 3　F50　LF	刀具切入工件 3mm
N110　ELLIPSE　LF	调用子程序 ELLIPSE 加工椭圆轮廓
N120　G1　Z − 6　F50　LF	刀具切入工件 3mm
N130　ELLIPSE　LF	调用子程序 ELLIPSE 加工椭圆轮廓

N140	G1 Z-9 F50 LF	刀具切入工件3mm
N150	ELLIPSE LF	调用子程序 ELLIPSE 加工椭圆轮廓
N160	G1 Z-12 F50 LF	刀具切入工件3mm
N170	ELLIPSE LF	调用子程序 ELLIPSE 加工椭圆轮廓
N180	G0 Z100 LF	刀具返回
N190	G0 X100 Y100 LF	刀具离开工件上方
N200	M30 LF	主程序结束

第四节　SIEMENS 810D 数控系统加工中心的操作

一、操作面板、控制面板及软件功能

1. 操作面板

配有 SINUMERIK 810D 系统的加工中心操作面板如图 8-16 所示。这里只作简单介绍，详细情况在下面列表讲解。LCD 显示器：液晶显示屏显示当前机床状态及其他有关信息；字母/数字键盘：含数字、字母及其他各种符号等；机床控制面板 MCP1：包含西门子系统

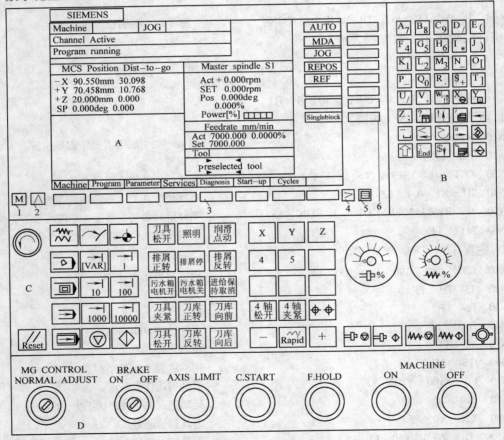

图 8-16　配有 SINUMERIK 810D 系统的加工中心操作面板全貌

A—LCD 显示器　B—字母/数字键盘　C—机床控制面板 MCP1　D—外部操作面板 MCP2

1—加工区域键　2—菜单返回键　3—水平软键条　4—菜单扩展键

5—区域切换键　6—垂直软键条

配备的机床控制键及用户自己定义的各种功能键；外部操作面板 MCP2：此操作面板由机床生产厂家设计。

2. 扁平 CNC 操作面板 OP 031 各功能键

扁平 CNC 操作面板 OP 031 由超薄液晶显示屏和系统各功能键组成。液晶显示屏主要用来显示机床的各种功能状态、数据及报警信息，系统各功能键主要用于实现对机床的各种操作。各功能键的功能说明详见表 8-5。

表 8-5 扁平 CNC 操作面板 OP 031 各功能键说明

功能键、按钮及旋钮	名　称	功　能　说　明
A7 ~ Z;	字母/数字键	直接按下这些键可输入数字和运算符，如果按下 ⬆(SHIFT)键再按下这些键则可以输入字母或其他字符
W₁…ₙ !!	通道切换键	当同时使用多个通道时，可以在它们之间切换
X⊖	报警应答键	按下此键，可以应答标有这个符号的报警
Yⓘ	信息键	按下此键可以调出与目前操作状态有关的解释内容和信息
?▤	窗口选择键	如果屏幕上显示几个窗口，可以用这个窗口选择键去激活下一个窗口（激活窗口具有粗黑的边框）。键盘输入只适用于激活窗口内
!↑ \$↓ <← "→	光标上/下/左/右移动键	这 4 个键可以控制光标在操作区内分别沿上、下、左、右移动
'▤ %▤	向上/向下翻页键	用这两个键每次可以向上或向下翻一页显示屏显示的内容，在零件程序里可以向下（到程序的尾部）或向上翻页（到程序的开始处）
←	退格键（删除键）	从右向左删除光标处的一个字符
⌴	空格键	用于在光标处插入一个空格
⌣	选择/触发键	用于激活或取消某项功能，使用手轮操作时要用到，用来选择要移动的轴，并使该轴激活能够被移动
◈	编辑/复原键	切换到图表元素和输入区域的编辑方式或图表元素和输入区域的 UNDO 功能
⬆	切换键（Shift）	在具有两个字符的键上实现上下字符输出功能的切换，这个键可以用作"单换档键"（按下一次后再按其他键，则该键上方的字符被输出，只一次有效）和"永久换档键"（连续按下两次后再按其他键，则其他键上方的字符被输出，一直有效，直到 ⬆ 键再被连续按两次后，此状态才被解除）。一般用于手工输入程序的情况下

（续）

功能键、按钮及旋钮	名　称	功能说明
End	行结束键	此键用于将光标移动到输入区域的行结尾或在编辑状态的显示页面的行结尾；在一组相关的输入区域内快速定位光标
（输入键符号）	输入键	接受一个编辑值；打开/关闭一个路径；打开文件（程序）
M	机床区域键	从其他操作界面切换到"机床"界面
∧	返回键	返回上一级菜单
>	扩展键	扩展当前菜单里的软键条
（区域切换键符号）	区域切换键	可以在任何操作区域通过按下此键而进入主菜单，主菜单的水平软键条为：Machine，Parameters，Program，Services，Diagnosis，Start-up，Cycles
（急停按钮符号）	急停按钮	在人身安全受到威胁或有损坏工件和机床危险的紧急状态下按下这个红色按钮。通常，急停按钮使所有驱动装置（包括主轴和进给轴）在尽可能大的刹车转矩下停止运行
JOG	手动方式按钮	系统进入手动方式。轴手动方式通过下列方式完成：用方向键使轴连续运动或用方向键使轴增量运动或用手轮使各轴运动
Repos	返回中断点按钮	在 JOG 方式下可以返回因某种原因而中断加工的轮廓点
Ref point	回参考点按钮	在 JOG 方式下回机床参考点
Teach in	示教方式按钮	可用运动方式写入零件程序或在"MDA方式"使工件靠近位置并存储
[VAR]	速度变量按钮	可以改变手动状态下的速度
1　10　100　1000　10000	增量单位按钮	以预先设定的增量单位运动：$1\mu m$，$10\mu m$，$100\mu m$，$1000\mu m$，$10000\mu m$。为安全起见，尽量不要用 $1000\mu m$，$10000\mu m$
MDA	半自动方式（MDA）	通过执行一个程序段或一系列程序段来实现对机床的控制，程序段是通过操作面板输入的
Auto	自动方式（Auto）	通过自动执行程序来实现对机床的控制
Reset	复位键	用来复位或消除相关报警信息

（续）

功能键、按钮及旋钮	名　　称	功　能　说　明
Single Block	单段执行键	每按下此键一次执行一段程序
Cycle Stop	循环停止键	程序停止
Cycle Start	循环启动键	程序连续执行
X Y Z 4 4th axis 5 5th axis	X/Y/Z/4/5 轴键	可以选择要运动的轴
WCS MCS	MCS/WCS 切换键	可以在机床操作区域内实现机床坐标系和工件坐标系之间的切换
—	负向运动键	按下此键，相应的轴就沿负向移动
Rapid	快速运动修调键	将此键和"＋"或"－"键同时按下，则相应的轴在快速方式下运动
＋	正向运动键	按下此键，则相应的轴沿正向移动
%	主轴速度修调开关	在 50%～120% 的范围内调节程序中的主轴转速 S×××。设置的主轴转速值以绝对值和百分比显示在主轴显示区内
Spindle Stop	主轴停止键	按下主轴停止键(Spindle Stop)将使主轴降速至 0，并且当主轴停止被控制系统接受后相应的指示灯点亮
Spindle Start	主轴起动键	按下主轴起动键(Spindle Start)将使主轴加速至程序中定义的值，并且当主轴起动被控制系统接受后相应的指示灯点亮
%	进给速度修调开关	使轴在已编程的进给速度 F 的 0%～120% 范围内运动，相反快速运动不超过 100%；也可以相同的范围调节手动速度
Feed Stop	进给停止键	按下此键时，目前执行的程序停止，控制方式下所有的轴驱动装置停止，且当"Feed Stop"被控制系统接受后，相应的指示点亮
Feed Start	进给启动键	按下此键，零件程序将从目前程序段位置继续执行；进给速度将被加速至程序段中定义的值，并且当进给启动被控制系统接受后相应的指示灯将点亮
锁	锁	可以用三把不同的钥匙来开这把锁，分别进入不同的层次，一般操作者只需进入第一级，其他为维修时使用

3. 机床控制面板 MCP1 上用户自定义键

在机床控制面板 MCP1 上有 17 个用户自定义键，这 17 个用户自定义键的说明详见表8-6。

表 8-6　用户自定义键的说明

用户自定义键	功 能 说 明
刀具松开　刀具夹紧	手动控制刀具松开和夹紧，按"刀具松开"键时，刀具会脱离主轴，此时应避免刀具砸坏工作台面，装刀时按"刀具夹紧"键
刀库向前　刀库向后	手动控制刀库前、后运动，在 Z 轴零点时，按此两键，刀库前、后运动
刀库正转　刀库反转	Z 轴不在零点且刀库在后位时，按此两键可实现刀库的正、反转，Z 轴在换刀点（$Z=105$）且刀库在前位时，按此两键也可实现刀库的正、反转
污水箱电机开　污水箱电机关	手动控制污水箱电动机的起动和停止，按"污水箱电机开"，可以排出污水箱的污水。按"污水箱电机关"，不可以排出污水箱的污水
进给保持取消	特殊功能键
排屑正转　排屑停　排屑反转	手动控制排屑装置的工作
照明	控制机床照明灯开、关
润滑点动	按此键，导轨润滑站和油雾润滑站工作，直至润滑压力发讯
4轴夹紧　4轴松开	在"JOG"方式下手动控制第四轴（A 轴）的夹紧和松开。"4 轴夹紧"用于加工时限制第四轴的回转运动，此时，第四轴不能转动。按下"4 轴松开"，第四轴可以转动

4. 外部操作面板 MCP2

外部操作面板 MCP2 上控制部件功能详见表 8-7。

表 8-7　外部操作面板 MCP2 上控制部件功能说明

控制部件	名　称	功 能 说 明
MACHINE ON	机床起动	外部电源接通后，按此按钮，MMC100、MCP 电源接通
MACHINE OFF	机床关闭	按此按钮，MMC100、MCP 电源关闭。如需关闭整个机床电源，则按此按钮后，再将总电源开关关闭即可
BRAKE ON &BRAKE OFF	Z 轴制动器的接通与关闭	此功能仅用于维修，如操作不当会使机床损坏
F. HOLD	进给保持按钮	按此按钮，轴和主轴停止，程序停止运行，松开此按钮，按"C. START"按钮可继续执行程序。此按钮相当于 MCP1 上的 Cycle Stop 键

（续）

控制部件	名 称	功 能 说 明
C. START	循环启动按钮	按此按钮，在 AUTO 方式可启动一个当前程序；在 MDA 方式可执行此方式下输入的指令。此按钮相当于 MCP1 上的 Cycle Start 键
AXIS LIMIT	机床轴超极限解除按钮	如因某种原因机床工作台超出行程极限（急停极限），使机床无法使用，这时先按此按钮不放，然后按 MCP1 上的 Reset 键，使急停报警消除，再在 JOG 方式下使工作台退出极限区，此时方可松开此按钮。机床正常工作时不允许按此按钮
MG CONTROL	手动刀库控制选择旋钮	如果需要在手动状态进行刀库的调整或刀具的装卸，则把此旋钮旋至"ADJUST"位置，再在 MCP1 上选择相应的键进行操作。正常情况下，此旋钮必须在"NORMAL"位置上，并把钥匙拔掉

5. 电柜侧门开关

电柜侧门开关如图 8-17 所示。

（1）QS1：加工中心电源总开关，处于"0"位置时，电源关闭；处于"1"位置时，电源打开。

（2）SA2：电柜门解锁开关。本加工中心电柜门打开，MMC100（CNC 系统）和 MCP（机床控制面板）电源被切断，机床停止工作。为了维修方便，特设此开关作为解除门开关用。

二、加工中心的手动操作

1. 开机

（1）已完成开机前的准备工作。

（2）插上空压机插头，保证机床所需的压缩空气的压力。

（3）合上机床电源总开关。此时：①电柜里空气调节器工作；②电柜里 NCK 上红灯亮；③主轴风机转。

（4）当 NCK 上的 7 段数显的数字跳到"6"时，按加工中心外部操作面板 MCP2 上的"MACHINE ON"按钮。此时 CNC 系统运行一段时间。

（5）在加工中心外部操作面板 MCP1 选择以下按钮：

1）选择操作方式 JOG。

2）将"进给速度修调开关"拨到 0。

3）将"主轴速度修调开关"拨到 50。

4）程序单段执行 Single Block。

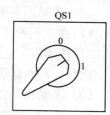

图 8-17 电柜侧门
开关示意图

（6）待 LCD 上出现正常页面后，复位红色"急停按钮"◎。

（7）按加工中心外部操作面板 MCP1 上"复位键"Reset 两次，消除开机时产生的报警信息。

（8）按一下 Spindle Start、Feed Start 和 Cycle Start，也可以消除开机时产生的报警信息。

此时，如果机床正常，CNC 系统将自动进入要求操作者进行手动回参考点状态。

2. 机床回参考点

每次开机后必须首先执行回参考点操作，然后再进行其他操作，切记！没有回参考点时，LCD 的工作窗口显示如图 8-18 所示。

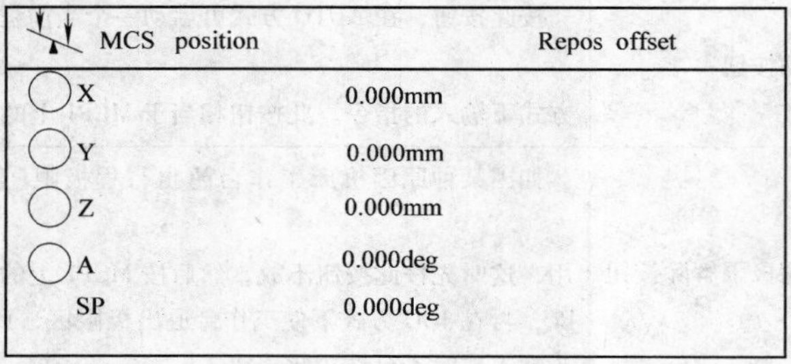

MCS position		Repos offset
◯ X	0.000mm	
◯ Y	0.000mm	
◯ Z	0.000mm	
◯ A	0.000deg	
SP	0.000deg	

图 8-18　没有回参考点

（1）主轴回参考点

1）按 LCD 上的 M 功能键，进入"机床"操作区域时 LCD 的工作窗口显示状态。

2）按 MCP1 上的 JOG 键，选择手动工作方式。

3）按 MCP1 上的 Spindle Start 和 Feed Start 键，选择"主轴起动"和"进给开始"。

4）按 MCP1 上的 Rá ch/d 键，选择主轴（SP）。

5）按住 MCP1 上的 + 或 − 键一会儿，使主轴转过一个角度（超过 360°）。

6）完成主轴转动后再按 MCP1 上的 Ref point 键，选择"回参考点"方式。

此时即完成主轴回参考点。

（2）Z 轴回参考点

1）在"回参考点"方式下按 MCP1 上的 Z 键，选择 Z 轴。

2）按 MCP1 上的 − 键，选择负向。

此时，Z 轴自动向参考点方向运行，直至完成。

（3）X 轴回参考点

1）在"回参考点"方式下按 MCP1 上的 X 键，选择 X 轴。

2）按 MCP1 上的 − 键，选择负向。

此时，X 轴自动向参考点方向运行，直至完成。

（4）Y 轴回参考点

1）在"回参考点"方式下按 MCP1 上的 Y 键，选择 Y 轴。

2）按 MCP1 上的 − 键，选择负向。

此时，Y 轴自动向参考点方向运行，直至完成。

（5）4（A）轴回参考点

1）按 LCD 上的 M 功能键，进入"机床"操作区域。

2）按 MCP1 上的 JOG 键，选择手动工作方式。

3）按 MCP1 上的 4轴松升 键，使第 4 轴松开。

4）按 MCP1 上的 键，选择 4（A）轴。

5）按 MCP1 上的 Ref point 键，选择"回参考点"方式。

6）按 MCP1 上的 − 键，选择负向。

此时，4 轴自动回参考点。当所有轴都完成回参考点后，LCD 的工作窗口显示如图 8-19 所示。

↓↓ MCS position	Repos offset
◑ X	0.000mm
◑ Y	0.000mm
◑ Z	0.000mm
◑ A	0.000deg
◑ SP	0.000deg

图 8-19　所有轴都完成回参考点后，LCD 的工作窗口显示状态

注意：

① 回参考点时应考虑刀具与工件及主轴的位置，主轴必须先回参考点，其次是 Z 轴，X 轴与 Y 轴的返回次序任意。

② 回参考点只需按一下方向键即可，机床会连续执行回参考点动作，直至完成。

③ 在各轴到达参考点前，如需停止，则需按 MCP1 上的"进给停止" ⚙️Feed Stop 键。

④ 主轴回参考点完成后所显示的值是任意的。

⑤ 这里所提到的全部操作必须在完成开机步骤且 CNC 无报警的情况下方可实现。

⑥ 加工中心操作人员必须按规定的步骤操作，所有误操作将产生报警，甚至会损坏机床。完成上述的回参考点操作后，即可进行手动操作。

3. 连续进给手动操作

（1）按 LCD 上的 M 功能键，进入"机床"操作区域。

（2）按 MCP1 上的 JOG 键，选择手动工作方式。

（3）按 MCP1 上 X Y Z 4th axis 中的任何一个键，选择需要运动的轴。

（4）按 MCP1 上的 + 或 - 键，选择运动方向。

（5）调节 MCP1 上的"进给速度修调开关" ⚙️，选择所需的速度。例如，倍率修调为 100% 时则速度为 2000mm/min。

（6）如需快速移动，在按方向键的同时，按"快速运动修调键" Rapid，此时进给速度为 5000mm/min（倍率开关调到 100%）。

4. 增量进给手动操作

（1）按 LCD 上的 M 功能键，进入"机床"操作区域。

（2）按 MCP1 上的 JOG 键，选择手动工作方式。

（3）按 MCP1 上的 [VAR] 键，选择"增量进给"工作方式。

（4）按 MCP1 上的 1、10、100、1000、10000 中的任何一个键，选择增量步长。

（5）按 MCP1 上 X Y Z 4th axis 中的任何一个键，选择需要运动的轴。

（6）按 MCP1 上的 + 或 - 键，选择运动方向。

此时，每按一次方向键，轴就按所选择的增量步长进给一段。

5. 手轮的控制

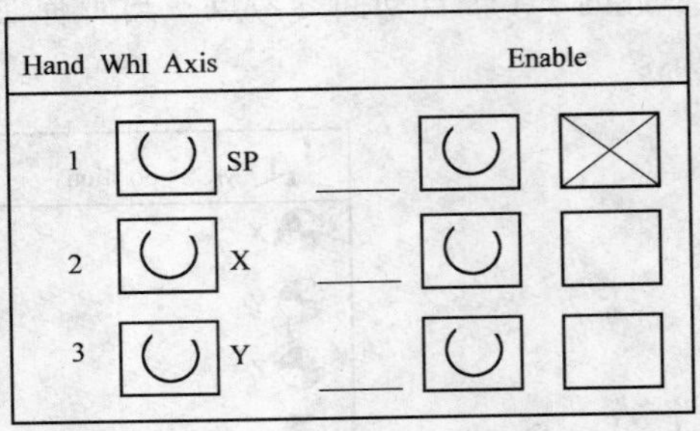

（1）按 LCD 上 $\boxed{\text{M}}$ 功能键，进入"机床"操作区域。

（2）按 MCP1 上的 $\boxed{\text{JOG}}$ 键，选择手动工作方式。

（3）按 LCD 上 $\boxed{\text{Handwheel}}$ 功能软键，在 LCD 右下角出现"Handwheel"窗口，如图 8-20 所示。

（4）用光标选择第一手轮"1"。

（5）用 OP031 上的 $\boxed{\circlearrowleft}$ 键，选择相应的轴，并用此键使手轮生效，即使之打 ×，如图 8-20 所示。

（6）按 MCP1 上 $\boxed{1}$、$\boxed{10}$、$\boxed{100}$ 中的任何一个键，选择增量步长。

（7）摇动手轮即可实现相应轴的运动。

注意： 考虑安全，尽量不要选择增量步长大的键，如 $\boxed{1000}$、$\boxed{10000}$ 键。

图 8-20　"Handwheel"窗口

6. 主轴运转手动操作

（1）按 LCD 上的 $\boxed{\text{M}}$ 功能键，进入"机床"操作区域。

（2）按 MCP1 上的 $\boxed{\text{JOG}}$ 键，选择手动工作方式。

（3）按 MCP1 上的 $\boxed{\text{主轴}}$ 主轴键，选择"主轴"。

（4）按 MCP1 上的 $\boxed{\text{Spindle Start}}$ 键，使"Spindle START"生效。

（5）按 MCP1 上的 $\boxed{+}$ 或 $\boxed{-}$ 键，选择旋转方向。

此时，主轴顺时针或逆时针旋转，手松开即停止。

（6）调节"主轴速度修调开关" $\boxed{\circledcirc}$，主轴转速随之发生变化。调节范围为 50% ~ 100%。

7. 冷却控制手动操作

（1）冷却泵的控制：在机床起动后，净水箱电动机即工作，如果污水箱切削液过多，则按 MCP1 的 $\boxed{\text{污水箱电动机开}}$ 键后，污水箱电动机就把切削液抽回净水箱。按 $\boxed{\text{污水箱电动机关}}$ 键，污水箱电动机停止工作。

（2）冷却阀的控制：加工工件时冷却的控制主要通过控制冷却阀的开、关来实现。净水箱电动机启动后，在 MDA 和 AUTO 工作方式下就可以用 M7 指令切削液开，用 M9 指令切削液关。

8. 排屑控制手动操作

（1）按 MCP1 上的 $\boxed{\text{排屑正转}}$ 键，排屑电动机正转。

（2）按 MCP1 上的 $\boxed{\text{排屑停}}$ 键，排屑电动机停止。

（3）按 MCP1 上的 $\boxed{\text{排屑反转}}$ 键：排屑电动机反转。

排屑控制在任何操作方式下都可以实现。

9. 第 4 轴控制手动操作

（1）按 MCP1 上的 $\boxed{\text{JOG}}$ 键，选择手动工作方式。

（2）按 MCP1 上的 $\boxed{\text{4轴松开}}$ 键，使第 4 轴松开。

（3）按 MCP1 上的 $\boxed{\text{4th axis}}$ 键，选择 4 轴（A 轴）。

（4）按 MCP1 上的 $\boxed{+}$ 或 $\boxed{-}$ 键，使 4 轴顺时针或逆时针方向旋转。

注意：如果 4 轴在夹紧状态，4 轴运动被禁止。

三、程序的输入和编辑

按 MMC100 上的 $\boxed{\equiv}$ 键，LCD 显示图形界面如图 8-21 所示。这是机床操作区域界面，按水平功能软键 $\boxed{\text{Program}}$ 即进入程序处理界面，界面显示如图 8-22 所示，在此界面上可以对程序进行编辑、修改和调用。

Machine		JOG			AUTO
Channel active					MDA
Program running					

↘ MCS	Position		Dist-to-go	Master spindle	S1	JOG
−X	60.780	mm	9.765	Act +	0.000 rpm	REPOS
+Y	50.002	mm	12.397	Set	0.000 rpm	
+Z	0.000	mm	0.000	Pos	0.000 deg	REF
A	0.000	deg	0.000		0.000%	
SP	0.000	deg	0.000	Power[%]		

MDA Program	Feedrate	mm/min	
T8LF	Act 7000.000	0.000%	
L6LF	Set 7000.000		
S600LF	Tool		
M3LF	► ◄		
G54LF	Preselected tool		Single block
	► ◄		

Machine	Parameter	Program	Service	Diagnosis	Start up	Cycles

图 8-21　机床操作区域界面

Machine		JOG			New
Channel active					Copy
Program running					
Part program					Paste

Name	Type	Length	Date	Enable	Delete
0001	MPF	555	08 01 04	×	Rename
0002	MPF	888	12 01 04		Alter enable
					Program selection

Press Input Key to edit program!

Work-pieces	Part program	Sub-program	Standard cycles	User cycles	Clip-board	Memory info

图 8-22　程序处理界面

1. 打开、关闭一个程序（如 0002 程序）

（1）按 MMC100 上的 $\boxed{\uparrow\downarrow}$ 键，将光标移动至 0002 程序名上。

（2）按 MMC100 上的◇键，0002 程序被打开。此时，可以对此程序进行编辑、修改。

（3）按 LCD 上 Close 垂直功能软键，关闭此程序。

2. 建立一个新程序

（1）按 LCD 上 New 垂直功能软键，新建一个程序。

（2）按 MMC100 上的 A7 ~ 键，在对话框中输入程序名。

（3）按 MMC100 上的◇键，此新程序被打开，并产生一个新程序窗口，可在此程序窗口中输入指令。

（4）编辑结束后，按 LCD 上 Close 垂直功能软键，将新程序保存在内存中，新程序名字出现在"Part program"目录中。

3. 程序的复制

复制一个与 0002 程序内容一样而名字为 0003 的程序，其步骤如下：

（1）按 MMC100 上的 键，将光标移动至 0002 程序名上。

（2）按 LCD 上 Copy 垂直功能软键，复制 0002 程序。

（3）按 LCD 上 Paste 垂直功能软键，粘贴。

（4）依次按 MMC100 上的 Q0 Q0 Q0 M3 键，在对话框中输入程序名 0003。

（5）按 MMC100 上的◇键。

4. 程序的删除

（1）按 MMC100 上的 键，将光标移动至要删除的程序名上。

（2）按 LCD 上 Delete 垂直功能软键，删除此程序。

5. 程序的改名

（1）按 MMC100 上的 键，将光标移动至要改名的程序名上。

（2）按 LCD 上 Rename 垂直功能软键改名。

（3）按 MMC100 上的 A7 ~ 键，在对话框中输入新名字。

（4）按 MMC100 上的◇键。

6. 程序的编辑、修改生效

一个新程序编辑完后必须使之生效才能被调用并作为当前程序被执行，具体操作步骤如下：

（1）编辑一个新程序，步骤如前所述。

（2）按 MMC100 上的 键，将光标移动至要修改生效的程序名上。

（3）按 LCD 上 Alter enable 垂直功能软键改变生效，程序生效后在"Enable"属性栏下用"×"来表示，如图 8-22 所示，程序 0001 已经生效，可以调用作为当前程序被执行，0002 程序必须改变生效后才能被调用。

7. 程序的调用

程序的调用是指把"Part program"和"Work-pieces"目录中的某一程序指定为当前程序，该程序可在"Auto"方式下执行。

（1）按 MMC100 上的 [↑|↓] 键，将光标移动至要调用的程序名上。

（2）按 LCD 上 [Program selection] 垂直功能软键，选择程序。

如图 8-23 所示为调用 0002 程序作为当前程序的显示界面。

四、加工中心的刀具装夹

加工中心用的刀具是由刀柄、刀体、刀片及相关附件构成的。刀柄是刀具在主轴上的定位和装夹机构；刀体用于支撑刀片，并与刀片一起固定于刀柄上；刀片是刀具的切削刃，是刀具中的耗材；相关附件包括接杆、弹簧夹头、刀座、平衡块（精镗刀用）以及紧固用特殊螺钉等。加工中心用的刀柄、刀体和相关附件是成系列的。由于加工中心的工艺能力强大，因此其刀具种类也较多，一般可分为铣削类、镗削类和钻削类等。

Machine			JOG	MPF.DIR 0002.MPF			
Channel active							New
Program interrupt							Copy
Part program							Paste
Name	Type	Length		Date	Enable		Delete
0001	MPF	555		08 01 04	×		Rename
0002	MPF	888		12 01 04	×		Alter enable
							Program selection
Press Input Key to edit program!							
Work-pieces	Part program	Sub-program	Standard cycles	User cycles	Clip-board		Memory info

图 8-23　调用 0002 作为当前程序的显示界面

由于加工中心配备有刀库，所以加工过程中不需要人工频繁地换刀，只需将各种加工用刀具按编号一次装入刀库即可。刀具装入刀库的步骤如下：

（1）用手工将刀具 1 的刀柄装入加工中心主轴锥孔中，并使刀柄上的键对准主轴上的键槽，再按下"刀具夹紧"键，刀具被夹紧在主轴上。

（2）如刀库中没有任何刀具，操作人员要想把刀具 1 装入刀库中的 1 号位置，则必须按下"刀库正转"键或"刀库反转"键，调整刀库的 1 号位置，使其正对主轴位置。

（3）在"MDA"方式下，输入"T2 L6"，按"Cycle Start"键，此时应将"主轴速度修调开关"打到非"0"的合适状态，加工中心即执行自动换刀动作。

（4）用手工将刀具 2 的刀柄装入加工中心主轴锥孔中，重复步骤（1）~（3），把刀具 2 装入刀库中的 2 号位置。要注意的是，在 MDA 区域输入的不是"T2"而是"T3"。

（5）重复上述操作，把加工需要的所有刀具都装入刀库，完成刀具的装夹。

注意：在刀具装入刀库前，应将刀柄擦拭干净，以避免铁屑随刀柄进入主轴锥孔，影响加工精度。

五、工件的定位与装夹

在加工中心加工中常用的夹具有机用平口虎钳、分度头、三爪自定心卡盘和平台夹具等。下面以在机用平口虎钳上装夹工件为例说明工件的装夹步骤：

（1）把机用平口虎钳安装在加工中心工作台面上，两固定钳口与 X 轴基本平行并张开到最大。

（2）把装有杠杆百分表的磁性表座吸在主轴上。

（3）使杠杆百分表的触头与固定钳口接触。

（4）在 X 方向找正，直到使百分表的指针在一个格子内晃动为止，最后拧紧机用平口虎钳固定螺母。

（5）根据工件的高度，在机用平口虎钳钳口内放入形状合适、表面质量较好的垫铁后再放入工件，一般是工件的基准面朝下，与垫铁表面靠紧，然后拧紧机用平口虎钳。放入工件前，应对工件、钳口和垫铁的表面进行清理，以免影响加工质量。

（6）在 X、Y 两个方向找正，直到使百分表的指针在一个格子内晃动为止。

（7）取下磁性表座，夹紧工件，工件装夹完成。

六、工件坐标系的建立、对刀及刀具补偿

1. 对刀的步骤

加工中心对刀的目的是确定工件原点在机床坐标系中的位置。常用光电式寻边器进行对刀，对刀步骤如下：

（1）手工把带刀柄的光电式寻边器安装在加工中心主轴上。

（2）使用光电式寻边器对出工件左边的 X 轴坐标，此时，将加工中心液晶显示器 LCD 上显示的机床坐标系 X 坐标值记为 $X_左 = -612.568$。

（3）使用光电式寻边器对出工件右边的 X 轴坐标，此时，将加工中心液晶显示器 LCD 上显示的机床坐标系 X 坐标值记为 $X_右 = -436.736$。

（4）使用光电式寻边器对出工件前面的 Y 轴坐标，此时，将加工中心液晶显示器 LCD 上显示的机床坐标系 Y 坐标值记为 $Y_前 = -332.435$。

（5）使用光电式寻边器对出工件后面的 Y 轴坐标，此时，将加工中心液晶显示器 LCD 上显示的机床坐标系 Y 坐标值记为 $Y_后 = -164.238$。

（6）使用寻边器对刀，只能确定工件原点在机床坐标系中的 X、Y 值，工件原点在机床坐标系中的 Z 值，可用铣刀直接对刀确定。操作人员应将寻边器从主轴上换下，换上加工工件时需用的某一把立铣刀或键槽铣刀。在手动数据输入窗口的"MDA Program"区域输入"S600 M3"，按下"Cycle Start"键，使主轴旋转，再切换到"JOG"状态下，用手摇手轮使铣刀逐渐靠近工件顶面。当听到轻微的金属接触声，并看到微量的切屑时，说明铣刀端面已与工件顶面接触，操作人员应停止进给，并记下此时显示在手轮进给窗口机床坐标系的 Z 轴坐标值 $Z = -365.162$。不管是用寻边器对刀，还是用铣刀直接对刀，都必须注意寻边器或铣刀退出时的移动方向，一旦移错了方向，有可能切废工件、折断铣刀或将寻边器损坏。

2. 数值处理

上述操作过程中，获得了 $X_左 = -612.568$、$X_右 = -436.736$、$Y_前 = -332.435$、$Y_后 = -164.238$、$Z = -365.162$ 等数值，操作人员可根据公式

$$X_{OW} = (X_左 + X_右) \div 2 = -524.652$$
$$Y_{OW} = (Y_前 + Y_后) \div 2 = -248.337$$

$$Z_{OW} = Z = -365.162$$

计算工件原点在机床坐标系中的坐标。

3. 设定工件坐标系原点

(1) 按下"区域切换键" ▤，进入主菜单窗口。然后按下"Parameter"水平软键，再按下"Zero offset"水平软键，进入零点偏置窗口，如图8-24所示。

(2) 观察窗口中的有关参数，一般窗口中出现的是G54，如操作人员想更改工件坐标系，则按下"Z0 +"或"Z0 -"垂直软键来实现。

(3) 按下光标移动键，在"coarse"区域中将光标移动到"X"位置，在编辑区输入前面获得的 $X_{OW} = -524.652$。同理，将光标移动到"Y"和"Z"位置，在编辑区输入前面获得的 $Y_{OW} = -248.337$ 和 $Z_{OW} = -365.162$。

(4) 按下"Save"垂直软键，完成工件坐标系的设定。

另一种设定工件原点坐标的方法是，主轴上不装刀具，分别将各坐标调整到 X_{OW}、Y_{OW} 和 Z_{OW}，它们的坐标值都显示在零点偏置窗口的"Position"区域(见图8-24)。将光标移动到"coarse"区域的"X"位置，按下"Accept position"垂直软键，在"Position"区域的"X"值立即显示在"coarse"区域的"X"位置。同理，将光标移动到"Y"和"Z"位置，按下"Accept position"垂直软键，再按下"Save"垂直软键，就完成了工件坐标系的设定。

```
Machine    CHAN1    JOG    \MPF.DIR
                            001.MPF                      ┌─────┐
Channel reset                                            │ Z0  │
                                                         │ +   │
Program aborted                                          └─────┘
                                                         ┌─────┐
                                                         │ Z0  │
                                                         │ -   │
┌──────────────────────────────────────────────┐        └─────┘
│ Settable zero offset                           │        ┌─────┐
│ $P_UIFR  [1]    G  code      G54               │        │Selected│
│                                                │        │ Z0  │
│ Axis   Offset            Position  Rotation Scale Mirror└─────┘
│      coarse    fine                (deg)               ┌─────┐
│                                                        │Overview│
│ X  [-524.652] [0.000]  -524.652  mm [0.000] [1.000] [] └─────┘
│ Y  [-248.337] [0.000]  -248.337  mm [0.000] [1.000] [] ┌─────┐
│ Z  [-365.162] [0.000]  -365.162  mm [0.000] [1.000] [] │Accept│
│ A  [ 0.000]   [0.000]    0.000   deg        [1.000] [] │position│
│ SP [ 0.000]   [0.000]  -248.652  deg        [1.000] [] └─────┘
└──────────────────────────────────────────────┘        ┌─────┐
                                                         │Determine│
                                                         │ Z0  │
                                                         └─────┘
                                                         ┌─────┐
                                                         │Reject│
┌──────┬──────────┬───────┬──────┬──────┬────────┐       └─────┘
│ Tool │Rparameters│Setting│ Zero │ User │        │       ┌─────┐
│offset│          │ data  │offset│ data │        │       │Save │
└──────┴──────────┴───────┴──────┴──────┴────────┘       └─────┘
```

图8-24 工件原点设置窗口

4. 用 Z 轴设定器确定各刀具的长度补偿值和设置刀具补偿值

(1) 用 Z 轴设定器确定各刀具的长度补偿

1) 在工作台面上的适当位置放置带磁座量表式 Z 轴设定器。

2) 设当前铣刀为1号刀，通过手轮进给窗口选择适当的进给轴使能，用手摇脉冲发生器使主轴上的铣刀位于量表式 Z 轴设定器的正上方。

3) 选择"Z"轴使能，用手摇脉冲发生器使铣刀接近 Z 轴设定器平台，铣刀渐渐压到了量表式 Z 轴设定器的圆柱接触平台上(主轴不能回转)，此时量表指针将发生偏转，当指针转过一定位置后，操作人员应停止 Z 轴的进给，记下此时显示在手轮进给窗口的 Z 轴坐标为 Z_1，并记住量表指针所在的位置。

4）在手动数据输入窗口的"MDA Program"区域输入"T2 L6"，然后按下"Cycle Start"键，把 1 号刀换成 2 号刀。

5）用手摇脉冲发生器使 2 号刀接近 Z 轴设定器平台，记下此时显示在手轮进给窗口的 2 号刀 Z 轴坐标值为 Z_2。

6）重复步骤 4）~5），对所有加工用刀具进行过 Z 轴设定器对刀。重复操作时需注意的是，在手动数据输入窗口的"MDA Program"区域中应根据具体情况输入刀具号。

7）对取得的 Z_1 ~ Z_n 值进行处理，用 1 号刀的 Z_1 作为基准，求出其他刀具 Z_n 与 Z_1 之间的差值，作为刀具长度补偿的依据。

（2）设定刀具补偿值

1）按下"Tool offset"水平软键，进入图 8-25 所示的刀具补偿参数窗口，操作人员应看清窗口中的有关参数，如刀具号、刀沿号等。图 8-25 所示的刀具补偿参数窗口中的刀具号是 T1，刀沿号是 D1，"No. of c. edges 3"表示 T1 有三个刀沿，从 D1 ~ D3。如需更改刀具号，可按下"T No. +"或"T No. －"垂直软键，将刀具号调整为需要设置参数的刀具；如需更改刀沿号，可按下"D No. +"或"D No. －"垂直软键，将刀沿号调整为需要设置参数的刀沿。

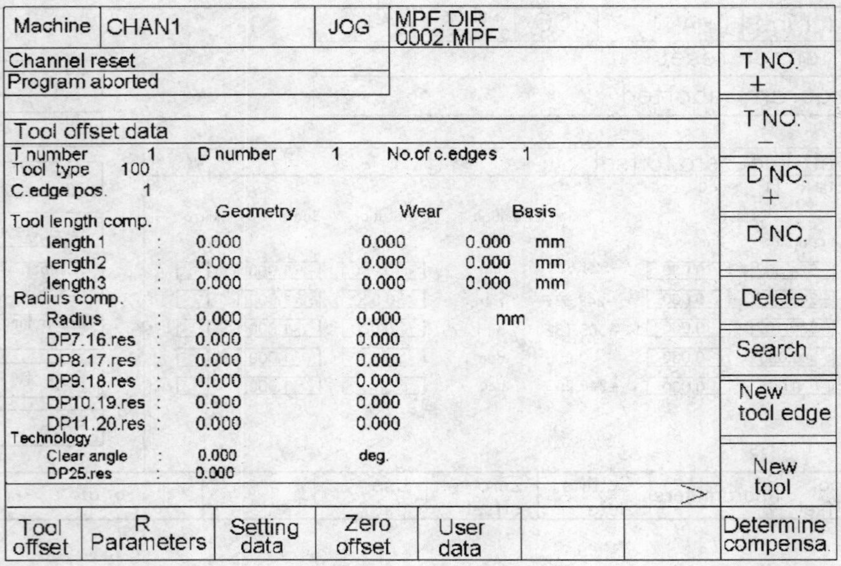

Machine	CHAN1		JOG	MPF.DIR 0002.MPF		T NO. +
Channel reset						
Program aborted						T NO. －
Tool offset data						
T number 1		D number	1	No.of c.edges	1	D NO. +
Tool type 100						
C.edge pos. 1						D NO. －
Tool length comp.		Geometry		Wear	Basis	
length 1	:	0.000		0.000	0.000 mm	Delete
length 2	:	0.000		0.000	0.000 mm	
length 3	:	0.000		0.000	0.000 mm	Search
Radius comp.						
Radius	:	0.000		0.000	mm	New tool edge
DP7.16.res	:	0.000		0.000		
DP8.17.res	:	0.000		0.000		
DP9.18.res	:	0.000		0.000		New tool
DP10.19.res	:	0.000		0.000		
DP11.20.res	:	0.000		0.000		
Technology						
Clear angle	:	0.000		deg.		
DP25.res	:	0.000			>	
Tool offset	R Parameters	Setting data	Zero offset	User data		Determine compensa.

图 8-25 刀具补偿参数窗口

2）由于把基准铣刀定为 T1，所以对应的刀沿 D1 应为 0。将光标移动到"Tool length comp."区域的"Geometry"下，在"length 1"编辑框内输入 0。

3）按下"T No. +"垂直软键，对 T2 刀具进行参数设置，在"length 1"编辑框内输入刀具 T2 与 T1 的长度差作为长度补偿值，若刀具 T2 比 T1 长，则输入正值；若刀具 T2 比 T1 短，则输入负值。如要设定 D2、D3 等多个刀沿，可按下"D No. +"垂直软键，在新的"length 1："编辑框内输入新刀沿。在"Radius compensation"区域把 T2 刀具的半径值输入编辑框内。同理，如在加工程序中没有应用 G41、G42 等半径补偿指令，可不输入半径值。

4）重复步骤3），设置其他刀具的补偿参数。

七、图形模拟和空运行

1. 图形模拟

（1）按 LCD 上 水平功能软键，进入主菜单。

（2）按 LCD 上 "Program" 水平功能软键，进入程序区域。

（3）按 LCD 上 "Part program" 水平功能软键，进入主程序区域。

（4）把光标移动到要进行图形模拟的加工程序（例如主程序 "001. MPF"）上。

（5）按 LCD 上 "Program selection" 垂直功能软键，把程序选择到加工窗口内。

（6）按 键，打开步骤(5)选择的程序。

（7）按 LCD 上 "Simulation" 水平功能软键，进入图形模拟功能。

（8）按 MCP1 上的 键，进入自动运行状态。

（9）按 MCP1 上的 键，进入启动加工状态。

（10）打开"进给速度修调开关" 到非零状态，即进入图形模拟状态。

2. 空运行

（1）按 LCD 上 水平功能软键，进入主菜单。

（2）按 LCD 上 "Program" 水平功能软键，进入程序区域。

（3）按 LCD 上 "Part program" 水平功能软键，进入主程序区域。

（4）把光标移动到所要的加工程序（例如主程序 "001. MPF"）上。

（5）按 LCD 上 "Program selection" 垂直功能软键，把程序选择到加工窗口内。

（6）按 MCP1 上的 键，进入自动运行状态。

（7）按 LCD 上 "Program control" 水平功能软键，进入程序控制功能。

（8）把光标移动到 "PRT" 程序测试功能上。

（9）按 键，选择 "PRT"。

（10）按 MCP1 上的 键，进入启动加工状态。

（11）打开"进给速度修调开关" 到非零状态，即进入程序空运行状态，程序在运行，但机床主轴和各进给轴不动作。

八、首件试切

刀具选好并已装入刀库，工件装夹好，对刀完成并且建立了工件坐标系，刀具之间的长度补偿及刀具本身的半径补偿都已在机床上输入，加工程序已用手工或传输的方式输入机床并检查无误后就进入首件试切阶段。首件试切步骤如下：

（1）进入主菜单，按 "Program" 水平功能软键，再按 "Part program" 水平功能软键。

（2）按 MMC100 上的 键选中需要执行的程序。

（3）按 LCD 上 垂直功能软键，使该程序生效。

（4）按 LCD 上 垂直功能软键，选择该程序。

（5）按 LCD 上 Ⓜ 水平功能软键，进入加工区域。

（6）按 MCP1 上的 ⊟Auto 键。

（7）按 MCP1 上 ◇Cycle Start 键立即执行程序。

（8）将速度修调开关打到非"0"的合适状态，加工中心即执行自动加工。

第五节　加工中心中、高级考工应会样题

一、加工中心中级考工样题

1. 零件图

加工中心中级考工样题的零件图如图 8-26 所示。

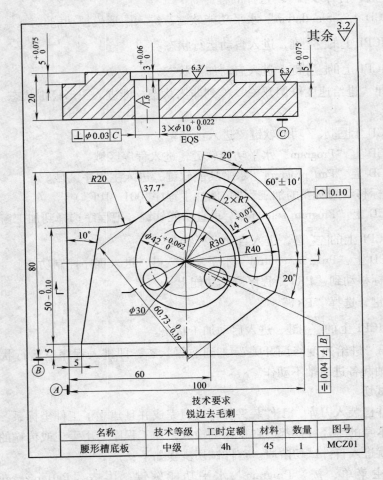

图 8-26　加工中心中级考工样题零件图

名称	技术等级	工时定额	材料	数量	图号
腰形槽底板	中级	4h	45	1	MCZ01

技术要求
锐边去毛刺

2. 评分表

加工中心中级考工样题评分表如表 8-8 所示。

表 8-8 加工中心中级考工样题评分表

评分表		考核要求	图 号	MCZ01	检测编号			
考核项目		考核要求		配分	评分标准		检测结果	得分
主要项目	1	$3 \times \phi 10^{+0.022}_{0}$ mm $R_a 1.6\mu m$		12/3	超差不得分			
	2	$\phi 42^{+0.062}_{0}$ mm $R_a 3.2\mu m$		8/2	超差不得分			
	3	$14^{+0.07}_{0}$ mm $R_a 3.2\mu m$		10/2	超差不得分			
	4	$50^{0}_{-0.10}$ mm $R_a 3.2\mu m$		5/2	超差不得分			
	5	$60.73^{0}_{-0.19}$ mm $R_a 3.2\mu m$		5/2	超差不得分			
	6	$3^{+0.06}_{0}$ mm $R_a 6.3\mu m$		3/1	超差不得分			
	7	$5^{+0.075}_{0}$ mm（2 处） $R_a 6.3\mu m$		6/2	超差不得分			
一般项目	1	5mm（2 处）		2×1	超差一处扣 1 分			
	2	60mm		1	超差不得分			
	3	$2 \times R7$mm、$R20$mm、$R30$mm、$R40$mm		5×1	超差一处扣 1 分			
	4	$\phi 30$mm		1	超差不得分			
	5	$60° \pm 10'$		4	超差不得分			
	6	20°（2 处）		2×1	超差一处扣 1 分			
	7	10°、37.7°		2×1	超差一处扣 1 分			
形位公差	1	⌒ 0.10		3	超差不得分			
	2	⊥ $\phi 0.03$ C		3×3	超差一处扣 3 分			
	3	⊜ 0.04 A B		3	超差不得分			
其他	1	安全生产		3	违反有关规定扣 1～3 分			
	2	文明生产		2	违反有关规定扣 1～2 分			
	3	按时完成			超时 ≤15min：扣 5 分			
					超时 >15～30min：扣 10 分			
					超时 >30min：不计分			
总 配 分				100	总 分			
工时定额			4h		监考		日期	
加工开始： 时 分			停工时间		加工时间	检测	日期	
加工结束： 时 分			停工原因		实际时间	评分	日期	

3. 考核目标及操作提示

（1）考核目标

1）能使用刀具半径补偿功能对内、外轮廓进行编程和铣削。

2）能使用固定循环指令编制程序。

3）能对圆形槽进行编程和铣削。

（2）加工操作提示

1）加工准备

① 认真阅读图 8-26 所示的加工中心中级考工样题零件图 MCZ01，检查坯料的尺寸。

② 编制加工程序，输入程序并选择该程序。

③ 用机用平口虎钳装夹工件，伸出钳口 8mm 左右，用百分表找正。

④ 安装寻边器，确定工件零点为坯料上表面的中心，设定零点偏置。

⑤ 安装 ϕ20mm 粗立铣刀并对刀，设定刀具参数，选择自动加工方式。

2）粗铣外轮廓

① 粗铣外轮廓，留 0.50mm 单边余量。

② 安装 ϕ20mm 精立铣刀并对刀，设定刀具参数，半精铣外轮廓，留 0.10mm 单边余量。

③ 实测工件尺寸，调整刀具参数，精铣外轮廓至要求尺寸。

3）加工 3 × ϕ10mm 孔和工艺孔

① 安装 A2.5 中心钻并对刀，设定刀具参数，选择程序，钻中心孔。

② 安装 ϕ9.7mm 钻头并对刀，设定刀具参数，钻三通孔及垂直进刀工艺孔。

③ 安装 ϕ10H8 铰刀并对刀，设定刀具参数，铰孔至要求尺寸。

4）铣圆形槽

① 安装 ϕ16mm 粗立铣刀并对刀，设定刀具参数，粗铣圆形槽，留 0.50mm 单边余量。

② 安装 ϕ16mm 精立铣刀并对刀，设定刀具参数，半精铣圆形槽，留 0.10mm 单边余量。

③ 测量圆形槽的尺寸，调整刀具参数，精铣圆形槽至要求尺寸。

5）铣腰形槽

① 安装 ϕ12mm 粗立铣刀并对刀，设定刀具参数，粗铣腰形槽，留 0.50mm 单边余量。

② 安装 ϕ12mm 精立铣刀并对刀，设定刀具参数，半精铣腰形槽，留 0.10mm 单边余量。

③ 测量腰形槽的尺寸，调整刀具参数，精铣腰形槽至要求尺寸。

（3）注意事项

1）使用寻边器确定工件零点时应采用碰双边法。

2）精铣时应采用顺铣法，以提高尺寸精度和表面质量。

3）铣圆形槽和腰形槽时，应先在工件上预钻工艺孔，避免立铣刀中心垂直切削工件。

（4）编程、操作加工时间

1）编程时间：90min（占总分 30%）。

2）操作时间：150min（占总分 70%）。

4. 工、量、刃具清单

加工中心中级考工样题工、量、刃具清单如表 8-9 所示。

表 8-9 加工中心中级考工样题工、量、刃具清单

工、量、刃具清单			图 号		MCZ01	
序号	名　称	规　格	精　度	单　位	数　量	
1	Z 轴设定器	50mm	0.01mm	个	1	
2	带表游标卡尺	1 ~ 150mm	0.01mm	把	1	

（续）

工、量、刃具清单			图　号		MCZ01
序号	名　称	规　格	精　度	单　位	数　量
3	深度游标卡尺	0 ~ 200mm	0.02mm	把	1
4	外径千分尺	50 ~ 75mm	0.01mm	把	1
5	杠杆百分表及表座	0 ~ 0.8mm	0.01mm	个	1
6	寻边器	ϕ10mm	0.002mm	个	1
7	粗糙度样板	N0 ~ N1	12 级	副	1
8	半径规	R7 ~ R14.5mm、R15 ~ R25mm、R40mm		套	各1
9	塞规	ϕ10H8、ϕ14H10		个	各1
10	万能角度尺	0° ~ 320°	2′	把	1
11	平行垫铁			副	若干
12	立铣刀	ϕ20mm、ϕ16mm、ϕ12mm		个	各2
13	中心钻	A2.5		个	1
14	麻花钻	ϕ9.7mm		个	1
15	铰刀	ϕ10mm	H18	个	1
16	毛坯	尺寸为(100 ± 0.027)mm × (80 ± 0.023)mm × 20mm；长度方向侧面对宽度侧面及底面的垂直度公差为0.05mm。材料为45钢。表面粗糙度为R_a1.6μm			
17	加工中心	TH5660A			
18	数控系统	SIEMENS 810D			

5. 参考程序(SIEMENS 810D)

粗铣、半精铣和精铣时使用同一加工程序(不包含与钻孔有关的程序)，只需调整刀具参数分3次调用相同的程序进行加工即可。

参考程序如下：

% __ N __ 01 __ MPF	程序名
;$ PATH = / __ N __ MPF __ DIR	程序传输格式
N2 G53 G90 G17 G94 G40	程序初始化，机床坐标系等
N4 T1 D1	选ϕ20mm立铣刀,精铣时换ϕ20mm精立铣刀
N6 L6	
N8 G54	建立工件坐标系
N10 G00 Z50 S800 M03	
N15 G00 X65 Y – 45	
N20 Z1	
N25 G01 Z – 5 F200	
N30 G01 X – 55	N30 ~ N45 铣削外轮廓外围到5mm深度处
N35 Y50	
N40 X50	

N40	X50	
N45	Y－50	
N50	G00 Z1	
N55	G42 G00 X－45 Y－35 D1	N55～N90 铣削外轮廓到 5mm 深度处
N60	G01 Z－5 F60	
N65	X10	
N70	X37.588 Y－13.681	
N75	G02 X6.947 Y39.392 CR＝40	
N80	G01 X－19.210 Y19.176	
N85	G02 X－31.440 Y15 CR＝20	
N90	G01 X－45 Y－35	
N95	G00 Z100 M05	
N100	G40 X0 Y0	
N104	T2 D1	选 A2.5 中心钻
N106	L6	
N108	G54	建立工件坐标系
N110	G00 Z100 S1200 M03	
N115	X0 Y15 F50	N115～N135 钻中心孔
N117	MCALL CYCLE 81(10,2,2,－4,6)	模态调用钻孔循环
N119	G0 X0 Y15	
N120	X－12.99 Y－7.5	
N125	X12.99 Y－7.5	
N130	X30 Y0	
N135	X15 Y25.981	
N140	MCALL G00 Z100 M05	取消钻孔循环
N144	T3 D1	选 ϕ9.7mm 钻头
N146	L6	
N148	G54	建立工件坐标系
N150	G00 Z5 S300 M03	
N154	X0 Y15 F30	
N156	MCALL CYCLE 81(10,2,2,－24,26)	模态调用钻孔循环
N160	G0 X0 Y15	
N165	X－12.99 Y－7.5	
N170	X12.99 Y－7.5	
N175	MCALL G0 Z30	取消钻孔循环
N180	G00 X30 Y0 F50	
N185	MCALL CYCLE 81(10,2,2,－4.9,6.9)	模态调用钻孔循环
N187	G0 X30 Y0	
N190	X15 Y25.981	
N195	MCALL G00 Z100 M05	取消钻孔循环
N200	T4 D1	选 ϕ10H8 铰刀
N206	L6	
N208	G54	建立工件坐标系

N210	G00	Z5	S300	M03		
N215	G00	X0	Y15	F50		N215~N225 铰孔
N217	MCALL	CYCLE	81(10,2,2,-24,26)			模态调用钻孔循环
N219	G0	X0	Y15			
N220	X-12.99	Y-7.5				
N225	X12.99	Y-7.5				
N235	MCALL	G00	Z50	M05		取消钻孔循环
N240	T5	D1				选 φ16mm 立铣刀,精铣时换 φ16mm 精立铣刀
N246	L6					
N248	G54					建立工件坐标系
N250	G00	Z30	S800	M03		
N255	G00	X0	Y15			
N260	G0	Z1				
N265	G01	Z-3	F100			
N270	G42	G01	X21	Y0	D1 F60	N270~N280 铣圆形槽至 3mm 深度处
N275	G02	I-21				
N280	G01	X0	Y0			
N285	G0	Z50	M05			
N290	G40	G00	X25	Y15		
N295	T6	D1				选 φ12mm 立铣刀,精铣时换 φ12mm 精立铣刀
N296	L6					
N298	G54					建立工件坐标系
N300	G00	Z30	S800	M03		
N305	G00	X60	Y0			
N310	Z1					
N315	G00	G41	X37	Y0	D1	N315~N340 铣腰形槽至 5mm 深度
N320	G01	Z-5	F30			
N325	G02	X23	Y0	CR=7	F60	
N330	G03	X11.5	Y19.919	CR=23		
N335	G02	X18.5	Y32.043	CR=7		
N340	G02	X37	Y0	CR=37		
N350	G00	Z50				
N355	G00	G40	X50	M05		
N360	M30					程序结束

二、加工中心高级考工样题

1. 零件图

加工中心高级考工样题的零件图如图 8-27 所示。

2. 评分表

加工中心高级考工样题评分表如表 8-10 所示。

3. 考核目标及操作提示

(1)考核目标

1)能使用坐标系旋转指令编制程序。

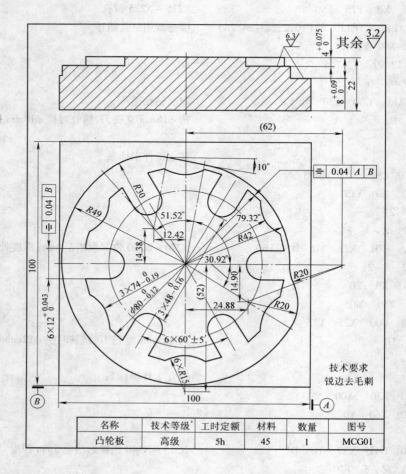

名称	技术等级	工时定额	材料	数量	图号
凸轮板	高级	5h	45	1	MCG01

图 8-27　加工中心高级考工样题零件图

2）能使用子程序功能编制程序。

3）能使用刀具半径补偿功能对凸轮轮廓进行编程和铣削。

（2）加工操作提示

1）加工准备

① 详阅图 8-27 所示的加工中心高级考工样题零件图 MCG01，并检查坯料的尺寸。

② 编制加工程序，输入程序并选择该程序。

③ 用机用平口虎钳装夹工件，伸出钳口 10mm 左右，用百分表校正。

④ 安装寻边器，确定工件零点为坯料上表面的中心，设定零点偏置。

⑤ 安装 φ20mm 粗立铣刀并对刀，设定刀具参数，选择自动加工方式。

2）粗铣凸轮轮廓，留 0.50mm 单边余量。

3）铣槽轮外圆轮廓

表 8-10 加工中心高级考工样题评分表

评 分 表			图 号	MCG01	检 测 编 号		
考核项目		考 核 要 求		配分	评 分 标 准	检测结果	得分
主要项目	1	$6 \times 12^{+0.043}_{0}$ mm $R_a3.2\mu$m		12/6	超差不得分		
	2	$\phi 80^{0}_{-0.12}$ mm $R_a3.2\mu$m		5/2	超差不得分		
	3	$3 \times 74^{0}_{-0.19}$ mm $R_a3.2\mu$m		9/3	超差不得分		
	4	$3 \times 48^{0}_{-0.16}$ mm $R_a3.2\mu$m		9/3	超差不得分		
	5	$6 \times 60° \pm 5'$		6×1	超差一处扣1分		
	6	$4^{+0.075}_{0}$ mm $R_a6.3\mu$m		3/1	超差不得分		
	7	$8^{+0.09}_{0}$ mm $R_a6.3\mu$m		3/1	超差不得分		
一般项目	1	$6 \times R15$ mm		6×1	超差一处扣1分		
	2	$R20$ mm（2 处） $R_a3.2\mu$m		4/2	超差不得分		
	3	$R30$ mm $R_a3.2\mu$m		2/1	超差不得分		
	4	$R42$ mm、$R49$ mm		4/2	超差不得分		
	5	$10°$		1	超差不得分		
形位公差	1	⊟ 0.04 B		5	超差不得分		
	2	⊟ 0.04 A B		5	超差不得分		
其他	1	安全生产		3	违反有关规定扣1~3分		
	2	文明生产		2	违反有关规定扣1~2分		
	3	按时完成			超时≤15min：扣5分		
					超时 >15~30min：扣10分		
					超时 >30min：不计分		
总 配 分				100	总 分		
工时定额			5h		监考		日期
加工开始： 时 分			停工时间		加工时间	检测	日期
加工结束： 时 分			停工原因		实际时间	评分	日期

① 选择程序，粗铣槽轮外圆轮廓，留0.50mm单边余量。

② 安装 $\phi 20$ mm 精立铣刀并对刀，设定刀具参数，半精铣槽轮外圆轮廓。

4）铣 $6 \times R15$ mm 圆弧

① 选择加工程序，调整刀具参数，粗铣 $6 \times R15$ mm 圆弧，留0.50mm单边余量。

② 调整刀具参数，半精铣 $6 \times R15$ mm 圆弧，留0.10mm单边余量。

③ 测量工件尺寸，调整刀具参数，精铣 $6 \times R15$ mm 圆弧至要求尺寸。

5）铣 6×12 mm 槽

① 安装 $\phi 10$ mm 粗立铣刀并对刀，设定刀具参数，选择程序，粗铣各槽，留0.50mm单边余量。

② 安装 φ10mm 精立铣刀并对刀，设定刀具参数，半精铣各槽，留 0.10mm 单边余量。

③ 测量各槽尺寸，调整刀具参数，精铣各槽至要求尺寸。

（3）注意事项

1）使用寻边器确定工件零点时应采用碰双边法。

2）精铣时采用顺铣法，以提高尺寸精度和表面质量。

3）立铣刀垂直方向进刀时，铣刀中心不能直接铣削工件。

（4）编程、操作加工时间

1）编程时间：120min（占总分 30%）。

2）操作时间：180min（占总分 70%）。

4. 工、量、刃具清单

加工中心高级考工样题工、量、刃具清单如表 8-11 所示。

5. 参考程序（SIEMENS 810D）

粗铣、半精铣和精铣时使用同一加工程序，只需调整刀具参数分 3 次调用相同的程序进行加工即可。

表 8-11 加工中心高级考工样题工、量、刃具清单

工、量、刃具清单			图 号		MCG01
序号	名 称	规 格	精 度	单 位	数 量
1	Z 轴设定器	50mm	0.01mm	个	1
2	带表游标卡尺	1～150mm	0.01mm	把	1
3	深度游标卡尺	0～200mm	0.02mm	把	1
4	外径千分尺	75～100mm	0.01mm	把	1
5	杠杆百分表	0～0.8mm	0.01mm	个	1
6	万能角度尺	0°～320°	2′	把	1
7	寻边器	φ10mm	0.002mm	个	1
8	粗糙度样板	N0～N1	12 级	副	1
9	半径规	R15～R25mm、R30mm、R42mm、R49mm		套	各1
10	塞规	φ12mm	H9	个	1
11	立铣刀	φ20mm、φ10mm		个	各2
12	机用平口虎钳	Q12200		个	1
13	磁性表座			个	1
14	平行垫铁			副	若干
15	固定扳手			把	若干
16	毛坯	尺寸为(100±0.027)mm×(100±0.027)mm×22mm；长度方向侧面对宽度方向侧面和底面的垂直度公差为 0.05mm。材料为 45 钢。表面粗糙度为 R_a1.6μm			
17	加工中心	TH5660A			
18	数控系统	SIEMENS 810D			

（1）主程序（01）。

%__N__01__MPF	程序名
;$ PATH =/__N__MPF__DIR	程序传输格式
N2 G53 G90 G17 G94 G40	程序初始化,机床坐标系等
N4 T1 D1	选 ϕ20mm 立铣刀,精加工时换 ϕ20mm 精立铣刀
N6 L6	
N8 G54	建立工件坐标系
N10 S500 M03	
N15 G00 Z30	
N20 G00 X60 Y−60	
N25 G01 Z−4 F100	
N30 G01 G42 X20 Y−50 D1 F60	N30～N115 铣外围至 8mm 深度
N35 G01 X50 Y−20	
N40 G01 Y20	
N45 X20 Y50	
N50 X−20	
N55 X−50 Y20	
N60 Y−20	
N65 X−20 Y−50	
N70 X20	
N75 G01 Z−8 F30	
N80 G01 X50 Y−20 F60	
N85 G01 Y20	
N90 X20 Y50	
N95 X−20	
N100 X−50 Y20	
N105 Y−20	
N110 X−20 Y−50	
N115 X20	
N120 G00 Z10	
N125 G40 G00 X60 Y0	
N130 G01 Z−4 F100	N130～N145 铣凸轮轮廓至 8mm 深度处
N135 L1	
N140 G01 Z−8 F100	
N145 L1	
N150 L2	铣槽轮外圆轮廓至 4mm 深度处
N155 ROT Z30	铣削 6×R15mm 圆弧至 4mm 深度处
L3	
ROT	
ROT Z90	
L3	
ROT	
ROT Z150	
L3	

```
      ROT
      ROT    Z210
      L3
      ROT
      ROT    Z270
      L3
      ROT
      ROT    Z330
      L3
      ROT
N160  G00    Z100    M05
N164  T2     D1                          选 φ10mm 立铣刀,精加工时换 φ10mm 精立铣刀
N166  L6
N168  G54                               建立工件坐标系
N170  S500   M03
N175  G00    Z30
N180  L4                                N180 ～ N245 调用子程序铣 6 × 12mm 槽
N185  ROT    Z60
N190  L4
N195  ROT
N200  ROT    Z120
N205  L4
N210  ROT
N212  ROT    Z180
N215  L4
N220  ROT
N225  ROT    Z240
N230  L4
N235  ROT
N240  ROT    Z300
N245  L4
N250  ROT
N255  G00    Z100    M05
N260  G00    Y80
N265  M30                               程序结束
```

(2) 铣凸轮轮廓子程序(L1)。

```
% __ N __ L1 __ SPF                     子程序名
;$ PATH =/ __ N __ SPF __ DIR           程序传输格式
N5    G01  G42  X42  Y0  D1  F60
N10   G03  X7. 293  Y41. 362   CR = 42
N15   G01  X – 7. 214  Y43. 920
N20   G03  X – 32. 039  Y37. 074   CR = 30
N25   G03  X42. 037   Y – 25. 177   CR = 49
```

N30 　G03 　X43.440 　Y − 7.450 　CR = 20

N35 　G02 　X42 　Y0 　CR = 20

N40 　G00 　Z1

N45 　G40 　G00 　X60 　Y0

N50 　RET 　　　　　　　　　　　　　　子程序结束

（3）铣槽轮外圆轮廓子程序(L2)。

%__ N __ L2 __ SPF 　　　　　　　　　子程序名

;$ PATH = ／__ N __ SPF __ DIR 　　　程序传输格式

N5 　G00 　X60 　Y0

N10 　G01 　Z − 4 　F200

N15 　G01 　G41 　X40 　Y0 　D1 　F60

N20 　G02 　I − 40

N25 　G00 　Z1

N30 　G40 　G00 　X60 　Y0

N35 　RET 　　　　　　　　　　　　　　子程序结束

（4）铣6×R15mm 圆弧子程序(L3)。

%__ N __ L3 __ SPF 　　　　　　　　　子程序名

;$ PATH = ／__ N __ SPF __ DIR 　　　程序传输格式

N5 　G00 　X60 　Y0

N10 　G01 　Z − 4 　F200

N15 　G01 　G42 　X39.221 　Y − 7.855 　D1 　F60

N20 　G02 　X39.221 　Y7.855 　CR = 15

N25 　G00 　Z1

N30 　G40 　G00 　X60 　Y0

N35 　RET 　　　　　　　　　　　　　　子程序结束

（5）铣6×12mm 槽子程序(L4)。

%__ N __ L4 __ SPF 　　　　　　　　　子程序名

;$ PATH = ／__ N __ SPF __ DIR 　　　程序传输格式

N5 　G00 　X50 　Y0

N10 　G01 　Z − 4 　F200

N15 　G01 　G41 　X42 　Y6 　D1 　F60

N20 　G01 　X30

N25 　G03 　X30 　Y − 6 　CR = 6

N30 　G01 　X42

N35 　G00 　Z1

N40 　G40 　G00 　X60 　Y0

N45 　RET 　　　　　　　　　　　　　　子程序结束

思 考 题

8-1 　编写图 8-28 ~ 图 8-30 所示零件的加工程序。

8-2 　应用 SINUMERIK 810D 系统加工中心的操作面板由哪几部分组成?

8-3 　在刀具装夹时有哪些注意点?

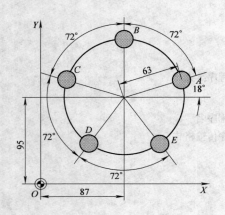

图 8-28　极坐标编程
（孔径为 φ10mm，深度为 15mm）

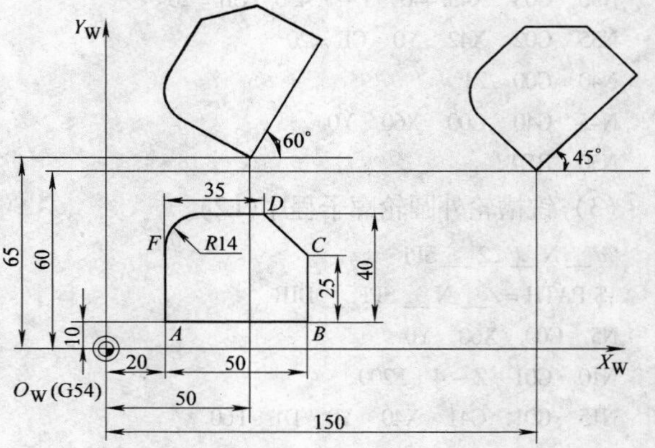

图 8-29　平移—旋转编程（深度为 15mm）

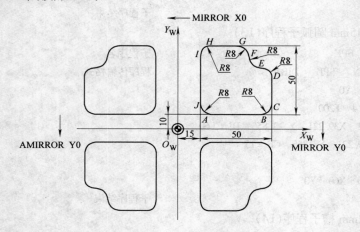

图 8-30　镜像编程（深度为 15mm）

8-4　为什么要进行对刀？

8-5　对刀的基本步骤是怎样的？

8-6　如何建立工件坐标系？

8-7　如何设置刀具长度补偿和半径补偿值？

8-8　操作人员可用哪些方法将加工程序输入到 CNC 系统？

8-9　为什么要进行程序正确性的校验？

8-10　用寻边器对刀时，能否确定工件坐标系原点 Z 的机床坐标值？为什么？

8-11　加工中心上有哪些修调开关？各起什么作用？

8-12　写出本加工中心工作各轴的行程极限。

8-13　加工中心在开机后，为什么要进行回参考点操作？

参 考 文 献

[1]　吴明友. 数控车床(华中数控)考工实训教程[M]. 北京：化学工业出版社，2006.
[2]　吴明友. 数控铣床(FANUC)考工实训教程[M]. 北京：化学工业出版社，2006.
[3]　吴明友. 加工中心(SIEMENS)考工实训教程[M]. 北京：化学工业出版社，2006.
[4]　吴明友. 数控铣床编程与操作实训教程[M]. 北京：清华大学出版社，2006.
[5]　袁锋. 数控车床培训教程[M]. 北京：机械工业出版社，2005.
[6]　徐衡，段晓旭. 数控铣床[M]. 北京：化学工业出版社，2005.
[7]　范真. 加工中心[M]. 北京：化学工业出版社，2004.
[8]　徐宏海. 数控加工工艺[M]. 北京：化学工业出版社，2004.
[9]　华茂发. 数控机床加工工艺[M]. 北京：机械工业出版社，2000.
[10]　吴明友. 数控机床加工技术——编程与操作[M]. 南京：东南大学出版社，2000.
[11]　吴明友. 数控铣床培训教程[M]. 北京：机械工业出版社，2007.
[12]　吴明友. 数控加工自动编程——Cimatron E 详解[M]. 北京：清华大学出版社，2008.

参考文献